水肥一体化提单产

技术手册

农业农村部种植业管理司
全国农业技术推广服务中心 编著

中国农业出版社
北　京

图书在版编目（CIP）数据

水肥一体化提单产技术手册 / 农业农村部种植业管理司，全国农业技术推广服务中心编著. -- 北京：中国农业出版社，2025.4. -- ISBN 978-7-109-33189-1

Ⅰ. S365-62

中国国家版本馆CIP数据核字第20254BY728号

中国农业出版社出版

地址：北京市朝阳区麦子店街18号楼

邮编：100125

责任编辑：魏兆猛　史佳丽　　文字编辑：郝小青　张田萌

版式设计：杨　婧　　责任校对：吴丽婷　　责任印制：王　宏

印刷：北京中科印刷有限公司

版次：2025年4月第1版

印次：2025年4月北京第1次印刷

发行：新华书店北京发行所

开本：700mm×1000mm　1/16

印张：24

字数：456千字

定价：98.00元

编　委　会

习近平总书记指出，粮食安全是"国之大者"，中国人的饭碗任何时候都要牢牢端在自己手中。我国灌溉面积10.75亿亩，占全国耕地面积的55%，是粮油生产的主战场。但与欧美发达国家相比，我国灌区作物单产还有一定差距，特别是玉米、大豆差距明显。同时，我国水资源严重短缺，耕地亩均水资源量只有世界平均水平的一半，全方位夯实粮食安全根基面临水资源短缺瓶颈。如何基于现有的水土资源条件，大幅提升粮油作物单产水平，是生产中亟须解决的关键问题。

答案就在于大面积推广应用水肥一体化技术。习近平总书记明确指出"要把粮食增产的重心放到大面积提高单产上"。土、肥、水、气、光、温等是作物生长必需的六要素，播种以后可再调控的主要是肥、水两个要素。长远看，大面积单产提升的最大潜力在于肥和水，最大的增量也在于肥和水。我长期扎根新疆从事农业滴灌节水和水肥一体化科学研究，并与全国农业技术推广服务中心等单位合作，在西北、华北和东北等地大田粮油作物上开展示范应用，多年的科研实践让我深刻感受到，大面积提高单产的途径是合理增密，核心是水肥调控，关键是水肥一体化。水肥一体化能显著提升粮油作物单产水平，是支撑新一轮千亿斤粮食产能提升的关键所在。水肥一体化通过强化水肥供应，可支撑高密度种植，解决传统种植前期水肥供应不均匀导致作物出苗不匀不齐，中后期水肥供应跟不上导致群体质量差、个体弱、穗小粒轻等问题，协同实现作物高密度、高粒数、高粒重产出，大幅提高单产20%～50%。在显著增产的同时还可实现"12345"的突出效果，即节地10%、节药20%、节肥30%、节水40%、省工50%，综合效益明显。水肥一体化大大降低了作物对土壤质量的依赖，通过高效节水灌溉和水肥一体化的配套应用，相比传统灌溉节水40%以上，节约的水量可用于灌溉旱耕地、激活撂荒地、开发后备耕地等，传统种植方式难以利用的沙地、荒地、盐碱地、坡耕地等，也能变成高产的"好地"，实现扩面积增粮。在干旱、低温等灾害来临之前，可通过水肥一体化管道及时补水，改变田间小气候实现抗旱减灾。在强降雨等洪涝灾害后，通过管道小流量灌溉施肥，能够及时补充被淋洗掉的土壤养分，促进作物吸收养分、促弱转壮、弥补灾害损失，实现减损增产。

我国水肥一体化技术推广应用的潜力巨大，据估算，全国适宜发展的耕地面积超过6亿亩，此外还有大量园地、林地和后备耕地可应用水肥一体化技术。若在北方春玉米区、华北西北小麦玉米轮作区和东北华北大豆花生区等重点区域新增水肥一体化应用面积3亿亩，每年至少可再增加600亿斤粮食，将为实现"千亿斤粮食产能提升"目标作出重大贡献。

全国农业技术推广服务中心是我国种植业领域技术推广的龙头单位，围绕水肥一体化技术推广应用作出了大量卓有成效的工作。2010年起将推广应用的重心从经济作物转向大田粮油作物，开展大量的试验示范，集成了不同区域主要作物典型技术模式，推动将水肥一体化写入一系列国家重要政策文件，引领全国水肥一体化的发展。欣闻全国农业技术推广服务中心牵头编著的《水肥一体化提单产技术手册》即将付梓，深感此书出版恰逢其时。在粮食安全与水土资源双重约束挑战下，水肥一体化技术以其"水肥耦合、精准调控、高效协同"的核心价值，正成为破解粮油持续增产和水资源短缺矛盾的关键利器。通览全书，内容翔实、措施完备、逻辑科学，可谓农业技术领域理论与实践相结合的典范。手册围绕水肥高效和单产提升主线，坚持目标导向，提出"技术概述—整地播种与管网铺设—水肥管理—化学调控—配套措施"的全环节技术模式，做到高度集成、因地制宜、按需施策，确保了技术模式的科学性、可操作性与前瞻性，既可解决生产实际难题，又为粮油作物大面积提单产探索了新路径。

期待此书能成为新时代"三农"人的"工具书""活教材"，在广袤田野中绘就更多的丰收画卷，为端牢"中国饭碗"注入不竭的水肥动力！

中国工程院院士
新疆农垦科学院研究员
农业农村部节水农业专家指导组副组长

2025 年 3 月

FOREWORD
前言

　　仓廪实，天下安。我国是农业大国、人口大国，粮食安全是"国之大者"，事关国计民生和社会稳定。有收无收在于水、收多收少在于肥。水和肥是全方位夯实粮食安全根基的物质基础，是大面积单产提升的关键因素。

　　水肥一体化是根据作物需求，对农田水分养分综合调控和一体化管理，生产上主要是指利用管道灌溉系统，将肥料溶解在水中，同时进行灌溉与施肥，适时适量地满足作物对水分和养分的需求，实现水肥同步管理和高效利用的节水农业技术。全国农业技术推广服务中心从试验示范灌溉施肥技术和高效水溶肥料开始，集成、示范和推广水肥一体化技术已历25年，从最初的星星之火到现在终成燎原之势。2010年组织各地土肥水推广机构和有关科研院校等单位，开始在大田粮油作物上开展水肥一体化技术试验示范，集成不同区域主要粮油作物水肥一体化技术模式。2013年、2016年农业部办公厅先后印发《水肥一体化技术指导意见》和《推进水肥一体化实施方案（2016—2020）》，明确提出了水肥一体化发展目标和重点区域、主要作物和主导模式。2012—2024年连续实施水肥一体化与高效肥、旱作节水农业技术推广和节水增粮推进县建设等重大项目，带动全国水肥一体化面积发展到1.7亿亩，其中粮油作物超过7 000万亩，推进水肥一体化从设施农业走向大田应用，从经济作物发展到粮油作物。经过长期的试验示范和项目推广，在全国主要区域主要粮油作物上形成了一系列成熟的水肥一体化提单产技术模式。

2025年中央1号文件明确提出"推进水肥一体化，促进大面积单产提升"，农业农村部启动实施水肥一体化系统性推广行动。为深入贯彻落实中央1号文件精神和农业农村部决策部署，全国农业技术推广服务中心第一时间组织专题会议研究落实《水肥一体化提单产技术手册》编制工作，先后赴吉林、甘肃、河南等地专题调研，召开座谈会，听取院校专家、农技人员、水肥企业和种植大户等意见建议，形成分区域、分作物、全环节、简便实用的编制思路，明确设施设备选型、水肥重点措施、农艺配套举措和适宜应用区域等主要内容。按照实际增产效果好、水肥利用效率高和未来推广潜力大的综合要求，凝练筛选出61项水肥一体化典型技术模式，组织有关农技人员、院校专家、水肥企业等编著形成《水肥一体化提单产技术手册》。这些模式覆盖东北、华北黄淮、西北三大区域，包含玉米、小麦、大豆、花生、马铃薯、谷子等6种大田粮油作物以及棉花、果树、茄果等部分经济作物，以水肥一体化技术为核心，从种到收全链条全环节一体集成，且经过生产实践检验，成熟稳定可靠，可直接大面积推广应用。

手册凝练筛选的典型技术模式，从理论原理到操作规范、从设备选型到田间管理，力求内容图文并茂、操作深入浅出、实施行之有效，力争让读者"看得懂、学得会、用得上"，既可作为各级土肥水技术推广人员的培训教材和生产指导工具书，也可作为大专院校水肥领域科技工作者的参考书，更可为广大新型经营主体、种粮大户和社会化服务组织等人员提供技术指导，让每一滴水、每一粒肥都迸发出最大增产潜能，为粮油作物大面积均衡增产和提质增效提供系统性技术支撑。

　　手册的编写离不开各位编写人员和审稿专家的共同努力，离不开中国农业出版社各位编辑的热情支持，他们为手册的成稿、出版花费了大量的心血，向他们致以最诚挚的感谢！由于时间仓促及水平有限，疏漏之处在所难免，敬请读者批评指正。

编著者

2025年3月

CONTENTS
目录

序
前言

东北部分

大兴安岭南麓玉米膜下滴灌水肥一体化技术模式　　　　　　　　　/ 2

辽河平原中部玉米宽窄行浅埋滴灌技术模式　　　　　　　　　　　/ 5

松嫩平原中部肥沃耕层构建玉米水肥一体化单产提升技术模式　　　/ 10

燕山丘陵区玉米膜下滴灌水肥一体化技术模式　　　　　　　　　　/ 16

半干旱区秸秆深翻还田水肥一体化高产高效技术模式　　　　　　　/ 23

东北西部风沙土秸秆条带覆盖还田水肥一体化高产高效技术模式　　/ 28

苏打盐碱地改土培肥水肥一体化高产高效技术模式　　　　　　　　/ 33

西辽河灌区玉米浅埋滴灌水肥一体化技术模式　　　　　　　　　　/ 38

黄灌区玉米引黄澄清与黄河水直滤滴灌水肥一体化技术模式　　　　/ 46

春大豆滴灌水肥一体化技术模式　　　　　　　　　　　　　　　　/ 50

吉林西部半干旱区花生水肥一体化密植高产高效技术模式　　　　　/ 55

辽西半干旱区花生膜下滴灌水肥一体化技术模式　　　　　　　　　/ 61

阴山地区马铃薯智能水肥一体化技术模式　　　　　　　　　　　　/ 65

燕山丘陵区谷子膜下滴灌水肥一体化技术模式　　　　　　　　　　/ 71

辽西半干旱区谷子膜下滴灌水肥一体化技术模式　　　　　　　　　/ 75

低山丘陵苹果水肥一体化技术模式　　　　　　　　　　　　　　　/ 79

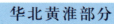

华北黄淮部分

华北黄淮冬小麦滴灌水肥一体化技术模式 / 84

华北冬小麦喷灌水肥一体化技术模式 / 91

华北黄淮冬小麦微喷灌水肥一体化技术模式 / 96

黄淮南部小麦地埋伸缩喷灌水肥一体化技术模式 / 101

华北冬小麦深埋滴灌水肥一体化技术模式 / 105

燕山丘陵区春玉米膜下滴灌水肥一体化技术模式 / 112

华北黄淮夏玉米滴灌水肥一体化技术模式 / 117

黄淮南部黏质土壤玉米微喷带水肥一体化技术模式 / 122

黄淮海大豆玉米带状复合种植水肥一体化技术模式 / 127

黄淮夏大豆滴灌水肥一体化技术模式 / 135

黄淮南部黏质土壤大豆微喷带水肥一体化技术模式 / 140

华北黄淮夏花生滴灌水肥一体化技术模式 / 145

华北高油酸花生膜下滴灌水肥一体化技术模式 / 150

华北北部马铃薯滴灌水肥一体化技术模式 / 154

山东苹果、梨、桃水肥一体化技术模式 / 161

黄淮海大蒜膜下滴灌水肥一体化技术模式 / 169

北方设施草莓水肥一体化技术模式 / 173

北方设施小型西瓜水肥一体化技术模式 / 177

山东设施番茄智能滴灌水肥一体化技术模式 / 181

山东设施茄果类蔬菜水肥一体化技术模式 / 185

西北部分

西北绿洲灌区玉米滴灌水肥一体化技术模式 / 190

南疆地区麦后复播玉米滴灌水肥一体化技术模式 / 196

引黄灌区春玉米滴灌水肥一体化技术模式 / 201

关中灌区夏玉米微灌水肥一体化技术模式 / 212

北方农牧交错区春玉米滴灌水肥一体化技术模式　　　／　217

黄土高原区集雨补灌水肥一体化技术模式　　　／　222

河西灌区制种玉米膜下滴灌水肥一体化技术模式　　　／　226

西北绿洲灌区冬小麦滴灌水肥一体化技术模式　　　／　232

西北绿洲灌区春小麦水肥一体化技术模式　　　／　239

关中灌区冬小麦微灌水肥一体化技术模式　　　／　246

甘肃沿黄及河西灌区小麦浅埋滴灌微垄沟播水肥

　　一体化技术模式　　　／　253

渭北旱塬集雨蓄水补灌水肥一体化技术模式　　　／　259

绿洲灌区水稻膜下滴灌水肥一体化技术模式　　　／　263

西北绿洲灌区马铃薯膜下滴灌水肥一体化技术模式　　　／　268

黄土高原区马铃薯引水集水水肥一体化技术模式　　　／　272

陕北马铃薯滴灌水肥一体化技术模式　　　／　276

河西灌区大豆玉米带状复合种植水肥药一体化技术模式　　　／　281

黄土高原东部谷子滴灌水肥一体化技术模式　　　／　286

西北绿洲灌区油葵水肥一体化技术模式　　　／　290

西北绿洲灌区棉花水肥一体化技术模式　　　／　295

渭北旱塬苹果集雨补灌水肥一体化技术模式　　　／　303

陇东苹果滴灌水肥一体化技术模式　　　／　307

西北绿洲灌区葡萄滴灌水肥一体化技术模式　　　／　311

西北绿洲灌区露地甜瓜水肥一体化技术模式　　　／　316

甘肃露天夏菜水肥一体化技术模式　　　／　322

水肥一体化设备选用与肥料选择

水肥一体化设备选用　　　／　330

玉米与小麦水肥一体化设备典型应用推荐　　　／　353

水肥一体化肥料的选择　　　／　360

东北部分

大兴安岭南麓玉米膜下滴灌水肥一体化技术模式

一、技术概述

玉米膜下滴灌水肥一体化技术是将肥料溶解在水中，通过铺设于地膜下的滴灌管（带），灌溉与施肥同时进行，可减少水分的下渗和蒸发，提高水分利用率；实现平衡施肥和集中施肥，减少肥料挥发和流失，提高了肥料利用率。配套科学增密等技术，与传统灌溉相比，亩*产量可达到1 000千克，可节水30%以上，提高化肥利用率30%以上，增产20%，节省用工35%以上。该技术模式适用于东北地区大兴安岭南麓春玉米区。

二、整地播种与管道铺设

（一）整地

玉米成熟后，采用大型玉米收获机进行收获，同时将玉米秸秆粉碎，并均匀抛撒于田间。采用大马力拖拉机配套液压翻转犁进行深翻作业。深翻作业前，采用玉米秸秆还田机二次粉碎秸秆。深翻作业后，根据土壤墒情及时用圆盘耙、联合整地机或动力驱动耙三种机具整地，做到土壤细碎、地表平整。如作业后地表不能达到待播状态，要在春季播种前进行二次整地。

（二）适期播种

在5厘米地温稳定超过10℃时播种，播种应选用带卫星导航辅助驾驶功能的拖拉机和覆膜播种一体机，能一次完成施肥、铺滴灌管（带）、喷除草剂、覆膜、播种、覆土、镇压作业。种子播深3～4厘米，种肥需深施在种子侧下方6～8厘米处。

---

* 亩为非法定计量单位，1亩＝1/15公顷。——编者注

（三）滴灌管（带）铺设

滴灌管（带）滴头间距15～30厘米，沙质土壤、高密度种植地块滴头间距要适当缩小，黏质土壤、低密度种植地块可适当加大；滴头出水量2～3升/时，滴灌管（带）铺设长度60～70米。

铺设滴灌管（带）

三、水肥管理

（一）灌溉制度

膜下滴灌玉米全生育期灌溉5～6次，灌溉定额为100～120米³/亩。根据实际降水情况、玉米生长状况及时进行调整。

（二）施肥制度

全部磷肥、70％钾肥、30％氮肥作为基肥施入，将剩余70％氮肥、30％钾肥作为追肥，在玉米生长中后

膜下滴灌

期分3～4次结合滴灌施入。在拔节期和大喇叭口期，每次滴施高氮大量元素水溶肥5千克/亩＋尿素5千克/亩，在吐丝期滴施尿素5千克/亩；在灌浆期可采用无人机叶面喷施磷酸二氢钾80克/亩＋微量元素水溶肥50克/亩。缺锌地块施用硫酸锌2千克/亩。

滴灌追肥时，加入肥料前应先滴清水，再将肥料加入溶肥罐（桶），固体肥料加入量不能超过施肥罐容积的1/2，然后注满水，每罐肥宜在20～30分钟追完；全部追肥完成后再滴30分钟清水清洗管道，防止堵塞滴头。

四、化学调控

在玉米6～8叶展开期，选用含乙烯利或羟基乙烯利等成分的玉米专用生长调节剂作化控剂。使用喷杆喷雾机进行喷施，一般亩喷施30毫升、兑水15千克。喷药时均匀喷洒，尽量喷施上部叶片。按照产品使用说明书配制药液，

不能与其他农药和化肥混用，以免产生化学反应影响药效，甚至对玉米产生不良作用。

五、其他配套措施

（一）化学除草

播种后每亩用90%莠去津水分散粒剂100～150毫升＋89%乙草胺乳油100毫升，兑水50千克均匀喷雾。

（二）绿色防控

利用赤眼蜂灭卵技术生物防控玉米螟，于6月末7月初玉米螟产卵盛期，平均每亩放2～4张赤眼蜂卡，保证每亩放蜂量1万～2万头。

（三）收获

在玉米生理成熟后7～15天，籽粒含水量＜28%时进行收获。玉米收获后及时用专用机械捡拾田间残膜。

玉米生理成熟

六、应用案例

内蒙古自治区扎赉特旗推广应用玉米膜下滴灌水肥一体化技术，能将水肥直接输送到作物根部，可减少水分蒸发，高效利用水肥资源，目前推广面积约5万亩，最高产量达1 181.9千克，与传统灌溉相比，可节水30%以上，提高化肥利用率30%以上，增产20%，增收20%，节省用工35%以上。

（内蒙古自治区农牧业技术推广中心白云龙、李元文、陈晓丽，兴安盟农牧技术推广中心闫庆琦、春兰、厉雅华，扎赉特旗农牧和科学发展中心丁胜、刘玉龙、田磊、陈志，帝益生态肥业股份公司刘新领、张艳民）

辽河平原中部玉米宽窄行浅埋滴灌技术模式

一、技术概述

在辽河平原中部采用宽窄行浅埋滴灌技术模式，以水肥一体化为核心，通过保护性耕整地、种子精准包衣、宽窄行种植、导航单粒精播、滴水出苗、精准化控、滴灌水肥精准调控、病虫草害防控和机械精准收获九大核心技术，实现玉米大范围、大幅度提单产，产量可达900～1 200千克/亩。并协同提高水肥利用效率，显著增强了玉米生产力，兼顾生态、社会效益。

二、整地播种与管道铺设

（一）整地

采用保护性耕整地，以110厘米的大垄栽培为核心，垄上种植双行玉米，小行距40厘米，垄间大行距70厘米。

（二）适期播种

在5厘米地温稳定超过10℃时播种，播种应选用带卫星导航辅助驾驶功能的拖拉机和单粒精量播种机，能一次完成施肥、播种、铺滴灌带、覆土、镇压作业。种子播深3～4厘米，种肥需深施在种子侧下方6～8厘米处。

（三）管道铺设

根据水源位置和地块形状的不同，主管道铺设方法主要有独立式和复合式两种。独立式主管道的铺设方法适合小面积滴灌；复合式主管道的铺设可进行大面积滴灌，要求水源与地块较近、田间有可供使用动力电源的固定场所。支管的铺设形式有直接连接法和间接连接法两种。直接连接法投入成本少但水压损失大，造成土壤湿润程度不均；间接连接法具有灵活性、可操作性强等特点，但增加了控制、连接件等部件。支管长度在50～70米时滴灌铺设作业速

机械化播种、施肥、铺滴灌带一次性作业

度与质量最好。滴灌带铺设在垄间，浅埋 3 ~ 5 厘米。

（四）科学增密

选择耐密玉米品种，可将种植密度从 4 000 株/亩提升至 5 000 株/亩以上，条件好的耕地可提升至 6 000 株/亩。

玉米密植栽培

玉米旱作节水示范区

三、水肥管理

（一）滴水齐苗

播后 48 小时内滴水保证齐苗。

（二）水肥管理

根据磷肥基施、氮肥后移、适当补钾，氮肥少量多餐分次追肥原则，优先选用滴灌专用肥或其他水溶肥。根据玉米水肥需求规律，按比例将肥料装入施肥器，随水施肥。基肥施入氮肥的20%～30%，磷、钾肥的50%～60%，其余作为追肥随水滴施，基施选择复合肥料（12-18-15或相近配方），施用15～20千克/亩。

（三）灌溉施肥制度

出苗至拔节期蹲苗，根据降雨和土壤墒情确定灌溉量和灌溉次数，全生育期灌溉追肥4次。如果雨水较好、土壤墒情适宜，亩滴水8～10米^3，把肥料带走即可；如遇干旱，可滴水20～30米^3/亩。亩追肥量拔节期6千克/亩（折纯，N-P$_2$O$_5$-K$_2$O为2-2-2），大喇叭口期5千克/亩（N-P$_2$O$_5$-K$_2$O为3-1-1），抽穗开花期5千克/亩（N-P$_2$O$_5$-K$_2$O为3-0-2），灌浆期3千克/亩（N-P$_2$O$_5$-K$_2$O为1-1-1）。

浅埋滴灌区玉米长势　　　　　　　　　水肥一体化区

四、化学调控

化学调控于玉米6～8叶展开期开展，在第一次滴灌水肥之前进行，两项作业间隔应大于3天，协同实现控旺与促长双重目的。对玉米亩保苗超过5 000株的地块，选用已登记的专用生长调节剂，如胺鲜·乙烯利、矮壮素·乙烯利、乙烯利、抗倒酯等，严格按照产品说明书用量和浓度配制药液。

五、其他配套措施

（一）病虫草害防治

玉米螟和叶部病害防治。在大喇叭口期之后至抽雄前和吐丝后15～20天，应用无人机各预防一次，亩用20%氯虫苯甲酰胺悬浮剂（康宽）10毫升和18.7%丙环·嘧菌酯（扬彩）50～70毫升，兑水30～40千克喷雾。

茎腐病和穗粒腐病防治。在大喇叭口期之后至抽雄前，用5%菌毒清水剂600倍液和75%百菌清可湿性粉剂兑水800倍液喷雾，也可采取杀虫、杀菌和叶面肥"一喷多防"。8月中下旬可采用"一喷多促"。

玉米"一喷多促"　　　　　　　　　　　　玉米飞防

（二）秸秆还田

在回收管（带）后，将秸秆粉碎翻埋还田，培肥土壤，改善土壤结构。秸秆翻埋还田时，耕深不小于28厘米，耕后耙碎、镇实、整平，消除因秸秆造成的土壤架空。秸秆量大的地块可将一部分秸秆打捆作饲草料。

玉米水肥一体化示范区　　　　　　　　　玉米机械化收割

六、应用案例

辽宁省阜新市彰武县五峰镇采用宽窄行浅埋滴灌技术模式，亩保苗5 500株，一次性完成导航底肥施用、精准播种、滴灌带铺设，玉米生长期开展病虫草害绿色防控、化控防倒、水肥一体化追肥4次，平均亩产达到1 000千克，亩增产200千克左右。

（辽宁省农业农村发展服务中心王永欢、李慧昱，辽宁省农业科学院张书萍，彰武县农业发展服务中心可欣，辽宁省农业科学院作物研究所孙贺祥）

松嫩平原中部肥沃耕层构建
玉米水肥一体化单产提升技术模式

一、技术概述

　　松嫩平原中部玉米播种面积5 000多万亩，在我国粮食生产中占有极其重要的地位。该区域玉米生产存在着季节性干旱频发、土壤黏重、秸秆腐解缓慢、出苗不整齐，水肥利用效率低的问题。吉林省农业科学院通过多年的试验研究，创建的松嫩平原中部肥沃耕层构建玉米水肥一体化单产提升技术模式在生产上应用，通过"机收二次粉碎—调碳氮比—秸秆翻埋—碎土重镇压"等秸秆还田作业，加速秸秆腐烂分解，打破犁底层，加深耕层厚度，建立肥沃耕层；通过水肥一体化管理，破除了常规种植"靠天吃饭""水肥脱节"的弊端，大幅度提高水肥利用效率和玉米产量。

施肥播种埋管　　　　　水肥一体化管理　　　　　病虫害防控

碎土重镇压　　　　　秸秆深翻还田　　　　　机械收获

技术环节

　　该技术模式适用于土地平整、降雨量450 ～ 650毫米、有灌溉条件的松嫩平原中部玉米种植区。可实现玉米单产850 ～ 950千克/亩，增产幅度约20%，土壤有机质增加5%～10%，氮肥利用效率平均提高12%，生产效率提升20%，节本增效10%以上。

二、整地播种与管道铺设

（一）秸秆还田和精细整地

玉米进入完熟期后，采用大型玉米收获机进行收获，同时将玉米秸秆粉碎（长度≤20厘米），并均匀抛撒于田间。深翻作业前，采用玉米秸秆还田机二次粉碎秸秆，粉碎后秸秆长度≤15厘米，每亩抛撒5～8千克尿素调碳氮比，有条件的可喷施玉米秸秆腐解剂1～2千克/亩。采用大马力拖拉机和液压翻转犁进行深翻作业（动力在140马力[*]以上，行驶速度6～10千米/时），翻耕深度30～35厘米，将秸秆深翻至20～30厘米土层。深翻作业后，根据土壤墒情及时用圆盘耙、联合整地机或动力驱动耙三种机具整地，作业深度16～18厘米，做到土壤细碎、耙后地表平整。

整地后达到待播状态。如作业后地表不能达到待播状态，要在春季播种前进行二次整地。当土壤含水量在22%～24%时，镇压强度为300～400克/厘米^2；当土壤含水量低于22%时，镇压强度为400～600克/厘米^2。

（二）良种选择与精密播种

选择通过审定的适合本区域栽培的中晚熟、耐密、矮秆、穗位较低、抗倒防衰、适合机械收获、综合性状优良的玉米品种。

4月下旬至5月初，当5～10厘米耕层地温稳定通过8～10℃时播种。低肥力地块种植密度4 000～5 000株/亩，高肥力地块种植密度5 000～6 000株/亩。采用大垄双行平播滴灌带浅埋种植方式，一次性完成施底肥、播种、铺管、覆土作业。播种深度3～5厘米，施肥深度10～15厘米，确保种肥间隔8～10厘米，避免烧种、烧苗现象发生。

（三）管网设计与铺设

根据水源位置和地块形状设计铺设滴灌管道，通常采用"一"字形、梳齿形，主干管长度≤600米，支管长度70～90米，支管间距100～120米，滴灌管（带）长度50～60米，滴头间距20～25厘米，滴头流量1.8～2.4升/时。

---

    * 马力为非法定计量单位，1马力≈0.735千瓦。——编者注

管网铺设

最佳行宽比为窄行40～50厘米、宽行80～90厘米，将滴灌带铺设在窄行内，滴灌带上覆土2～3厘米。播后需要立即接好滴灌管道，及时滴出苗水，确保苗全、苗齐、苗壮。

三、水肥管理

（一）水分管理

水分管理遵循自然降雨为主、补水灌溉为辅。自然降雨与滴灌补水相结合，灌水次数与灌水量依据玉米需水规律、土壤墒情及降雨情况确定。实行总量控制、分期调控，保证灌溉定额与玉米生育期内降雨量总和达到600毫米以上。

（二）养分管理

养分管理采用基施与追肥滴施相结合，有机肥及非水溶性肥料基施，水溶性肥料分次随水滴施。磷、钾肥以基施为主、滴施为辅，氮肥以滴施为主、基施为辅。实行总量控制、分期调控，氮（N）200～240千克／公顷、磷（P_2O_5）70～90千克／公顷、钾（K_2O）80～100千克／公顷，追肥随水滴施3次。

水肥一体化设备

（三）灌溉施肥制度

在实际生产中，滴灌施肥受肥料

种类、地力水平、目标产量等因素影响，需要因地制宜。下表为滴灌水肥一体化配施方案。

滴灌水肥一体化配施方案

生育时期	补灌量 （吨／公顷）	养分用量 （千克／公顷）			中微量元素 肥料（%）	有机肥 （%）	备注
		N	P$_2$O$_5$	K$_2$O			
播种前	0	49.0	52.5	66.5	100	100	350千克复合肥作底肥
播种后	100～150	0	0	0	—	—	滴出苗水
拔节期	100～200	54.0	7.5	9.0			150千克水溶肥滴施
大喇叭口期	150～300	72.0	10.0	12.0			200千克水溶肥滴施
灌浆期	150～350	54.0	7.5	9.0			150千克水溶肥滴施
合计	500～1 000	229.0	77.5	96.5	100	100	—

四、化学调控

对于种植密度超过5 000株/亩的农田，在6月末7月初，8～9叶展开期，喷施"吨田宝""玉黄金"等植物生长调节剂，以增加秸秆强度，控制植株高度，预防玉米密植栽培引起的倒伏。

五、其他配套措施

（一）病虫草害绿色防控

1.种子包衣处理
选择高效低毒无公害多功能种衣剂进行种子包衣，防治金针虫等地下害虫，以及玉米丝黑穗病等土传病害。

2.病害防治
大喇叭口期、发病初期，喷施丁香·戊唑醇、丙环·嘧菌酯、苯醚甲环唑等防治玉米叶斑病，隔7～10天喷施一次，连续喷药2次。

3.虫害防治
（1）玉米螟防治。生物与化学药剂相结合。7月上中旬在一代玉米螟始见卵时开始释放赤眼蜂，每亩20 000头，分两次释放，第一次释放5天后释放第二次；或采用新型球孢白僵菌颗粒剂，应用无人机实施白僵菌颗粒剂田间高效投放技术。采用高效低毒药剂防治，选用40%氯虫·噻虫嗪水分散粒剂或20%

氯虫苯甲酰胺悬浮剂等防治。

（2）蚜虫防治。每百株玉米有蚜虫2 000头时，喷洒啶虫脒、氯氟氰菊酯、吡虫啉、噻虫嗪等药物，盛发期喷2次，间隔5～7天。按照药剂说明书使用剂量进行喷施。

（3）双斑萤叶甲防治。在玉米抽雄、吐丝期，可用22%噻虫嗪·高效氯氟氰菊酯微囊悬浮剂10毫升/亩，或者选择溴氰菊酯、氟氯氰菊酯等高效低毒低残留农药，进行喷雾防治，重点喷施玉米的上部嫩叶、雌穗周围，需防治1～2次，间隔期5～7天，宜在上午10时前和下午5时后。

4.化学除草

封闭除草可选择玉米播后苗前土壤较湿润时进行，选用莠去津类胶悬剂及乙草胺乳油进行土壤喷雾。如降雨较多且雨量充沛，应在降雨之后选择苗后除草，使用烟嘧磺隆、溴苯腈等除草剂，玉米苗后4～5叶期、杂草3～4叶期茎叶混合喷施。

（二）机械收获

采用玉米收获机，在玉米生理成熟后7～15天，籽粒含水量<28%时进行收获，最佳收获籽粒含水量以20%～25%为宜。田间损失率≤5%，杂质率≤3%，籽粒破碎率≤5%。

六、应用案例

吉林省德惠市新贺种植专业合作社，位于德惠市大房身乡。该区域受季风影响，春季干燥多风，阶段性低温、高温时段明显，夏季炎热多雨。2024年合作社采取蓄水池蓄水，应用肥沃耕层构建玉米水肥一体化单产提升技术面积90亩，采用灌溉施肥制度，生育期补水35吨/亩，化肥采用底肥＋追肥滴施方

秸秆深翻构建肥沃耕层

植株健壮根系发达

式，追肥在拔节期、大喇叭口期、灌浆期分3次随水滴入。秋季测产910千克/亩，平均亩增产玉米160千克，亩增收199元。

（吉林省农业科学院刘慧涛、王立春、高玉山、刘方明、孙云云、窦金刚、邓奥严、侯中华，吉林省土壤肥料总站吕岩、尤迪、马玉涛，吉林省农业技术推广总站史宏伟、胡博，德惠市农业技术推广中心李东波、黎明泉、马富东）

燕山丘陵区玉米膜下滴灌水肥一体化技术模式

一、技术概述

膜下滴灌水肥一体化是集地膜覆盖、滴灌施肥为一体的技术模式。借助滴灌系统，在灌溉的同时将肥料配兑成肥液一起输送到作物根部土壤，确保水分养分均匀、准确、定时定量供应，为作物生长创造良好的水、肥、气、热环境，具有明显的节水、节肥、增产、增效作用。

该技术模式适用于燕山丘陵地区。底肥通过机械深施于作物根部，供应充足、便于吸收，通过测墒灌溉、智能水肥一体化技术实现水肥精准调控、确保植株整齐、减轻人工劳动强度，实现增产15%以上，节肥10%～20%，节水40%～50%，亩节约人工1～3个。

二、整地播种与管道铺设

（一）选地与整地

1.选地

选择适宜玉米种植的具有灌溉条件的平原区中高产田、坡度≤30°的中低产田及轻度盐碱地。

2.精细整地

亩施腐熟农家肥2 000～3 000千克，深翻25厘米以上或深松30厘米以上，随后旋耕碎土，深度不低于15厘米，并镇压；春季灭茬和旋耕地块，深度20厘米左右。要求耕垄直，百米直线度≤15厘米，耕幅一致，根茬长度≤10厘米，达到上虚下实、土碎无坷垃。

整地

（二）播前准备

1.品种选择

根据气候和栽培条件，选择高产、优质、抗性强、比露地栽培≥10℃积温高100～200℃的主推优良品种。

2.种子处理

种子包衣处理按GB 4404.1—2024《粮食作物种子 第1部分：禾谷类》的要求。

3.滴灌带选择

滴灌带选择应符合GB/T 19812.1要求。

铺设滴灌带

（三）播种

1.播期选择

适宜播期4月下旬至5月上旬，当5～10厘米土层温度稳定在8～10℃时，即可播种。沙土地或风蚀地要避开春季大风时间播种。

2.播种密度

播种选用玉米膜下滴灌多功能联合作业播种机，开沟、施肥、播种、喷药、铺带、覆膜、覆土一次性完成。大小垄种植，大垄80～85厘米、小垄35～40厘米。根据耕地地力和玉米品种特性，建议播种密度5 000～5 500株/亩。

适期播种

玉米田间长势

三、水肥管理

（一）测墒灌溉

灌溉定额因降雨量和土壤保水性能而定。有效降雨量在300毫米以上的地区，保水保肥良好的地块，玉米整个生育期一般滴灌6～7次，灌溉定额为136～160米³/亩；保水保肥差的地块，整个生育期滴灌8次左右，灌溉定额为160～180米³/亩。有效降雨量在200毫米左右的地区，灌溉定额为200米³/亩左右。

测墒灌溉

播种结束后视天气和土壤墒情及时滴出苗水，保证种子发芽出苗，如遇极端低温，应避开低温滴水。除出苗水外，一般6月中旬滴第一水，水量20～25米³/亩，以后田间相对含水量低于70%时及时灌水，每15天左右滴一次水，每次滴灌20米³/亩左右，9月中旬停水。

滴灌启动后及时检查滴灌系统一切正常后继续滴灌，小垄到大垄两侧20

厘米土壤润湿即可。尤其要保证播种后、拔节期、小喇叭口期、大喇叭口期、抽雄期、灌浆期、乳熟期等关键期玉米水分需求。

滴灌系统

（二）施肥

1.施肥总量

施肥量一般根据目标产量来确定，根据测土配方施肥"3414"试验结果，每生产100千克玉米籽粒，需纯氮2.24千克、纯磷0.72千克、纯钾2.04千克。可据此并参照目标产量估算出玉米的需肥量。

农家肥结合翻耕施入，磷肥、钾肥可以结合翻耕或播种（种、肥隔离）一次性施入。氮肥遵循前控、中促、后补的原则，30%～40%作基肥施入，60%～70%作追肥结合灌溉随水分次施入。

目标产量1 000千克/亩玉米施肥表

	肥料名称	施用量（千克／亩）	施用方法
	农家肥	1 500～3 000	整地前均匀撒在地表
化肥	复合肥	30～40	作为基肥播种时混合均匀后用播种机深施
	磷酸二铵	15～20	
	硫酸锌	2	拔节期、抽雄前、灌浆期结合灌溉随水分次施入
	尿素	20～30	

2.追肥时间及数量

追肥以氮肥为主配施微肥，整个生育期追肥3次，第一次是拔节期（6月中下旬），施入追肥总量的40%～60%，主攻促叶、壮秆、增穗；第二次是抽雄前（7月中下旬），施入追肥总量的20%～30%，增加穗数；第三次是灌浆期（8月中旬），施入剩余氮肥，主攻粒数和粒重。每次追肥时可额外添加磷酸二氢钾1千克、硫酸锌1千克，壮秆、促早熟。如后期发现玉米穗以下叶片发黄，还可补施少量氮肥。

3.一喷多促

在玉米生长中后期（大喇叭口末期至灌浆初期），通过混合喷施叶面肥、抗逆剂、调节剂、杀菌杀虫剂等，采用无人机一次作业实现促灌浆成熟、促单产提高和防虫防病等多重功效。

无人机飞喷

四、化学调控

6～8叶展开期喷施控制植株高度、增加茎秆强度的化控调节剂，均匀喷洒，不重不漏。喷药后6小时内如遇雨淋，可在雨后酌情减量增喷一次。

化学调控

五、其他配套措施

（一）田间管理

1.定苗间苗

3～5叶期定苗，去弱苗留壮苗，如果发现缺苗，移栽补苗或就近留双株。

2.病虫害防治

（1）苗期防治。苗期主要防治地下害虫、蚜虫、红蜘蛛、叶蝉等。可采用种子包衣方式进行防治。

（2）玉米螟防治。在成虫发生期，可在有电源的地方设黑光灯和性诱剂诱杀成虫；或在玉米螟产卵盛期，用无人机投放2次赤眼蜂进行生物防治；在玉米大喇叭口期，使用化学药剂20%氯虫苯甲酰胺悬浮剂、40%氯虫·噻虫嗪水分散粒剂、2.5%溴氰菊酯乳油、10%氯氰菊酯乳油、5%氰戊菊酯乳油防治。

（3）黑穗病防治。花粒期发现黑穗病后，及时将病株拔除，并于田外深埋。

3.清除杂草

（1）人工和机械相结合。人工清除种植行（窄行）杂草，结合中耕机械清除大垄（宽行）杂草。

（2）化学除草和机械相结合。播种后覆膜前，在种植行土壤湿润时及时喷施57%甲·乙·莠除草剂防除种植行（窄行）杂草，结合中耕机械清除大垄（宽行）杂草。

（3）苗后行间化学除草。一般在玉米苗生长到5～6叶、禾本科杂草3～5叶、阔叶型杂草2～4叶时，选用"三合一"除草剂，如硝磺草酮＋烟嘧磺隆＋莠去津；或者选用"二合一"除草剂，如硝磺草酮＋莠去津或烟嘧磺隆。

（二）收获

玉米收获时期因品种、播期及生产目的而异。一般在9月底至10月上旬，玉米植株渐黄，果穗苞叶松散，籽粒变硬并有光泽即可收获。一般要求叶片、秸秆含水量不超过60%，籽粒含水量不超过30%。

机械收获

（三）秸秆还田和秋整地

玉米成熟后，使用联合收割机机械摘穗，同时切碎秸秆，使其均匀覆盖在地表。如果秸秆过长需要二次粉碎，抛撒均匀。每亩按照2.5千克秸秆腐熟剂加5千克尿素喷洒在作物秸秆上，加速秸秆腐解。

秸秆还田

采用深翻机进行深翻作业，深度25厘米以上，将粉碎的玉米秸秆全部翻入土层。秸秆翻埋前调碳氮比，喷施微生物菌剂，加快秸秆腐烂；翻地前要回收滴灌管（带）和残膜，如有条件推荐使用全生物降解地膜，减少回收环节。

（四）冬灌

有条件的地区，秸秆翻入土壤后，可以进行冬灌，保证秸秆能够充分腐熟，减少病原菌和越冬虫卵基数。

六、应用案例

内蒙古自治区赤峰市翁牛特旗应用玉米膜下滴灌水肥一体化技术模式，突出精选耐密品种、精细整地、北斗导航精量播种、全生育期精准水肥运筹、精准防控和适时收获等，亩产最高可达1 000千克，实现节水40%、节肥15.5%、增产15%、省工3个的良好效果。

（内蒙古自治区赤峰市农牧技术推广中心左慧忠、苑喜军、查娜）

半干旱区秸秆深翻还田
水肥一体化高产高效技术模式

一、技术概述

半干旱区秸秆深翻还田水肥一体化高产高效栽培技术模式，以玉米秸秆还田培肥土壤＋水肥一体化精准调控为核心，集成优良玉米品种、增密精量播种、化控防倒及病虫草害绿色防控等技术，有效破解了西部半干旱区玉米生产季节性干旱、土壤瘠薄、水肥利用率低、稳产性差、增产缓慢等问题，是半干旱区玉米单产提升的一项先进技术模式。

该技术模式适用于年降雨量400毫米左右的我国东北、西北半干旱地区。根据地力与施肥水平，目标产量可达到12 000 ～ 15 000千克/公顷。经5年百亩至万亩大田示范，平均增产3 000千克/公顷。

二、整地播种与管道铺设

（一）精细整地

1.机收粉碎秸秆

采用玉米收获机收获的同时粉碎秸秆，再用秸秆还田机进一步粉碎，粉碎长度≤15厘米，均匀覆盖于地表。

2.加快秸秆腐熟

为促进秸秆腐解，在经过二次粉碎的秸秆上，施入干秸秆重量0.5%～1%的尿素（100 ～ 150千克/公顷）；有条件的，喷施秸秆腐熟剂，施用量按照产品说明书。

3.秸秆翻埋

采用栅栏式液压翻转犁（配套拖拉机＞140马力）进行深翻作业，翻耕深度25 ～ 35厘米，将秸秆翻埋至20厘米土层以下。

4.碎土重镇压

根据土壤墒情，适时采用动力驱动耙或旋耕机进行碎土、重镇压作业，防止失墒和风蚀。

秸秆翻埋　　　　　　　　　　　　　碎土重镇压

（二）适期播种

选择经审定的耐密、抗倒伏、综合性状优良的玉米品种。当5 ～ 10厘米耕层地温稳定通过8 ～ 10℃时播种。

适期播种

（三）管道铺设

根据水源位置和地块形状设计田间管道，铺设干管长度≤500米、支管长度70 ～ 90米、支管间距100 ～ 120米、滴灌管（带）长度50 ～ 60米。采用浅埋滴灌生产方式，宽窄行大垄双行平播，一次性完成施底肥、播种、铺管、覆土作业，将滴灌带铺在窄行内，滴灌带上覆土2 ～ 4厘米。

（四）科学增密

低肥力地块种植密度7.0万 ～ 7.5万株/公顷，高肥力地块种植7.5万 ～ 9.0万株/公顷。

三、水肥管理

(一) 滴水出苗

播种后及时滴出苗水，滴灌量为150～250吨/公顷，保证玉米出全苗。

(二) 水肥管理

依据玉米需水、需肥规律，在玉米不同生长阶段，将水分和养分精确输送到玉米根部，实现"水肥同步、少餐多次"。

1.水分管理

水分管理遵循自然降雨为主、补水灌溉为辅。自然降雨与滴灌补水相结合，灌水次数与灌水量依据玉米需水规律、土壤墒情及降雨情况确定。实行总量控制、分期调控，保证灌溉定额与玉米生育期内降雨量总和达到500毫米以上。

2.养分管理

养分管理采用基施与滴施相结合，有机肥及非水溶性肥料基施，水溶性肥料分次随水滴施。磷、钾肥以基施为主、滴施为辅，氮肥以滴施为主、基施为辅。实行总量控制、分期调控，氮（N）220～240千克/公顷、磷（P_2O_5）70～90千克/公顷、钾（K_2O）80～100千克/公顷，追肥随水滴施3次。

(三) 灌溉施肥制度

在实际生产中，滴灌施肥受肥料种类、地力水平、目标产量等因素影响，需要因地制宜。下表为滴灌水肥一体化配施方案。

滴灌水肥一体化配施方案

生育时期	补灌量（吨／公顷）	养分用量（千克／公顷）			中微量元素肥料（%）	有机肥（%）	备注
		N	P_2O_5	K_2O			
播种前	0	42	45	57	100	100	300千克复合肥
播种后	150～250	0	0	0	—	—	滴出苗水
拔节期	200～300	54	7.5	9	—	—	150千克水溶肥滴施
大喇叭口期	350～500	72	10	12	—	—	200千克水溶肥滴施
灌浆期	300～450	54	7.5	9	—	—	150千克水溶肥滴施
合计	1 000～1 500	222	70	87	100	100	—

滴灌设备

四、化学调控

对于种植密度超过75 000株/公顷的农田，在6月末7月初，8 ～ 9叶展开期，喷施"吨田宝""玉黄金"等植物生长调节剂，以增加秸秆强度，控制植株高度，预防玉米密植栽培引起的倒伏。

五、其他配套措施

（一）病虫草害防治

采用生物防治、物理防治和科学用药相结合的绿色防控技术，降低病虫草的危害，保证玉米生产安全。

绿色防控

（二）机械收获

在玉米生理成熟后，籽粒含水量＜28％时进行收获，最佳籽粒含水量以20%～25%为宜。田间损失率＜2%，苞叶剥净率＞85%，籽粒破碎率＜1.5%。

机械收获

六、应用案例

吉林省松原市乾安县赞字乡山成玉农业机械专业合作社应用半干旱区秸秆深翻还田水肥一体化高产高效技术模式，增产效果显著。2022年合作社比分散经营的农户增产164千克/亩、增收23.8%；2023年10月19日，吉林省农业技术推广总站组织专家现场测产，水肥一体化高产竞赛样板田亩产达到1 000.45千克。

（吉林省农业科学院刘方明、王立春、孙云云、高玉山、窦金刚、侯中华、姜业成、刘慧涛，吉林省土壤肥料总站吕岩、尤迪、刘健，吉林省农业技术推广总站史宏伟、胡博，乾安县黑土地保护监测中心刘刚、关长彤、王西邰，乾安县赞字乡山成玉农业机械专业合作社金英敏、金鑫）

东北西部风沙土秸秆条带覆盖还田水肥一体化高产高效技术模式

一、技术概述

东北风沙区黑土地面积1.1亿亩左右，是国家重要的粮食生产基地和生态屏障。针对该区域干旱、瘠土、风蚀、水肥资源利用效率低、产量低而不稳等问题，构建了以秸秆覆盖和水肥一体化技术为核心的高产高效技术模式，实现了风沙区黑土地固土减蒸增碳和水肥资源高效利用，为黑土地保护和国家千亿斤粮食产能提升行动提供重要技术支持。

该技术模式适用于东北西部降雨量300 ~ 450毫米的风沙区黑土地，有灌溉条件的玉米种植区。根据地力与施肥水平，目标产量为12 000 ~ 13 500千克/公顷，玉米产量可提高20%以上，水分利用效率提高20%以上，肥料利用效率提高15%以上。

二、整地播种与管道铺设

（一）整地播种

1. 秸秆归行条耕整地

上一年秋季玉米机械收获后，秸秆覆盖地表，留茬高度20 ~ 30厘米。播种前，采用秸秆归行条耕整地机进行秸秆归行旋扫条带，清理出50 ~ 60厘米耕作播种带，70 ~ 80厘米秸秆覆盖带。播种带浅旋整地作业深度8 ~ 12厘米，根据土壤墒情适度镇压。

2. 适期增密播种

（1）品种及种植密度。选择经审定的耐密、抗倒伏、综合性状优良的中晚熟高产玉米品种，适宜种植密度为7.0万 ~ 8.0万株/公顷。

（2）播种时间。4月末5月初，当耕层5 ~ 10厘米深的土壤温度稳定通过8 ~ 10℃即可播种。

（3）播种方式。采用宽窄行浅埋滴灌带方式播种（窄行间距40 ~ 50厘米、宽行间距80～90厘米），一次性完成施底肥、浅埋滴灌带、播种作业。滴灌带浅埋在窄行中间，埋入土中3～4厘米。

条耕整地

增密播种

（二）管道铺设

播种之后，及时进行管网铺设，要求主管顺垄向铺设，长度≤500米；支管垂直主管铺设，长度70～90米。

管道铺设

水肥一体化管理

三、水肥管理

（一）水分管理

采用自然降雨与补水滴灌相结合的水分管理方案，遵循自然降雨为主、补水滴灌为辅的原则，灌水次数与灌水量依据玉米需水规律、土壤墒情及降雨情况确定。实行总量控制、分期调控，在播种期、拔节期、大喇叭口期、灌浆期等需水关键期及时补水滴灌，保证滴灌定额与玉米生育期内降雨量总和达到500毫米以上。

（二）养分管理

采用基施与追肥滴施相结合的养分管理方案，以土施为主、滴施为辅，有机肥及非水溶性肥料基施，水溶性肥料分次随水滴施。实行总量控制、分期调控，氮肥（N）220～260千克/公顷、磷肥（P_2O_5）70～90千克/公顷、钾肥（K_2O）90～110千克/公顷，追肥随水滴施3～5次。

（三）推荐滴灌施肥方案

在实际生产当中，滴灌施肥受市场肥料种类、地力水平、目标产量等因素影响，需要因地制宜。下表为滴灌水肥一体化配施方案。

滴灌水肥一体化配施方案

生育时期	滴灌量（吨/公顷）	养分用量（千克／公顷）			中微量元素肥料（%）	有机肥（%）	备注
		N	P_2O_5	K_2O			
播种前	0	42	45	57	100	100	300千克复合肥作底肥
播种后	150～250	0	0	0	—	—	及时滴出苗水
拔节期	200～300	72	10	12	—	—	200千克水溶肥滴施
大喇叭口期	350～500	90	12.5	15	—	—	250千克水溶肥滴施
灌浆期	300～450	54	7.5	9	—	—	150千克水溶肥滴施
合计	1 000～1 500	258	75	93	100	100	—

四、化学调控

在6月末至7月初，玉米8～9叶展开期，利用无人机或高秸秆喷药机喷施化控剂，控制植株和穗位高度，增加茎秆强度，防止倒伏。喷施时要严格按照产品使用说明书要求喷施，防止喷施过量，造成减产。

化学调控

秸秆覆盖还田

五、其他配套措施

（一）病虫草害防治

选择高效低毒无公害多功能种衣剂进行种子包衣，防治地下害虫与土传病害；在玉米苗后3～5叶期，杂草2～3叶期，田间大部分杂草出齐时，选用广谱、低毒、残留期短的苗后除草剂，进行茎叶喷雾施药，做到均匀喷洒、无漏喷、不重喷；在玉米大斑病、玉米螟等病虫害发生初期，选用高效、低毒、低残留的农药进行防治。

（二）适时晚收

一般年份在10月中、下旬，当玉米籽粒含水量＜28%时进行收获，如采用籽粒收获机，以籽粒含水量20%～25%收获为宜。

（三）秸秆还田

秋季玉米机械收获后，秸秆均匀覆盖地表，留茬高度25～35厘米。

六、应用案例

乾安县所字镇达字村金泰家庭农场位于吉林省松原市西部，其耕地类型为典型风沙区黑土地，土壤耕层浅，有机质含量低，保水保肥能力差，干旱缺水，玉米生长季降雨时空分布不均，分配不合理，严重影响了农业生产。2024年，采用秸秆条带覆盖还田水肥一体化高产高效技术模式种植100公顷，玉米产量提高23.40%，水分利用效率提高20.18%。

（吉林省农业科学院高玉山、王立春、刘方明、孙云云、窦金刚、侯中华、孙海全、刘慧涛，吉林省土壤肥料总站吕岩、尤迪、李冠男，吉林省农业技术推广总站史宏伟、胡博，乾安县黑土地保护监测中心刘刚、关长彤）

苏打盐碱地改土培肥水肥一体化高产高效技术模式

一、技术概述

东北是我国苏打盐碱地最大集中分布区。苏打盐碱地土壤盐分以碳酸钠和碳酸氢钠为主，土壤pH高，交换性钠含量高，黏粒分散性强，通气透水性差，耕层浅薄板结，土壤有机质极度匮乏，有机质含量不足1%，严重制约作物生长。针对上述问题，吉林省农业科学院创建了苏打盐碱地改土培肥水肥一体化高产高效技术模式，实现轻、中度盐碱地"消碱降盐、改土培肥、水肥同步、增产增收"。

该技术模式适用于吉林省、黑龙江省和内蒙古自治区东部苏打盐碱土区，可实现公顷产量10 500 ～ 13 500千克。采用该技术模式，土壤盐碱程度显著降低，3年试验结果表明，土壤pH平均下降0.5个单位，碱化度降低15%以上，有机质含量增加0.2%以上，玉米产量提高20%以上。

二、整地播种与管道铺设

(一) 整地

1.施用有机肥和改良剂

充分利用当地畜禽粪便等有机肥资源，开展农家肥堆沤腐熟施用，轻度盐碱地有机肥用量为30 ～ 45米³/公顷，中度盐碱地有机肥用量为45 ～ 60米³/公顷，脱硫石膏用量为10 ～ 15吨/公顷，腐植酸或生物炭等有机改良剂1 ～ 3吨/公顷。

2.深翻

采用栅栏式液压翻转犁（配套拖拉机＞140马力）进行深翻作业，翻耕深度25 ～ 35厘米，将秸秆及1/3的有机肥、脱硫石膏等改良剂翻埋至20厘米左右的土层中。

增施有机肥

脱硫石膏改良剂

3.碎土重镇压

将剩余有机肥及改良剂抛撒到土壤表面，采用动力驱动耙或旋耕机进行碎土、混拌、平整、重镇压作业，防止失墒和风蚀。

（二）播种

1.品种选择

选用通过国家或省农作物品种审定委员会审定的优质、高产、耐盐碱的玉米杂交种，以中晚熟玉米品种为主。

2.播种时间

4月末至5月初，耕层8厘米深的土壤温度稳定通过10℃即可播种。

3.种植密度

适宜种植密度7.0万～8.0万株/公顷。

（三）管道铺设

根据水源位置和地块形状设计铺设滴灌管道，干管长度≤500米、支管长度70～90米、支管间距100～120米、滴灌管长度50～60米。采用浅埋滴

播种

管道铺设

灌宽窄行平播，一次性完成施底肥、开沟、放管、埋土、播种作业。将滴灌带铺设在窄行内，滴灌带上覆土2～3厘米。最佳行宽为窄行40～50厘米，宽行80～90厘米，播后立即接好管道，及时滴出苗水，确保苗全、苗齐。

三、水肥管理

（一）水分管理

自然降雨与滴灌补水相结合，灌水次数与灌水量依据玉米需水规律、土壤墒情及降雨情况确定，保证灌溉定额与玉米生育期内降雨量总和达到500毫米以上。

（二）养分管理

养分管理采用基施与滴施相结合，有机肥基施，磷、钾肥以基施为主，氮肥以滴施为主。实行总量控制、分期调控，氮（N）220～240千克／公顷、磷（P_2O_5）70～90千克／公顷、钾（K_2O）80～100千克／公顷，追肥随水滴施3次。

（三）灌溉施肥制度

在实际生产中，滴灌施肥受肥料种类、地力水平、目标产量等因素影响，需要因地制宜。下表为滴灌水肥一体化配施方案。

滴灌水肥一体化配施方案

生育时期	补灌量（吨／公顷）	养分用量（千克／公顷）			中微量元素肥料（％）	有机肥（％）	备注
		N	P_2O_5	K_2O			
播种前	0	49	52.5	66.5	100	100	350千克复合肥作底肥
播种后	150～250	0	0	0	—	—	滴出苗水
拔节期	200～300	54	7.5	9	—	—	150千克水溶肥滴施
大喇叭口期	350～500	72	10	12	—	—	200千克水溶肥滴施
灌浆期	300～450	54	7.5	9	—	—	150千克水溶肥滴施
合计	1 000～1 500	229	77.5	96.5	100	100	—

滴水出苗

水肥一体化管理

四、化学调控

在6月末至7月初，玉米8～9叶展开期，利用无人机或高秸秆喷药机喷施化控剂，控制植株和穗位高度，增加茎秆强度，防止倒伏。喷施时要严格按照产品使用说明书喷施。

五、其他配套措施

（一）病虫草害防治

选用高效低毒种衣剂进行种子包衣，防治地下害虫与土传病害；采用生物防治、物理防治和科学用药相结合的防控技术，降低病虫草危害，保障玉米生产绿色安全。

（二）机械收获

适时晚收，一般在10月中旬。采用玉米收获机，在玉米生理成熟后，最佳籽粒含水量以20%～25%为宜。田间损失率≤5%，杂质率≤3%，破碎率≤5%。

机械收获

（三）秸秆还田

采用大马力收获机收获的同时，粉碎秸秆；再用秸秆还田机进一步粉碎，粉碎后秸秆长度≤15厘米，均匀覆盖于地表。为促进秸秆的腐解，在粉碎的秸秆上，施入尿素120～180千克/公顷；同时，喷施秸秆腐熟剂，施用量按照产品说明书进行。

秸秆粉碎

秸秆还田

六、应用案例

乾安县大遐畜牧场位于吉林西部半干旱区典型区域，年降雨量400毫米左右，10℃以上积温2 850℃，无霜期135～140天，土壤类型以黑钙土和盐碱土为主，土壤pH 7.5～10.0。2020年以来，乾安县大遐畜牧场应用苏打盐碱地改土培肥水肥一体化高产高效技术，示范面积达到5万亩，改善了土壤结构，增强了土壤通透性，培肥了土壤，pH降低0.3～0.5个单位，碱化度降低10.0%～16.0%，土壤有机质增加0.2%，玉米增产31.5%。

（吉林省农业科学院孙云云、王立春、高玉山、刘方明、窦金刚、侯中华、刘慧涛，吉林省土壤肥料总站吕岩、尤迪、姜航，吉林省农业技术推广总站史宏伟、胡博，乾安县黑土地保护监测中心刘刚、关长彤，大安市农业技术推广中心韩喜龙、王冬磊、李雪梅，乾安县大遐畜牧场农业综合开发有限公司刘子良、刘启雷）

西辽河灌区玉米浅埋滴灌
水肥一体化技术模式

一、技术概述

西辽河灌区水肥一体化技术以浅埋滴灌为核心，借助滴灌系统的精准输水能力，按照玉米不同生长阶段的需水需肥规律，通过压力差使水和溶解在其中的肥料经过管道均匀输送到玉米根系周围，实现水分和养分的高效利用，避免了传统漫灌和撒施肥料造成的浪费与流失。同时，该技术还集成了地力提升、高密度栽培等多项技术，可有效改善土壤结构，增强土壤保水保肥能力，为玉米生长提供良好的土壤环境。

该技术模式适用于西辽河灌区具备井灌条件的地块。应用该技术可提升玉米种植效益，玉米增产100～200千克/亩、增收140元/亩；实现"五省四减"，五省即省水36%、省电36%、省时47%、省地8%、省工33%，四减即减肥10%～15%、减药20%、减膜100%、减成本18%。

二、整地播种与管道铺设

（一）精细整地

玉米种植前，需对土地进行深翻或深松，深度要达到30厘米以上。打破

机械深翻

机械旋耕镇压

长期耕作形成的犁底层，增加土壤通气性和透水性，改善土壤结构，为玉米根系生长创造良好的空间条件。

亩施腐熟农家肥 3 ~ 6 米^3，或同量养分的商品有机肥。通过深翻＋旋耕＋镇压，确保地面平整、土碎无坷垃。

整地后待播

深松粉垄机作业

（二）适期播种

1. 播种时间

西辽河灌区玉米播种的适宜时机是 10 厘米耕层土壤温度稳定在 10℃以上，通常在 4 月下旬至 5 月上旬。根据不同地块的地温差异，合理规划播种顺序。

地温计测量不同深度地温

2. 种植模式

采用浅埋滴灌模式，大垄 80 厘米、小垄 40 厘米（或大小垄 40 ~ 80 厘米），将滴灌带埋设于小垄行间，埋深控制在 2 ~ 4 厘米。

浅埋滴灌模式播种

（三）管道铺设

"王"字形布局，滴灌带单侧控制在50～60米，支管采用双行布置方式，主管上出水口间距控制在100～120米，支管长度一般为25～50米。这种布置方式能使管道最短而控制面积最大，保证灌溉均匀性。

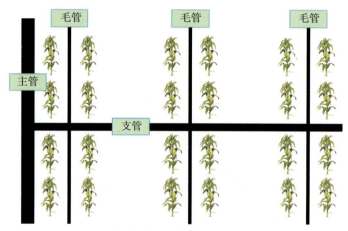

"王"字形管路铺设示意

（四）科学增密

种植密度要根据品种特性、地力条件和管理水平综合确定。地力较差地块，播种密度每亩5 000粒，亩保苗约4 500株；中等地力地块，播种密度每亩5 500粒，亩保苗约5 000株；地力好且管理水平高的地块，播种密度每亩6 200粒，亩保苗约5 500株。

三、水肥管理

（一）滴水出苗

播后48小时内完成，在滴出苗水时，要密切关注天气变化，如遇极端低温天气，应避免低温滴水，防止种子受到冻害，影响发芽和出苗。一般情况下，每亩滴灌20～30米³的水量较为适宜，以滴灌带两侧25～30厘米土壤湿润为标准。

滴水出苗

（二）灌溉施肥制度

1.灌溉定额确定

灌溉定额

降雨量（毫米）	灌溉次数	单次水量（米³／亩）
＞300	5～8	20～30
200左右	7～10	20～30

如遇降水，应减少灌溉量甚至暂停灌溉，根据土壤墒情和天气情况灵活调整。

2. 灌溉施肥制度

玉米需要的大量养分主要是氮、磷、钾三元素，其吸收比率大约为2∶1∶2。西辽河灌区大部分玉米田土壤缺氮、少磷、钾有余，因此在化肥施用上以氮肥最多、磷肥次之、钾肥最少。

一般大田目标产量1 000千克/亩的地块，亩施种肥46%磷酸二铵15千克左右、50%硫酸钾6千克，缺锌地区加硫酸锌1～1.5千克，或等养分含量复合肥。亩追施尿素35千克，或同等氮含量水溶肥。氮肥追施要遵循前控、中促、后补的原则，整个生育期分5～8次追肥。追施5次：在拔节期、大喇叭口期、抽雄前、吐丝后、灌浆期，按照2∶4∶1∶2∶1的比例追施，后期追肥时可增施磷酸二氢钾1～1.5千克/亩，壮秆、促早熟。追施8次：从进入拔节期开始，每隔10天追肥一次，化肥用量可以等份追施。在玉米生长后期，若发现穗位以下叶片发黄，表现出缺氮症状，还可少量补施氮肥。

西辽河灌区玉米浅埋滴灌水肥一体化技术模式推荐施肥量（千克/亩）

目标产量	氮（N）	磷（P_2O_5）	钾（K_2O）	折含量46%尿素	折含量46%磷酸二铵	折含量50%硫酸钾
>1 000	>19	>6.6	>3.1	>36	>15	>6.2
850～1 000	17～19	5.6～6.6	2.7～3.1	32～36	12～15	5.4～6.2
750～850	15～17	5～5.6	2.5～2.7	28～32	11～12	5～5.4
650～750	13～15	4.3～5	2～2.5	25～28	10～11	4～5
<650	<13	<4.3	<2	<25	<10	<4

（三）无人机喷肥

结合玉米的生长阶段和需肥特点，选择合适的叶面肥种类和喷施时机。可选择含有氨基酸、腐植酸等成分的叶面肥，每隔7～10天喷施一次。通过合理设置无人机的飞行高度、速度和喷液量，使肥料均匀喷洒在玉米植株上。

无人机喷施

四、化学调控

多采用多效唑、乙烯利、缩节胺、矮壮素等。一般在6～8叶展开期，植株高度50～70厘米时喷施。

五、其他配套措施

（一）病虫草害防治

1.病害防治

选择高抗品种是预防病害的基础。例如，针对西辽河灌区常见的玉米大斑病、小斑病等，选择对这些病害具有抗性的品种，能有效降低发病概率。

玉米大斑病症状

2.虫害防治

重点关注玉米螟等重要害虫的防控，可采用白僵菌封垛、田间释放赤眼蜂、黑光灯诱杀等生物防治和物理防治措施。大喇叭口期若花叶率超过20%，或100株玉米累计有虫卵30块以上，需要连防2次。可在该时期用20%氯虫苯甲酰胺悬浮剂10毫升，兑水30～40千克喷雾。

玉米螟为害症状

3.草害防治

苗前可选用90％或99％乙草胺乳油、72％或96％精异丙甲草胺乳油等药剂进行封闭除草。苗后在玉米3～5叶展开时，选用30％苯吡唑草酮悬浮剂、10％硝·磺草酮悬浮剂等药剂喷雾防治。

苗后机械除草机械作业

（二）机械收获

1.收获时机

籽粒乳线消失、黑层形成，水分≤25％时收获。籽粒成熟后根据天气适当晚收。

乳线出现　　　　　　　乳线居中　　　　　　　乳线消失

2.收获方式

籽粒水分30％左右可机械收穗，籽粒水分≤25％可机械收粒。

机械收穗　　　　　　　　　　机械收粒

（三）秸秆还田

秸秆深翻还田，粉碎长度 ≤ 15 厘米，深翻 30 厘米左右，亩施尿素 10 千克调节碳氮比。

秸秆粉碎　　　　　　　　　　　　　秸秆深翻还田

六、应用案例

2024 年通辽市推广玉米浅埋滴灌水肥一体化技术 833 万亩，平均亩产826.35 千克，较传统栽培模式平均亩增产 100～200 千克，每亩增收 100～150元，肥料利用率提高 10% 左右，亩省水 36% 左右，亩省电 40% 左右，亩省地8%，亩省工 33%。通辽市玉米单产提升百万亩核心区产量为 945.29 千克/亩，其中科尔沁区的一个万亩片平均产量达 1 247.22 千克/亩，十万亩玉米"吨粮田"测产为 1 042.1 千克/亩。

成果验收现场

（通辽市农牧业发展中心李哲、张石、赵颖、冯亚萍、于静辉、马乃娇、姜汇、郭欢欢、黄永丽、白昊、宝蕾、白航岩、赵芷萱，通辽市农牧局雷艳丽，通辽市奈曼旗大沁塔拉镇政府刘洪燕）

黄灌区玉米引黄澄清与黄河水直滤滴灌水肥一体化技术模式

一、技术概述

巴彦淖尔市境内的河套灌区是我国3个特大型灌区之一,也是亚洲最大的一首制自流灌区,玉米和葵花是该地区种植面积最大的作物。引黄澄清滴灌水肥一体化技术是利用周边未利用地建成蓄水池,将黄河水引入池中,依靠重力作用使泥沙等杂质沉淀,实现水沙分离,让黄河水得到初步澄清。经过澄清的黄河水通过加压泵站等设备,被过滤提升压力后输送到田间布设的管网系统,再通过滴头以点滴的方式缓慢、均匀且精准地将水肥施于作物根部土壤。黄河水直滤滴灌水肥一体化技术是用移动式引黄直滤水肥一体机直接从灌溉渠道引黄河水,经过滤装置过滤后直接将水输送到田间布设的管网系统,再通过滴头以点滴的方式缓慢、均匀且精准地将水施于作物根部土壤。该技术模式主要适用于灌溉水中泥沙较多的引黄灌区。

二、整地播种与管道铺设

(一)整地

选地:选择土地平整、耕层土壤含盐量小于0.25%、有机质含量1%以上、肥力中上等、灌排条件好、可实施水肥一体化滴灌的地块。

整地:施用腐熟农家肥3 000 ~ 3 500千克/亩,先撒肥后耕翻,深度30厘米以上,耕后碎土耙平镇压。

(二)播种

选择通过国家或内蒙古自治区审定或引种备案的紧凑、耐密、抗逆、宜机收品种。一般在4月中下旬至5月上旬,耕层5 ~ 10厘米地温稳定在10 ~ 12℃适时播种。用玉米膜下滴灌多功能联合作业播种机一次完成施肥、铺管、播种、喷药、覆膜、覆土、镇压作业。播种深度3 ~ 5厘米,基肥施于

10 ～ 12厘米处。

（三）播种密度

宽窄行种植，宽行70厘米，窄行35 ～ 40厘米，株距14 ～ 21厘米，种植密度5 500 ～ 7 500株/亩。

（四）地膜与滴灌带选择

普通聚乙烯地膜厚度0.01毫米以上，宽90厘米，有条件的可选用全生物降解地膜；滴灌带滴头出水量2 ～ 3升/时，滴头距离20 ～ 30厘米，滴灌带铺设长度一般为60 ～ 70米。

（五）黄河水过滤

黄河水通常要进行多级过滤，以清除较大的沙粒、胶泥等杂质。

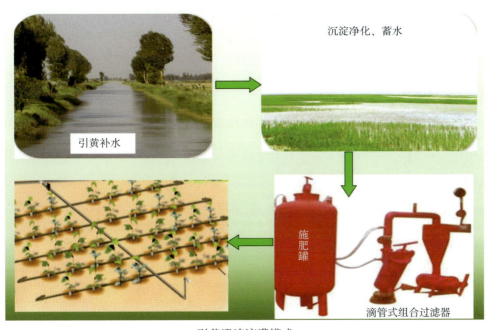

引黄澄清滴灌模式

如采用移动式水肥一体化灌溉设备，可用四分钢管＋85目纱网制成地笼作为进水口过滤装置进行初滤，然后采用离心式过滤器和网式过滤器的组合对黄河水过滤后进行滴灌。每台设备可控制面积为500 ～ 1 000亩不等，24小时内最大可实现60 ～ 80亩灌溉（浅浇）。

三、水肥管理

(一) 施肥管理

基肥可选择尿素、磷酸二铵、硫酸钾、氯化钾及各种复混肥料或配方肥；追肥为易溶于水的尿素、尿素硝铵溶液、磷酸脲、硫酸钾（水溶性）、氯化钾、磷酸二氢钾及水溶性复合肥、液体肥等。在玉米拔节期、大喇叭口期、吐丝期至灌浆期结合灌水追施4次。

(二) 灌溉管理

依据作物需水规律，结合当地气候条件，确定合理的灌溉量和灌溉时间。通过土壤湿度传感器等设备实时监测土壤墒情。一般来说，当土壤含水量低于作物适宜生长的下限值时，就需要进行灌溉。例如，对于沙壤土，当土壤体积含水量低于15%时，可能就需要灌溉；而对于壤土，下限值在18%左右。在高温、干旱、大风天气，需要增加灌溉频率和水量；阴雨天气，则可减少或暂停灌溉。

定期对引黄澄清后的水质进行检测，检测指标包括酸碱度（pH）、电导率、悬浮物、重金属含量、微生物含量等。若水质检测不符合国家标准，需采取相应的处理措施。如pH过高或过低，可通过添加酸碱调节剂进行调节；对于悬浮物超标，可增加过滤设备或强化过滤工艺；对于含有有害微生物的水，可采用紫外线消毒、加氯消毒等方法进行处理。

(三) 水肥一体化技术要点

追肥以氮肥为主、磷钾肥为辅，尿素或含氮水溶性肥料在拔节期、大喇叭口期、吐丝期和灌浆期按3∶5∶1∶1比例分4次施用，每次可加磷酸二氢钾1千克，利用水肥一体化系统随灌水滴施。

生育期滴灌次数和灌水量根据地块情况而定，保水保肥差的地块一般滴灌9次，每次灌溉量20～35米³/亩；保水保肥好的地块一般滴灌8次，每次灌溉量15～30米³/亩。

四、配套措施

高效除草：扇形喷头＋助剂＋100克/亩烟嘧磺隆·莠去津＋8克/亩新型除草剂苯唑草酮，有条件的可结合机械耢地除草。

病虫害综合防治：及时防治红蜘蛛、蚜虫、大斑病、小斑病等病虫害，大喇叭口期和抽雄期重点防治玉米螟和大斑病。

五、应用案例

在乌拉特前旗新安镇树林子村大有公社项目区实施4 390亩，由内蒙古禾兴农牧业有限责任公司建设经营，配套建设1座蓄水池，池深2.5米，蓄水量约17.01万米^3，占地面积114亩，满足全生育期作物需水。项目建设后，彻底改变了传统的灌溉和施肥方式，借助灌溉系统根据作物生育时期具体要求，实现水、肥精准供给，养分均匀吸收，具有省时省工、省地节能、节水节肥、增产增收的效果。据测算，使用该技术比渠灌提高玉米、葵花产量28%左右，瓜果、蔬菜产量30%左右；节水30%左右，节肥30%～40%。

（内蒙古巴彦淖尔市现代农牧事业发展中心张琛平、路大波、庞文强、任莉锁、张猛、陈晨、张悦欣、王晶、赵志远、张华、顾敏、杨文、高瑞芳、安小敏、张瑶、杜世超）

春大豆滴灌水肥一体化技术模式

一、技术概述

春大豆滴灌水肥一体化技术模式采用浅埋滴灌、膜下滴灌等方式实现水肥一体化管理,播后滴水出苗确保苗全苗齐,全程按需分次均衡施用,实现水肥精准供应。同时集成科学选种、合理密植、根瘤菌接种和病虫害防控等配套措施,提倡根瘤菌剂包衣或拌种,强化生物固氮,减少氮肥用量,注重磷钾肥施用。亩产可达到300千克以上,实现稳产高产、节肥节药、绿色发展的目标。该技术模式适用于有水源条件的东北、西北等春大豆产区。

二、整地播种与管道铺设

(一)地块选择

选择地势平坦、土层深厚、保水保肥较好、具有灌溉条件的适宜茬口地块。

(二)精细整地

整地要掌握好"平、碎、匀",建议深翻30厘米以上,打破犁底层,有条件地区结合整地亩施腐熟农家肥2米^3,适时耙地,做到耕层上虚下实,地面平整。

精细整地

（三）优选品种适水增密

选择高产、优质、抗倒性好、抗病性强、适合机械化收获的大豆品种。播前做好种子精选，采用拌种、包衣、喷施等方式接种根瘤菌，可用25毫升液体根瘤菌剂与5千克种子混匀，放置于阴凉通风处晾干。水资源条件良好区域、耐密品种或者晚播地块可适当增加密度。

（四）播种和管道铺设

选择起垄或平播等方式机械精播，如内蒙古地区可选择小垄垄上2行或大垄垄上4行种植模式，垄上4行宜宽窄行种植，小行20～30厘米，大行30～50厘米，株距13～14厘米，亩保苗1.7万～1.8万株，小流量滴灌带宜铺设在窄行中间，大流量铺设在宽行中间。耕层5～10厘米地温稳定在10～12℃时适时播种，种子覆土厚度不宜超过3厘米，播后立即滴水，提高出苗率和出苗质量。

播种和管道铺设

三、水肥管理

结合降水情况，全生育期一般灌水5～10次，每次灌水量10～30米³/亩。滴灌时地表湿土边缘超过播种行5～10厘米即可，勿过量灌溉。高产地块一般施用氮肥（N）4～6千克/亩、磷肥（P₂O₅）4～7千克/亩、钾肥（K₂O）3～5千克/亩，30%氮钾肥和70%磷肥作底肥，底肥可选用大豆专用肥。大豆分枝期、初花期、盛花期、结荚期和鼓粒期对水肥需求较大，追肥宜在以上时期随水追施。可结合追肥，适当补施硼、钼、锌等微量元素水溶肥。如大豆花荚期，可每亩用20毫升云大120+尿素0.4千克+磷酸二氢钾0.15千克，兑水30千克叶面喷施。

滴灌

四、化学调控

重点在大豆苗期、生长期和开花结荚期根据长势适时控旺，平衡营养生长与生殖生长，促进分枝形成和荚果发育，防止徒长、倒伏。控旺剂均按说明书使用即可。

化学调控

五、其他配套措施

（一）除草

苗期喷药，可用5％精喹禾灵50毫升+25％三氟羧草醚30毫升，兑水30千克喷雾，或用5％精喹禾灵50毫升+48％灭草松150毫升，对下茬无药害。

除草

（二）虫害防治

于鼓粒期，叶面喷施杀虫剂5.6%阿维·哒螨灵10毫升/亩+4.2%高氯·甲维盐40毫升/亩+5%高效氯氟氰菊酯15毫升/亩，7～10天后喷施第二次，防治红蜘蛛及预防食心虫。

（三）收获

人工收割在落叶90%时进行，收割后要及时脱粒，减少大豆食心虫继续危害；机械收获则需适时机收，防止炸荚减产。

收获

六、应用案例

2024年内蒙古兴安盟扎赉特旗推广应用春大豆滴灌水肥一体化技术，配套精细整地、导航精量播种、ARC微生物菌剂、化学控旺、"一喷多促"等多项技术措施，经专家测产亩产量达到321.7千克，创新内蒙古地区高产纪录。

（全国农业技术推广服务中心陈广锋、许纪元、刘晴宇，内蒙古自治区农牧业技术推广中心白云龙、李元文、陈晓丽，兴安盟农牧技术推广中心闫庆琦、春兰、厉雅华，扎赉特旗农牧和科学发展中心丁胜、刘玉龙、田磊、陈志，科尔沁右翼前旗农牧业科学技术发展中心柳宝林、李学庆、陈乌云嘎）

吉林西部半干旱区花生水肥一体化密植高产高效技术模式

一、技术概述

该技术模式以"选择优质抗逆品种、耐低温防病虫多效种衣剂拌种、密植栽培、水肥一体化、科学防控病虫害"为核心，在生产应用中取得了明显效果，可实现花生荚果 5 250～5 750 千克/公顷的目标产量，水分利用效率提高 20% 以上。该技术模式主要适用于吉林省西部半干旱花生种植区。

二、整地播种与管道铺设

（一）精细整地

秋季旋耕土壤，深度 15～20 厘米，耢平、起垄，垄高 12～15 厘米，镇压蓄水保墒；每 2～3 年深翻一次，深度 30 厘米左右。风沙地块，宜于春季旋耕土壤，旋耕、施肥、起垄、镇压一次完成，垄高 10～12 厘米。

深翻耕地　　　　　　　　旋耕耢平　　　　　　　　起垄施肥

（二）优选良种及精细播种

1.优选品种

选择经农业农村部登记的生育期 120 天左右、耐低温、综合抗性好、高产优质、适宜机械化生产的品种，如吉花9号、吉花16、吉花20等适宜吉林省栽培品种。

2. 科学增密

采用大垄双行（90～95厘米）种植模式，种植密度15.9万～22.2万株/公顷；采用单垄（60～65厘米）交错种植模式，种植密度16.7万～20.8万株/公顷。

3. 播种时期

连续5天5厘米耕层土壤平均温度，普通油酸品种稳定在12～15℃、高油酸品种稳定在16℃以上，土壤相对含水量以65%～70%为宜。

4. 精细播种

采用单粒精量播种机，一次性完成开沟、播种、刮平垄面、喷施农药（杀菌剂、杀虫剂、除草剂）、铺设滴灌带、覆膜等作业，适宜播深3～5厘米；也可采用无膜浅埋滴灌方式播种。

种衣剂包衣　　　　　　　　　　　　单垄交错播种

（三）管道铺设

主干管可采用Φ90毫米或Φ75毫米的PE输水软管，支管采用Φ75毫米或Φ63毫米的PE输水软管。毛管宜选用滴孔间距20厘米或30厘米的贴片式滴灌带，出水量一般在1.8～2.5升/时之间，滴灌带供水距离不超过60米。播种完成后铺设供水主干管、支管，安装滴灌带，及时滴灌灌水，保证出苗。

滴灌管道铺设

三、水肥管理

（一）水分管理

遵循自然降雨为主、补水灌溉为辅，自然降雨与滴灌补水相结合，保证灌溉定额与花生生育期内降雨量总和达到450毫米以上。

（二）施肥管理

肥料采用基施与滴施相结合，全部有机肥和磷、钾、钙肥结合整地作基施一次施入；氮肥1/3基施，2/3滴施。基施腐熟有机肥30 000～45 000千克/公顷，氮（N）25～30千克/公顷，磷（P_2O_5）150～180千克/公顷，钾（K_2O）75～90千克/公顷，钙（CaO）75～90千克/公顷；滴施氮（N）50～60千克/公顷。适当施用硼、钼、铁、锌等中微量元素肥料。

（三）水肥一体化管理

实行总量控制、分期调控。主要是2/3氮肥（N）50～60千克/公顷随水3～4次施入。

滴灌水肥一体化优化实施方案

生育时期	灌水量（米³/公顷）	滴氮肥量（千克／公顷）	备注
出苗期	75～150	8～10	土壤相对含水量50%～60%
开花下针期	300～450	21～25	土壤相对含水量60%～70%

（续）

生育时期	灌水量（米³／公顷）	滴氮肥量（千克／公顷）	备注
结荚期	225 ~ 375	17 ~ 20	土壤相对含水量55% ~ 65%
饱果期	75 ~ 150	4 ~ 5	土壤相对含水量50% ~ 60%
合计	675 ~ 1 125	50 ~ 60	

水肥一体化管理

四、化学调控

在盛花后期至结荚前期的生长旺盛时期，当主茎高度达到30 ~ 35厘米时喷施生长调节剂进行调控。如第一次喷药15天左右主茎高度超过40厘米时，应再喷1次。

喷施生长调节剂

五、其他配套措施

（一）科学防控病虫草害

1.种子包衣处理

选用含有咯菌腈、噻呋酰胺、福美双等成分的高效低毒多功能种衣剂进行种子包衣，防治地下害虫与土传性病害。

2.化学除草

（1）苗前除草。采用精异丙甲草胺96%乳油643.5 ～ 808.5毫升/公顷＋二甲戊灵33%乳油702 ～ 867毫升/公顷＋乙氧氟草醚23.5%乳油111 ～ 136.5毫升/公顷，在花生播种后出苗前，土壤较湿润时封闭处理。

（2）苗后除草。采用480克/升灭草松水剂2 250 ～ 3 000毫升/公顷与960克/升高效氟吡甲禾灵乳油300 ～ 450毫升/公顷复配剂，在杂草3 ～ 4叶期，采用植保无人机喷雾防治。

3.病虫害防控

（1）土传病害。选择11%精甲·咯·嘧菌悬浮剂9 ～ 10毫升/千克对花生种子进行包衣。

（2）叶部病害。选择60%唑醚·代森联水分散粒剂900 ～ 1 500克/公顷，或选择300克/升苯甲·丙环唑乳油30 ～ 45毫升/公顷，叶面均匀喷施，隔14 ～ 21天施药1次，共施药2 ～ 3次。

（3）主要虫害。在播种期，采用30%辛硫磷微囊悬浮剂15毫升/千克种子包衣防治蛴螬，或利用灯光、性诱剂或食诱剂诱杀金龟甲害虫；采用黄板防控蚜虫。

无人机喷施除草剂

黄板防控蚜虫

（二）机械收获

当70%以上荚果果壳硬化、网纹清晰，果壳内壁呈青褐色斑块时，及时收获。采用分段收获方法，花生收获机挖掘、抖土、铺放、田间晾晒一次完成。植株在田间自然风干5～7天后顺垄翻晒，当荚果含水量降至14%以下时，用摘果机摘果。覆膜栽培的花生要清除残膜并回收。

花生分段式收获

六、应用案例

2024年在花生主产区双辽市红旗街道官井村应用该技术模式，种植花生品种吉花20，经专家测产，平均亩产386.3千克，较对照田平均增产78.0千克，增幅25.3%。

花生水肥一体化密植高产高效技术示范

（吉林省农业科学院陈小妹、高华援、赵跃、李美君，吉林省土壤肥料总站吕岩、尤迪、房杰）

辽西半干旱区花生膜下滴灌水肥一体化技术模式

一、技术概述

花生是辽宁省第三大作物，种植面积500多万亩，主要分布在葫芦岛市、锦州市和阜新市。该技术以地膜覆盖和水肥一体化技术为核心，配套合理密植和水肥精准调控，花生产量和品质均明显提升，产量达到300～400千克/亩，增产达到10%～30%。该技术模式适用于辽宁西部有灌溉水源区域。

二、整地播种与管道铺设

（一）品种选择

选择高产、优质、抗性好的适宜花生品种。葫芦岛市和大连市应选择产量潜力大、抗逆性好、生育期130～140天的品种，其他产区应选择生育期120～130天的品种。

（二）种子处理

根据病虫害发生情况和不同种衣剂剂型进行种子包衣，东北地区"倒春寒"现象发生严重，应选择耐低温种衣剂。

（三）播种和滴灌带铺设

适宜播期为5厘米地温稳定在12℃以上，辽宁一般为4月25日至5月15日。播种密度：春播花生，亩单粒精播13 000～16 000粒，双粒播种8 000～9 000穴。播种机械选用起垄、播种、喷洒除草剂、铺设滴灌带、覆膜、膜上压土等一次完成的花生联合播种机。

花生膜下滴灌水肥一体化

花生液态地膜

花生膜下滴灌

花生机械化播种覆膜铺带

三、水肥管理

花生施肥量依据不同地块目标产量和施肥水平确定，提倡有机无机配施，化学肥料基施、追施配合。氮肥40%、磷肥全部、钾肥60%作底肥，其余肥料生长期内采用滴灌补追肥。基施腐熟堆肥1 000 ～ 2 000千克/亩或商品有机肥250 ～ 300千克/亩，可减少10% ～ 20%化肥用量。

花生全生育期推荐"四水三肥"水肥一体化模式。播种时施入13-17-15（S）复合肥料15 ～ 25千克/亩作基肥，种肥隔离，肥料在种子侧下方5 ～ 7厘米。生长期内采用滴灌补肥，氮肥于苗期、开花下针期、荚果期进行3次追肥，分别以总肥量的10%、30%、20%比例滴灌施入。

第1次：播种出苗期，灌水量为10 ～ 15米^3/亩，追施尿素2 ～ 3千克/亩、水溶性磷酸二铵1 ～ 2千克/亩。

第2次：开花下针期，灌水量为20 ～ 30米^3/亩，追施尿素5 ～ 7千克/亩、水溶性硫酸钾1 ～ 2千克/亩。

第3次：结荚期，灌水量为20 ~ 30米³/亩，追施尿素3 ~ 5千克/亩、水溶性硫酸钾4 ~ 5千克/亩。

第4次：饱果期，若遇干旱应小水滴灌润浇，灌水量为5 ~ 10米³/亩。

花生旱作节水示范区　　　　　　　　花生水肥一体化示范区

四、其他配套措施

（一）根腐病防治

发病初期或发病率低于5%时防治为宜。可用75%敌磺钠可湿性粉剂800倍液＋30%甲霜·噁霉灵1 500倍液采用灌溉系统连续灌根2 ~ 3次，间隔5 ~ 7天。

（二）蛴螬防治

在苗期和结荚期即蛴螬幼虫时期防治为宜。可用40%毒·辛乳油100倍液采用灌溉系统灌根1 ~ 2次，间隔5 ~ 7天。

花生飞防　　　　　　　　　　　　花生田间调查

（三）地膜清理

收获后及时回收田间残留地膜，推荐使用全生物降解地膜。

花生降解地膜

花生机械收获

五、应用案例

辽宁阜新蒙古族自治县王府镇河东村采用花生膜下滴灌水肥一体化技术模式，花生产量达到400千克/亩，与对照相比增产50千克/亩左右，经济效益显著。

（辽宁省农业农村发展服务中心刘顺国、徐铁男、邹存艳、王颖，兴城市现代农业发展服务中心张晓莉，阜新蒙古族自治县现代农业发展服务中心苏建党，辽宁省农业机械化推广站张佳）

阴山地区马铃薯智能水肥一体化
技术模式

一、技术概述

马铃薯智能水肥一体化技术是在传统的水肥一体化系统的基础上运用现代信息技术，针对马铃薯的需水、需肥规律，以及土壤含水量和养分含量，自动对水、肥进行检测、调配和供给，达到精确控制灌水量、施肥量和水肥施用时间的一项现代农业新技术。该技术平均亩产3 265千克，亩均增产415千克，增幅14.56%；亩均新增纯收益508元，增幅14.9%。该技术模式主要适用于阴山地区规模化马铃薯水肥一体化种植区域。

二、整地播种与管道铺设

（一）种薯处理

切种：切刀消毒要用0.4%的高锰酸钾溶液浸泡8～10分钟，每人准备2～3把切刀，交替使用，每隔4小时更换一次药液。

拌种：干拌，70%甲基硫菌灵200克＋中生菌素150克；湿拌，25克/升咯菌腈悬浮剂种衣剂（适乐时）200毫升。也可使用70%噻虫嗪可分散性种衣剂拌种，预防地下害虫。

切种

拌种

（二）整地和播种

整地：栽培马铃薯的土壤要求深翻、细整地，一般深翻30～35厘米为宜。

播种：播期一般在4月下旬至5月上旬，当10厘米地温稳定在8～10℃时即可播种。播种深度依品种和土壤条件而定，一般开沟深度为8～10厘米，覆土厚度为10～14厘米。黏土适当浅播，沙壤土适当深播。一般行距90厘米，株距18厘米，每亩定植4 100株。

春耕播种

（三）中耕培土

中耕培土在出苗率达到20%时立即开始，在出苗率达30%以前完成。培土时用拖拉机牵引中耕机进行，培土厚度3～5厘米，将长出的幼苗及杂草全部埋掉。培土时滴灌管要处于滴灌状态，防止培土将滴灌管压扁，影响以后正常滴灌。

（四）管道铺设

根据出水量、地形、地下管道、滴灌带压力等因素确定出水桩的距离。出水量为32～50米^3/时的水泵出水桩的间距为100米，出水量为80米^3/时的水泵出水桩距离为120～150米。通过中耕实现滴灌带埋深5～8厘米，起宽大垄型，上垄面宽达到30～35厘米，垄高25厘米。

选择口碑好、品质优、贴片式、压力补偿型滴灌带，滴灌带壁厚0.15毫米以上，最大可耐0.1兆帕工作压力，滴头流量1.0～1.4升/时，滴头间距25～30厘米。地面支管选用PE软管，管径为110毫米，壁厚1.2毫米，抗压强度为0.4兆帕。

三、智能水肥一体化

首部安装水肥自动化控制系统，田间出水桩安装太阳能远程控制电磁阀或电动控制阀，实现智能水肥一体化控制。

自动水肥精准调控系统：由水肥自动化控制软件、精量施肥泵、首部过滤器、田间电磁阀、溶肥罐、蓄水池等组成。水肥自动化控制软件选择可完成施肥和灌溉远程自动化控制软件，应具有切换自动和手动控制功能。设置单元灌溉制度，实现溶肥罐注水、注肥、搅拌、自动反冲洗、灌溉全程自动控制等功能。选择额定流量大于3米³/时，额定扬程大于50米的精量施肥泵；选择离心加叠片二级首部过滤器，最大过滤流量大于水井出水量，可进行自动反冲洗；选用不易堵塞太阳能远程控制电磁阀；选用容积大于1 000升且配套搅拌器的溶肥罐。

智能水肥一体化设备控制系统

四、水肥管理

（一）施肥管理

增施有机肥，减少复合肥用量，建议用商品有机肥替代20%复合肥。有机肥施用腐熟农家肥或商品有机肥，一般腐熟农家肥以撒施方式施入，按1 500～2 000千克/亩施用，或施用商品有机肥，按200～300千克/亩施用。追肥时施用新型液体肥，如尿素硝铵溶液；水溶性中微量元素肥，如锌肥和钙镁肥，可以提高肥料利用率，并能补充马铃薯所需的各种中微量元素，进而提高作物产量，改善作物品质。

追肥全部通过精准施肥系统结合灌水进行追施，全生育期施肥6～8次。通过智能水肥一体化设备，可以提高水分和肥料的利用效率，降低施肥总量。

智能水肥一体化设备施肥装置

（二）水分管理

在马铃薯生育期降雨量300毫米以上的地区，全生育期灌溉定额为120米³/亩。灌溉时间和单次灌溉量可根据马铃薯需水规律结合天气情况来定，灌溉时滴灌带压力达到0.10～0.15兆帕，灌溉后湿润深度40～50厘米，避免过量灌溉，一般5～7天灌水一次，每次灌水量10～15米³，灌水时间3～6小时，整个生育期灌水8～10次；苗期土壤湿度达到土壤相对含水量的60%～65%，块茎形成期到块茎膨大期达到土壤相对含水量的70%～80%，淀粉积累期达到土壤相对含水量的65%～70%；收获前15天停止灌溉；深层地下水可先储存到蓄水池后再通过滴灌系统进入农田。

浅埋滴灌马铃薯管道铺设及灌溉效果

五、其他配套措施

（一）病虫草害绿色防控技术

拌种时用甲基硫菌灵150克/亩＋中生菌素50克/亩＋滑石粉6千克/亩拌种。播种时，沟施噻虫嗪50克/亩＋嘧菌酯80毫升/亩＋海藻类肥料100毫升/亩。出苗后，株高10～20厘米时，根据杂草生长情况叶面喷施除草剂70毫升/亩防杂草。苗期喷施保护性药剂用量代森锰锌150克/亩＋营养液100毫升/亩＋芸苔素30毫升/亩。7月根据田间植株生长和发病情况，一般分3次喷施，第一次喷施百菌清100毫升/亩＋营养液100毫升/亩；第二次喷施丙环唑30毫升/亩＋营养液100毫升/亩；第三次喷施肟菌·戊唑醇50毫升/亩＋营养液100毫升/亩。8月根据发病情况用药，一般两次，第一次喷施克露100毫升/亩，第二次喷施烯酰吗啉50毫升/亩。或者结合灌水，进行滴灌注药，防治害虫可滴灌毒死蜱；根据溃烂程度滴灌嘧菌酯和铜制剂等。

无人机绿色防控

（二）收获与贮藏

马铃薯收获后，将其置于阴凉通风的环境中2～3天后，入库贮藏。

马铃薯机械收获效果

六、应用案例

应用马铃薯智能水肥一体化技术，可实现马铃薯提质增产，提高种植户综合收益。在乌兰察布马铃薯种植区，5年示范田平均亩产3 265千克，亩均增产415千克，增幅14.56%；亩均新增纯收益508元，增幅14.9%。

马铃薯田间种植效果

（内蒙古自治区乌兰察布市农牧业生态资源保护中心陈利、吕月清，四子王旗农业技术服务中心陈瑞英、贺赟，四子王旗联合盛农农业服务有限公司李亚平）

燕山丘陵区谷子膜下滴灌水肥一体化技术模式

一、技术情况

　　膜下滴灌水肥一体化技术是以地膜覆盖、水肥一体化为核心，提墒保墒、水肥精准调控，实现稳产高产、节本增效的技术模式。该技术模式适用于燕山丘陵地区。示范区谷子平均单产水平高于周边区域平均水平10%，能够达到470～500千克/亩。

二、整地播种与管道铺设

（一）选地整地

　　选择地势平坦的地块，秋季整地，深旋土壤25厘米以上。结合旋耕施优质腐熟农家肥1 000千克/亩以上。

整地

（二）种子处理

　　种子质量按照GB 4404.1执行。选用国家评定的一、二级优质米品种。用

35%的甲霜灵（瑞毒霉）种子包衣剂按种子干重的0.3%拌种防治白发病。

（三）覆膜播种

气温稳定通过7～8℃为适宜播期，一般在5月上旬播种。选用0.01毫米以上地膜覆盖，半覆膜种植膜宽80～90厘米，全膜覆盖种植膜宽120厘米。采用大小垄种植，大垄宽60厘米，小垄宽40厘米。

播种选用带有导航功能的拖拉机牵引膜下滴灌多功能联合作业播种机，开沟、施肥、播种、打药、铺带、覆膜、覆土一次性完成；穴距16厘米，亩播7 900穴，每穴播种5～7粒，播种量0.15～0.20千克/亩；出苗后，及时查苗放苗补苗。

机械播种

三、水肥管理

根据作物需肥规律、天气变化、土壤墒情、植株表现适时适量浇水施肥，播种期的氮磷钾肥结合播种（种、肥隔离，穴施或条施）施入，其余用水溶肥随灌水施入。

灌溉施肥表

生育时期	灌溉次数（次）	灌水定额（米³/亩）	施肥养分量（千克/亩）（折纯量）				备注
			N	P_2O_5	K_2O	$N+P_2O_5+K_2O$	
播种期	1	20～25	1.82～2.85	4.60～5.75	1.20～1.55	7.62～10.15	沟施
苗期	1	10～15					
拔节期	1	25～30	1.15～1.45	1.55～1.80	0.92～1.15	3.62～4.40	滴施

（续）

生育时期	灌溉次数（次）	灌水定额（米³／亩）	施肥养分量（千克／亩）（折纯量）				备注
			N	P₂O₅	K₂O	N＋P₂O₅＋K₂O	
抽穗开花期	2	20～25	0.96～1.16	0.36～0.85	0.22～0.33	1.54～2.34	滴施
灌浆期	1	10～15	0.25～0.42	0.05～0.15	0.05～0.10	0.35～0.67	滴施
全生育期	6	85～110	4.18～5.88	6.56～8.55	2.39～3.13	13.13～17.56	

注：模式中的灌水量根据降雨量情况每年有所不同。

四、其他配套措施

（一）病虫草绿色防控

除草：播种后覆膜前，每亩喷施10％单嘧磺隆（谷友）可湿性粉剂100～120克。

害虫防治：发生粟叶甲、黏虫危害时，及时采用高效、低毒、低残留药剂进行防治。

（二）收获

成熟后及时收获，清除地膜，秸秆还田。

机械收获与秸秆还田

五、应用案例

在林西县通过运用谷子膜下滴灌水肥一体化绿色高效生产技术模式，重点应用推广机械清除残膜、机械灭茬、深松耙压、导航精量穴播、配方施肥、水肥一体化、病虫草害综合防治、无人机飞防、机械收获、机械打捆秸秆等技术。合理安排3种密度梯度试验，分别为亩保苗4万株、4.5万株、5万株，经测产，亩保苗4万株、4.5万株、5万株的折水产量分别达到468.45千克、469.42千克、517.91千克。

（内蒙古自治区赤峰市农牧技术推广中心左慧忠、苑喜军、查娜）

辽西半干旱区谷子膜下滴灌
水肥一体化技术模式

一、技术概述

谷子是辽宁省第一大杂粮作物，种植面积80多万亩，主要分布在辽宁西部朝阳市和阜新市。近年来，随着地膜覆盖和水肥一体化技术的推广和应用，谷子产量和品质均实现提升，谷子产量可达到400千克/亩以上，增产达到10%~30%，氮肥利用率可提高5%左右，同时，可改善土壤结构、提高土壤肥力。该技术模式适用于辽宁省半干旱区。

二、整地播种与管道铺设

(一) 培肥土壤

土壤培肥可以选择以下模式之一：

(1) 秸秆直接还田。适用于农业机械化程度高的地区，在作物收获后采取秸秆粉碎＋微生物菌剂＋深翻整地的方式立即进行全量还田，秸秆粉碎长度应小于15厘米，翻地深度应在30厘米以上。

(2) 堆肥还田。适用于养殖业发达的地区，整地前施入1 000~2 000千克/亩的腐熟堆肥，并结合深翻整地。

(3) 商品有机肥。在机械动力小、养殖业欠发达地区，播种时增施商品有机肥250~300千克/亩。

(二) 播种

采用谷子专用播种机进行作业，播种、施肥、滴灌带铺设、覆膜一次性完成。播种时，种盘调至一圈10穴，穴距16厘米，播种量调成每穴4~5粒，亩密度控制在30 000株以上。

如选择宽窄行种植模式，宽行距70厘米、窄行距40厘米，株距16厘米，使横向加宽，提高田间的通风透光性能，增强植株的光合作用，同时纵向加密，保障谷子的种植密度，每亩播种 7 500 穴左右。

谷子机械化播种覆膜铺带

谷子覆膜长势　　　　　　　　　　　谷子宽窄行种植长势

三、水肥管理

谷子全生育期推荐"四水三肥"水肥一体化模式。

以"总施氮量的1/3作底肥、磷肥全部作底肥、钾肥全部作追肥"为原则。基肥：播种时施入磷酸二铵 10 ~ 15 千克/亩、尿素 3 ~ 5 千克/亩，种肥隔离，肥料在种子侧下方 5 ~ 8 厘米。有机肥在整地前施入。

第 1 次：播种后立即滴水，滴水量 10 ~ 15 米³/亩。

第 2 次：6 月下旬拔节期，滴水量 15 ~ 20 米³/亩，追施尿素 5 ~ 6 千克/亩、氯化钾 1 ~ 2 千克/亩。

第 3 次：7 月中旬孕穗期，滴水量 20 ~ 25 米³/亩，追施尿素 3 ~ 5 千克/亩、氯化钾 5 ~ 6 千克/亩。

第 4 次：8 月上旬灌浆期，滴水量 20 ~ 25 米³/亩，追施尿素 3 ~ 5 千克/

亩、氯化钾2～3千克/亩。也可选择喷施氨基酸水溶肥0.15千克/亩。

谷子水肥一体化

谷子叶面追肥

谷子田间长势

四、其他配套措施

采用机械收获，减少谷子损失，有条件的地区开展秸秆还田，培肥地力。

谷子机械化收获

五、应用案例

建平县被称为中国杂粮之乡，谷子种植面积50万亩。朱碌科镇小米产业发达，通过推广谷子膜下滴灌水肥一体化技术，谷子较传统种植模式增产10%以上。

（辽宁省农业农村发展服务中心陶姝宇、王颖，建平县农业技术推广中心赵凯，辽宁省植保植检总站付明，辽宁省农业科学院作物研究所孙贺祥）

低山丘陵苹果水肥一体化技术模式

一、技术概述

该技术以有机肥＋配方肥＋水肥一体化技术模式为核心，通过增施有机肥，改良土壤，提供养分；通过测土配方施肥技术，推荐配方肥，实现养分均衡供应；通过水肥一体化技术实现水肥精准管理，稳步提高苹果产量，改善果实品质。同常规施肥技术相比，可以提高肥料利用率5%左右，减少化肥施用量10千克/亩以上，增产5%以上，亩节本增效500元以上，土壤理化性状得到明显改善。该技术模式适用于辽宁苹果种植区。

二、水肥管理

（一）基肥

苹果果实采收后进行施肥。基肥施用腐熟堆肥2～4米³/亩，或商品有机肥（生物有机肥）500～800千克/亩。化肥可选用16-12-12（S）、18-13-14（S）（或相近配方）复合肥料。每1 000千克苹果产量施用配方肥15～20千克/亩。

施用方法采取沟施或穴施，沟施时沟宽30厘米左右、长50～100厘米、深40厘米，分为环状沟、放射状沟以及株间条沟。穴施时根据根冠大小，每

苹果施用有机肥

苹果科学施肥试验

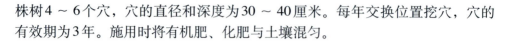

株树4～6个穴，穴的直径和深度为30～40厘米。每年交换位置挖穴，穴的有效期为3年。施用时将有机肥、化肥与土壤混匀。

（二）追肥

根据土壤养分测定和叶部营养诊断以及果树的吸收规律和特点确定施肥量和施肥种类，一般情况下每年3～5次。追肥采用水肥一体化技术，通过采用滴灌系统，将可溶性固体或液体肥料与灌溉水融为一体，均匀、准确、定时、定量供给苹果树根系，通过滴头以水滴的形式不断湿润果树根系主要分布区的土壤，使之经常保持在适宜作物生长的最佳含水状态。

苹果花后2～4周施用20-10-10或相近配方的肥料（或相似配比含腐植酸水溶肥料）15～20千克/亩；花后6～8周、果实膨大期、采收前施用15-5-25或相近配方大量元素水溶肥料（或相似配比腐植酸水溶肥料)35～40千克/亩，每次施用10～15千克/亩。

苹果水肥一体化

水肥一体化设备

苹果收获

三、其他配套措施

（一）生草覆盖

果园自然生草覆盖是将果园行间自然生草，割后覆盖树盘的一种果园土壤管理方法或制度，可提升果园土壤肥力、保持土壤墒情以及控制树冠下杂草生长的土壤管理技术。平地果园可利用便携式割草机刈割4～6次，山地果园采用动力式果园割草机械刈割4～6次，雨季后期停止刈割。刈割的草覆盖于树盘上。

（二）叶面施肥

萌芽前喷施尿素100倍液促进萌芽、长枝。花期喷0.3％硼砂溶液和0.3％尿素溶液，提高坐果率，防治苹果缩果病和缺硼旱斑病。花后至套袋前3遍药都要加入叶面钙肥，防治因缺钙引起的苹果苦痘病、苹果痘斑病、苹果黑点病、果实裂纹裂口等。摘袋前1个月是苹果第二个需钙高峰期，结合喷施钙肥，加喷2～3遍叶面硅肥，以增加果皮厚度和韧性，促进着色和表光靓丽。苹果着色期叶面喷施磷酸二氢钾，促进着色，增加果实含糖量。

苹果示范区

水肥一体化+生草覆盖

四、应用案例

辽宁兴城市南大乡张俭果树种植专业合作社，果园面积2 000多亩，通过实施有机肥＋配方肥＋水肥一体化模式，同常规技术相比，可以提高肥料利用率5%左右，减少化肥施用量10千克以上，增产5%以上，亩节本增效500元以上，实现节水、减肥、减少人工投入，节本增效。

（辽宁省农业农村发展服务中心于立宏、姜娟，兴城市现代农业发展服务中心张晓莉，辽宁省农业机械化推广站孙佳，辽宁省植保植检总站付明）

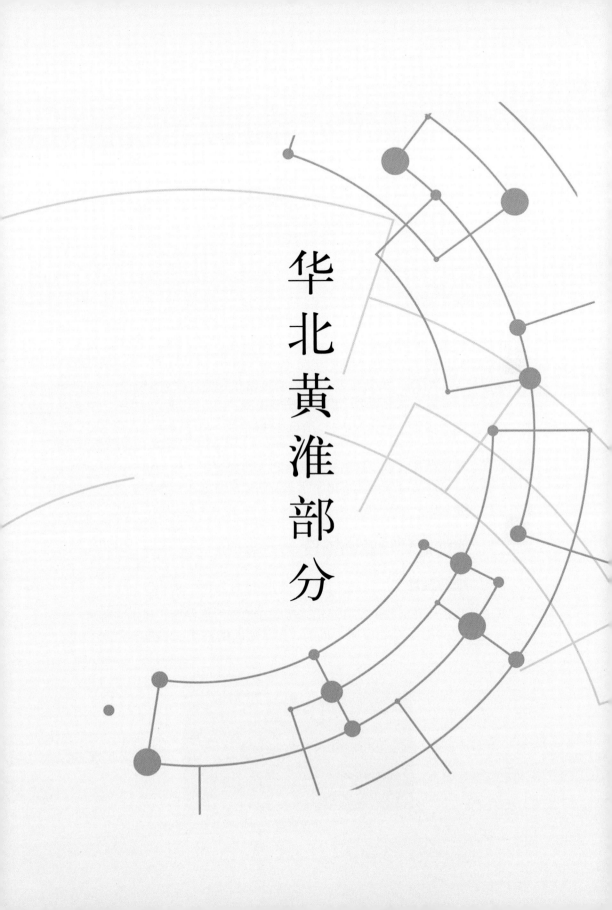

华北黄淮部分

华北黄淮冬小麦滴灌水肥一体化
技术模式

一、技术概述

该技术按照"肥随水走、以水促肥、以肥调水、水肥耦合"原则，根据冬小麦需水需肥规律、土壤供水供肥状况等，优化灌溉施肥制度，通过铺设在行间的滴灌带，在时间、数量和方式上对水分和养分进行综合调控及一体化管理，实现精量灌溉和精准施肥，提高水肥利用率。

在生产上以水肥一体化为核心，配套精细整地、科学选种、适期播种、精准化控、病虫害防治等技术，促进小麦单产提升，具有节水节肥、省工省时、增产增地、提质增效等特点，是集节水灌溉和高效施肥于一体的现代农业生产综合水肥管理措施。该技术模式适用于华北黄淮地区具备水电条件的冬小麦种植区，目标产量600～800千克/亩，较常规生产方式可大面积增产10%～15%。

二、整地播种与管道铺设

（一）精细整地

夏玉米收获后及时粉碎秸秆还田，覆盖在地表抑蒸保墒。进入适播期，采用旋耕机旋耕两遍，深度15厘米以上，连年旋耕的地块一般每3年深耕1次，

机械旋耕

深度28～35厘米，确保打破犁底层。旋耕后及时耙压，做到耕层上虚下实，地面平整无坷垃。

机械深耕

耕后耙平

（二）科学选种

选择通过国家或本省审定，适宜在当地种植的节水耐旱、高产稳产、抗病抗逆的冬小麦品种，避免选择抗寒能力弱的春性品种和自留种。小麦种子要经过包衣处理，或者根据种植区域常发病虫害进行药剂拌种。

（三）适期播种

耕层土壤相对含水量不低于70%时，及时趁墒播种，确保一播全苗；墒情不足地块，应提前灌水造墒或播后滴灌出苗水，确保苗全苗齐苗匀。过早播种易形成冬前旺苗，增大冻害风险，应在区域适播期内稍晚播种。

播后滴灌出苗水

苗齐苗匀

（四）管道铺设

输配水管网包括干管、支管、毛管三级管道，干管宜采用PVC硬管，一般埋在地下，管径90～125毫米，管壁厚2.0～3.0毫米；支管宜采用PE软管，管径40～60毫米，管壁厚1.0～1.5毫米；滴灌毛管宜采用PE软管，管径15～20毫米，管壁厚0.4～0.6毫米，出水口间距20～30厘米，流量1～2升/时，滴灌毛管沿着冬小麦种植平行方向铺设，与支管垂直。有条件的地区，可采用具备浅埋铺设滴灌带功能的北斗导航播种机，一次性完成播种和毛管铺带作业，浅埋时黏土或壤土地埋深2～3厘米，沙土地埋深4～5厘米，防止风吹或积水后滴灌带偏离铺设区域。也可采取人工方法或使用机械将滴灌带铺设在地表，铺设时确保滴灌带出水口向上、平整顺直。铺设间距根据土壤质地进行确定，黏土或壤土地块间距60厘米左右，沙土地块间距40厘米左右。铺设长度一般不超过50米，首尾流量偏差率控制在10%以内。

机械铺设滴灌带

地表滴灌

三、水肥管理

冬小麦水肥管理的关键时期包括苗期、返青期、拔节期、孕穗期、扬花期和灌浆期。基肥一般选择复合肥，追肥选择尿素，叶面喷肥选择磷酸二氢钾及中微量元素肥料。

（一）造墒播种

播前监测土壤墒情，0～20厘米土壤相对含水量低于70%时适量灌水造墒，亩灌水量20～30米³，确保足墒播种和一播全苗。

（二）灌溉管理

入冬前，0～40厘米土壤相对含水量低于60%时，每次亩灌水10～20米³；拔节前，0～40厘米土壤相对含水量低于65%时，每次亩灌水

20～25米³；拔节、孕穗、扬花期，0～60厘米土壤相对含水量低于70%时，每次亩灌水25～30米³；灌浆期，0～60厘米土壤相对含水量低于65%时，每次亩灌水20～25米³。越冬水灌溉宜选择在日平均气温在5℃左右、上午10时至下午4时之间进行，做到小水细灌，确保完全渗入土壤、田面无明显积水，避免夜间低温造成冻害。

测墒灌溉

水肥一体化首部设备

（三）施肥管理

参照各省制定的冬小麦测土配方施肥技术指导意见，细化各区域施肥方案，总施肥量建议为氮（N）15～20千克/亩，磷（P_2O_5）10～12千克/亩，钾（K_2O）0～8千克/亩。氮肥基追比例为4∶6，其中40%的氮肥基施，60%的氮肥在拔节、孕穗、扬花和灌浆后期随水追施，追施比例依次为40%、30%、20%、10%。磷肥全部基施。钾肥基追比例为5∶5，其中50%的钾肥基施，50%的钾肥在拔节、孕穗后期随水追施，追施比例分别为50%、50%。

灌溉施肥一体化管理

返青期滴灌追肥

（四）无人机喷肥

有条件的地区，可在孕穗中期、后期，因地制宜采用无人机叶面适量喷施磷酸二氢钾及硫、锌、硼、锰等中微量元素，增强冬小麦抗逆性，提高抵御干热风的能力，促进养分平衡，防止早衰，增加粒重，提高品质。喷肥时要控制好肥液浓度，磷酸二氢钾为0.2%～0.5%，每次间隔7～10天，共喷施2～3次。

无人机叶面喷肥

四、化学调控

冬小麦化控重点在返青至拔节期，针对播期较早、冬前出现旺长的麦田，可在起身期叶面适量喷施多效唑、烯效唑等，抑制地上部分生长。化控应选择在晴好无风天气的上午10时至下午4时、日平均温度在5℃以上进行，化控时可采用人工或无人机飞防作业，做到药量准确、喷洒均匀、不重喷不漏喷。

五、其他配套措施

（一）病虫害防治

坚持群防群治和统防统治相结合，华北麦区以茎基腐病、纹枯病、白粉病和蚜虫防治为主，兼顾锈病、赤霉病、叶螨和吸浆虫等；黄淮麦区以条锈病、茎基腐病、赤霉病、纹枯病、蚜虫防治为重点，兼顾白粉病、叶锈病、根腐病、叶螨等。返青至起身期重点预防纹枯病、茎基腐病、麦蚜、麦蜘蛛，抽穗扬花期重点预防赤霉病，该期如遇连阴雨、结露或雾霾等天气，应提前喷药预防，喷药后6小时内遇雨应及时补喷，确保防治效果。

（二）化学除草

草害重点防治野燕麦、多花黑麦草、节节麦、看麦娘、雀麦、播娘蒿等，冬前化学除草宜在冬小麦3叶1心后、杂草2～4叶期，选择晴天无雨的上午10时至下午4时、日平均温度在6℃以上时进行。化学除草宜选用炔草酯、唑啉草酯、甲基二磺隆、啶磺草胺、灭草松等药剂，可选用性能良好的喷雾器械，确保喷雾均匀、不重喷不漏喷。

（三）机械收获

冬小麦应选择蜡熟中后期适时收获，采用大型联合收割机一次完成收割和脱粒，收获总损失应不大于3%，漏割率应小于1%，做到颗粒归仓。

机械收获

（四）秸秆还田

冬小麦收获时，采用联合收割机一次性完成小麦收获和秸秆粉碎还田。小麦割茬高度一般15厘米左右，高留茬应不低于25厘米，秸秆切断及粉碎率在90%以上，并均匀抛撒于地表。秸秆粉碎还田可实现培肥地力和覆盖保墒。

小麦收割留高茬　　　　　　　　　秸秆粉碎还田

六、应用案例

河南省获嘉县位于中原农谷西区，是国家商品粮基地县。2019年以来，获嘉县紧紧围绕粮食生产，加强与科研单位深度合作，经过近5年的实践探索，创新集成了低成本的滴灌水肥一体化技术模式，通过在冬小麦上示范推广，取得了显著的节水节肥、增产增收效果。据调查，与常规畦灌施肥相比，采用滴灌水肥一体化技术的5万亩冬小麦全生育期实现亩节肥4～5千克（折纯），亩节水50～70米^3，亩增产50～75千克，增产达10%以上。常规畦灌追肥一人一天只能完成5～6亩，平均每亩成本20元，应用滴灌水肥一体化技术一人一天可管理150亩以上，亩成本仅2元左右。有效解决了浇地周期长、雇工不好找、施肥不科学、生产效益低等问题。目前，在获嘉县的带动下，周边地区越来越多的冬小麦种植户开始自发使用滴灌水肥一体化技术。

（河南省土壤肥料站刘戈、黄达、谭梅，山东省农业技术推广中心于舜章，河北省农业技术推广总站康振宇、张泽伟，河南省获嘉县农业事务中心韩秀英）

华北冬小麦喷灌水肥一体化技术模式

一、技术概述

喷灌水肥一体化技术是通过喷灌系统将有压水流喷射到空中，散成细小水滴并均匀地分布在农田土壤表面，同时把肥料溶解在灌溉水中，借助喷灌系统的压力和水流，使肥料溶液与灌溉水同步、均匀地输送到作物根系活动层的土壤中。该技术模式适用于华北地区有喷灌条件的冬小麦种植区，示范区粮食单产和水分生产率可提高10%以上。

二、整地播种与管道铺设

(一) 精细整地

通常机械旋耕2遍，深度15厘米以上；连年旋耕地块一般每3年深翻或深松1次，深度30～35厘米，深松后进行旋耕耙压整地，使耕层上松下实，土壤细碎平整，无明显土块。

精细整地

（二）适期播种

选用通过国家或本省农作物品种审定委员会审定的高产、抗病抗逆、节水耐旱的小麦品种，种子质量符合GB 4404.1规定，包衣种子质量符合GB/T 15671规定。以冬前积温和选用品种特性为基本依据，科学确定适播期。小麦冬性品种在日平均气温16～18℃、半冬性品种在日平均气温14～16℃为适宜播种期。适播期内，每亩播种量10～13千克，以后每推迟播种1天，亩增加播种量0.5～0.6千克。播种时耕层适宜土壤相对含水量为75%左右，播种深度3～5厘米，保证播种均匀，深浅一致。播种后采用专用镇压器强力镇压1～2遍。

机械播种

（三）管道铺设

1.固定管道式喷灌系统

实际生产中比较省工节本、应用较多的是固定管道式喷灌系统，由输水主管、支管和喷头三部分组成，主要有两种类型：一类是输水主管和支管均埋设于地下，立杆和喷头可拆卸。需要灌溉时安装好喷枪，打开阀门即可。整个生育期结束后将喷枪拆下保养。另一类是地埋伸缩式喷灌系统。输水主管、支管和喷枪均全部埋于地下，立杆和喷枪一体化可伸缩。灌溉时打开控制阀门，喷枪在水压驱动下从距离地面35～40厘米的地下钻出，高出地面80～150厘米进行灌溉，到灌溉结束后再缩回到地面以下35～40厘米处。田间可根据地块形状和面积规划干管和支管的排布。干管垂直于作物布置，支管平行于作物布置。

喷头布置一般采用正方形组合，组合间距为1.0～1.1倍的喷头射程，可选用9米×9米、10米×10米等组合形式。喷头工作压力0.15～0.25兆帕，流量400～600升/时，射程R为7.0～10.0米。施肥设备一般根据不同的喷灌系统，选择不同类型的注肥泵或施肥机。

2.中心支轴式喷灌机

由中心支座、桁架、悬臂、塔架车和电控同步系统等部分组成。装有喷头的桁架支撑在若干个塔架车上，各桁架彼此柔性连接，围绕中心支点边行走边灌溉。中心支轴式喷灌机适宜地块面积150亩以上。喷灌机中心支座距电源最近，喷灌机末端喷头（或末端喷枪）与电力线路之间距离应符合电力标准的规定。喷灌机末端喷头（或末端喷枪）与建筑物、树木等障碍物之间的距离应大于2米。灌溉水入机压力0.25～0.35兆帕。

立杆式喷灌 　　　　地埋伸缩式喷灌 　　　　中心支轴式喷灌

三、水肥管理

（一）灌溉策略

足墒播种后，可根据墒情和作物需求灌溉2～4次。冬季亩灌溉越冬水0～30米^3，春季亩灌溉起身拔节水25～35米^3、孕穗抽穗水（扬花期喷灌容易引起赤霉病，应避免）20～30米^{3}和灌浆水15～20米^3。单次灌溉量根据土壤墒情、降水和小麦苗情适当调整。

（二）施肥策略

根据当地县级农业部门推荐的测土配方结果确定总施肥量。结合整地施入底肥，一般全生育期氮肥30%～40%、磷肥100%、钾肥50%～100%底施。

氮肥总量的60%～70%用作追肥；磷肥全部基施；钾肥全部基施或50%追施。有条件的地区追施含有锌、硼、锰等中微量元素的水溶肥。

四、化学调控

在小麦起身至拔节期，根据小麦群体大小和生长状况，对旺长麦田和适度增密麦田，适时喷施植物生长调节剂，如矮壮素、多效唑等，控制小麦植株高度，防止倒伏，促进分蘖成穗，提高小麦产量和品质。

五、其他配套措施

（一）病虫草害防治

做好除草防虫，利用冬前麦田化学除草的有利时机，一般在11月中旬至12月上旬（日平均气温在10℃以上），小麦3～4叶期、杂草2叶1心至3叶期，选用适宜药剂，防除麦田杂草；对蛴螬、金针虫等地下害虫危害较重的麦田，选用适宜药剂兑水拌细土，结合锄地施入土中。同时加强冬前麦田管护，杜绝畜禽啃青，确保麦苗正常生长和安全越冬。

病虫害防治

（二）一喷三防

小麦生长中后期做好"一喷三防"，选用低毒高效药剂和生长调节剂、叶面肥科学混配喷施，防病虫、防早衰、防干热风，增粒重。

（三）机械收获

小麦机收宜在蜡熟末期至完熟初期进行，此时产量最高、品质最好。使用小麦联合收割机收获小麦，同时将小麦秸秆切碎抛撒还田。

（四）秸秆还田

秸秆留茬高度小于15厘米，秸秆粉碎1～2遍，粉碎后秸秆长度以3～5厘米为宜，不超过10厘米，均匀铺撒于田间。

一喷三防　　　　　　　　　　　　　　机械收获

六、应用案例

在邢台宁晋大曹庄千亩喷灌技术示范区，以大型指针式喷灌机为载体，推广应用智慧变量喷灌技术＋水肥一体化技术模式，实现农机农艺深度融合，示范区冬小麦＋夏玉米实现节水25%以上，节肥约18%，增产15%左右，水分利用效率约提高20%。

（河北省农业技术推广总站康振宇、张泽伟）

华北黄淮冬小麦微喷灌水肥一体化技术模式

一、技术概述

微喷灌水肥一体化技术是将微喷灌溉与施肥相结合，通过微喷设备将水分和养分均匀、精准地输送到小麦根系周围，实现节水、节肥、节地、高产、高效的目的。小麦微喷灌水肥一体化技术比传统灌溉施肥方式可节水30%，提高肥料利用率15%以上，目标产量600～800千克/亩，亩增产10%以上。该技术模式适用于华北黄淮地区具有灌溉条件的冬小麦种植区。

二、整地播种与管道铺设

（一）精细整地

通常机械旋耕2遍，深度15厘米以上；连年旋耕地块一般每3年深翻或深松1次，深度30～35厘米，深松后进行旋耕耙压整地，使耕层上松下实，土壤细碎平整，无明显土块。

（二）适期足墒播种

以冬前积温和选用品种特性为基本依据，科学确定适宜播期。黄淮海地区主要种植冬性和半冬性品种。北方冬麦区适宜播期10月5—10日，不迟于10月15日；黄淮海北部为10月7—15日，不迟于10月20日；黄淮海南部为10月15—25日，不迟于10月30日。播种时耕层适宜土壤相对含水量为75%左右，播种深度3～5厘米，保证播种均匀，深浅一致，播后适时适度镇压。

（三）管道铺设

根据水源位置、田块形状、两端间距、供水量和供水压力等情况，合理设计田间管网布设。灌溉水利用系数达到0.9以上，灌溉均匀系数达到0.8以上。

播种和铺带

　　干管埋设于冻土层以下，并考虑地面荷载和机耕的要求，一般埋深80～120厘米，每隔50～90米设置1个出水口。支管间隔80～120米（出水口间距应与支管间距基本一致）。以地边为起点向内0.6米铺设第一条微喷带，与作物种植行平行，间隔按所选微喷带最大喷幅布置，一般黏土或壤土地间距1.8米左右，沙土地间距1.2米左右。铺设长度根据出水压力和产品说明确定，一般为50～70米，确保首尾流量和喷幅大小一致。微喷带铺设宜选用播种铺带一体机，铺设时喷口向上，平整顺直不打弯。铺设完后，将微喷带尾部封堵。微喷带通过聚氯乙烯（PVC）阀门四通、三通、旁通与支管连接。

管道铺设

三、水肥管理

（一）灌溉管理

　　冬小麦灌溉原则为"底足、前控、中促、后保"。底墒不足时及时浇水造墒，亩灌水量20～30米³。苗期尽量避免浇水，促使根系下扎，培育壮苗。越冬前，对于墒情较好（0～40厘米土壤相对含水量70%以上）、整地质量高、群体较壮的麦田，可不浇越冬水；华北北部冬麦区，以及沙薄地或整地质量差、土壤墒情不足的麦田，适时灌越冬水15～25米³/亩。视苗情和墒情适当推迟春一水，返青起身期一般不进行浇水，可适时锄划保墒；对于墒情适宜的一类壮苗麦田和旺长麦田，宜推迟至拔节中后期灌溉春一水。起身至拔节期，当0～60厘米土壤相对含水量小于65%及时灌溉，灌水量一般25～30米³/亩。抽穗至开花期，当0～80厘米土壤相对含水量小于70%及时灌水，灌水量20～25米³/亩。灌浆期，当0～80厘米土壤相对含水量低于65%时及时补灌15～20米³/亩。壤质土农田小麦全生育期一般灌水2～4次。一般水文年型，灌溉定额为75～130米³。

微喷灌

（二）施肥管理

冬小麦起身至拔节期、孕穗至扬花期、灌浆期是水肥需求关键期，需根据作物和长势进行水肥调控。全生育期施氮（N）14～16千克/亩、磷（P₂O₅）8～10千克/亩、钾（K₂O）4～6千克/亩。其中40%的氮肥基施，60%的氮肥在拔节、孕穗、扬花和灌浆后期随水追施，追施比例依次为40%、30%、20%、10%。磷肥全部基施。钾肥基追比例为5∶5，其中50%的钾肥基施，50%的钾肥在拔节、孕穗后期随水追施，追施比例分别为50%、50%。有条件的地区，可在孕穗中期、后期，因地制宜采用无人机叶面适量喷施硫、锌、硼、锰等中微量元素肥及磷酸二氢钾，施肥时要控制好肥液浓度。石灰性土壤或缺锌地块追施硫酸锌1.5～2.0千克/亩。

微喷灌溉追肥

四、化学调控

在小麦起身至拔节期，根据小麦群体大小和生长状况，对旺长麦田和适度增密麦田，适时喷施植物生长调节剂，如矮壮素、多效唑等，控制小麦植株高度，防止倒伏，促进分蘖成穗，提高小麦产量和品质。

五、其他配套措施

（一）病虫草害防治

做好除草防虫，利用冬前麦田化学除草的有利时机，一般在11月中旬至12月上旬（日平均气温在10℃以上），小麦3～4叶期、杂草2叶1心至3叶期，选用适宜药剂，防除麦田杂草；对蛴螬、金针虫等地下害虫危害较重的麦田，选用适宜药剂兑水拌细土，结合锄地施入土中。

病虫害防治

（二）一喷三防

小麦生长中后期做好"一喷三防"，选用低毒高效药剂和生长调节剂、叶面肥科学混配喷施，防病虫、防早衰、防干热风，增粒重。

（三）机械收获

小麦机收宜在蜡熟末期至完熟初期进行，此时产量最高、品质最好。使用小麦联合收割机收获小麦，同时将小麦秸秆切碎抛撒还田。

（四）秸秆还田

秸秆留茬高度小于15厘米，秸秆粉碎1～2遍，粉碎后秸秆长度以3～5厘米为宜，不超过10厘米，均匀铺撒于田间。

一喷三防

机械收获

六、应用案例

位于河北省邢台市宁晋县北楼下村的绿色高效生产示范基地，以"节水优先、绿色发展"为发展目标，示范了微喷灌、地埋自动伸缩喷灌等节水灌溉模式，采用微喷灌水肥一体化技术，千亩核心示范区连续6年实现节水50%、少施氮肥20%、省工20%、节地5%，小麦玉米全年平均亩产1 528千克，农民亩增收300元，实现了增产增效、节水节肥与绿色生产的有机结合。

（河北省农业技术推广总站康振宇、张泽伟，山东省农业技术推广中心于舜章、付博）

黄淮南部小麦地埋伸缩喷灌水肥一体化技术模式

一、技术概述

小麦地埋伸缩喷灌水肥一体化技术可根据农作物的实际需要，定时、定量进行灌溉和施肥，可节省大量人工。地埋伸缩喷灌具有自润功能，且管道和喷头均深埋于地下，伸缩杆安装间距12～16米。不用担心阳光辐射、风蚀、冷冻等环境影响，不占用土地、不影响耕种收等农机操作，还能提高作物产量和水分利用效率。具有平均使用造价低、寿命长、易安装、不影响机械化耕作等优点，可实现与物联网、智能手机、电脑、遥控器等设备连接。喷头靠水压可螺旋式升出地面所需高度，作业结束后降到地下40～50厘米。设备耐酸、耐碱、耐腐蚀，使用期限较长，一次性投入多年获益。该技术模式适用于黄淮南部不同地形地貌及大部分土壤类型，质地黏重的土壤除外。与传统地面灌溉方式相比增产20%，比漫灌节水30%以上，肥料利用率提高20%以上。

二、整地播种与管道铺设

（一）优化品种布局

按照"品种类型与生态区域相配套，地力与品种产量水平相配套，早中晚熟品种与适宜播期相配套，高产与优质相配套"的原则，应优先选择弱冬性或半冬性品种，以充分利用光温水热资源，实现适期播种、大面积协同，提升作物产量和品质。

（二）科学铺设管道

管道系统类型及管网布置形式应根据水源位置、地形、地貌和田间灌溉适宜性等合理确定。管道系统结构类型应采用开敞式管道输水灌溉系统、半封闭式管道输水灌溉系统或全封闭式管道输水灌溉系统。管道系统宜采用单水源系统布置。管道布设宜平行于沟、渠、路，避开填方区或可能产生滑坡或受山洪威胁的地带。管道布置应与地形坡度相适应。在山丘区，干管宜垂直于等高线布置，支管宜平行于等高线布置。田间固定管道长度宜为90 ～ 180米/公顷，山丘区可依据实际情况适当增加。支管走向宜平行于作物种植行方向。平原区支管间距宜为50 ～ 150米，单向灌水时取小值，双向灌水时取大值，山丘区可依据实际情况适当减少。

（三）提高整地质量

机械深松作业深度要打破犁底层，要求25 ～ 35厘米。一般旋耕2 ～ 3年，深耕1次。建议使用集深松、旋耕、施肥、镇压于一体的深松整地联合作业机，或集深松、旋耕、施肥、播种、镇压于一体的深松整地播种一体机，以便减少作业次数，节本增效。小麦种植行距20 ～ 23厘米，播深3 ～ 5厘米，播后墒情不足时需及时浇水。

（四）提高播种质量

淮河以北地区适宜播期为10月15—25日，亩播量12.5 ～ 15千克，亩基本苗控制在18万～ 20万为宜；沿淮地区适宜播期为10月20—30日，亩播量15 ～ 18千克，基本苗20万～ 25万/亩为宜；对未能在适播期内播种的，播种期较适宜播期每推迟2天，亩播种量可适当增加0.5千克左右。

三、水肥管理

坚持"基肥与追肥相结合，大量元素与中微量元素肥料相配合及氮肥后移"的施肥原则。在增施有机肥的基础上，亩施氮（N）13 ～ 15千克、磷（P_2O_5）4 ～ 5千克、钾（K_2O）5 ～ 6千克。中强筋小麦生产中氮肥可采用基肥：追肥为5∶5或4∶6的运筹方式，追肥主要用作拔节至孕穗肥，实施氮肥后移，少量在苗期施用或作平衡肥；弱筋小麦宜采用基肥：追肥为7∶3的运筹方式，以达到优质高产。

分蘖期土壤表墒不足，会出现次生根不能生长、分蘖缺位、苗黄、苗弱甚至死苗现象，须浇水20 ～ 25米^3。越冬期前后，如墒情不足，要浇灌越冬水，确保小麦安全越冬，为春季生长打好基础，每亩灌水量以15 ～ 25米^{3}为宜。返青至拔节期如遇墒情不足，每亩灌水量以25 ～ 30米^{3}为宜。抽穗扬花期，如遇墒情不足，每亩灌水量以25 ～ 35米^{3}为宜。灌浆期原则上不浇水。

小麦拔节期至孕穗期，通过地埋伸缩式喷灌水肥一体化设备进行喷灌追肥。拔节期根据前期施肥情况，亩追尿素8 ～ 10千克或高氮复混肥15 ～ 20千克。拔节肥施用量不足，孕穗期叶片发黄，表现出脱肥早衰的麦田，每亩追施尿素3～4千克。

在寒流或低温来临前对干旱麦田灌水，改善土壤墒情，增加土壤热容量。小麦受冻后，立即喷施速效氮肥或氨基酸、黄腐酸类水溶肥，促进小麦恢复生长。

四、化学调控

对于播种早、播量大、有旺长趋势的麦田，在拔节前，每亩用国光矮丰40～50克或壮丰安40～50毫升，兑水30千克喷雾，抑制小麦基部间伸长，使节间短、粗、壮，提高抗倒伏能力。

五、其他配套措施

返青至拔节期是药剂防治小麦纹枯病的关键时期，当纹枯病病株率达到5%～10%时，每亩用12.5%井·蜡芽水剂150毫升，或20%三唑酮乳油35～40毫升加水30千克喷雾防治。麦蜘蛛可选用1.8%阿维菌素20克或20%哒螨灵20毫升兑水30千克喷雾。

为减小劳动强度和减少喷药次数，在小麦抽穗至灌浆期可将磷酸二氢钾等叶面肥与预防赤霉病或防治锈病的药剂以及防治蚜虫或吸浆虫的药剂等混合在一起使用。喷药时间应掌握在晴天的上午10时前或下午4时后进行，以免混合后的药液浓度高，烧伤叶片。

六、应用案例

在安徽省固镇县石湖乡建设小麦伸缩喷灌水肥一体化工程，实施小麦地埋伸缩喷灌水肥一体化技术推广示范面积390亩。包括水源系统：新建200米^{3}钢组合蓄水桶一套，从5处井水进行自动补水，补水系统单套水泵选型7.5千瓦，流量30米^3/时，扬程32米。固定式首部枢纽：供水泵选用22千瓦离心泵2套；配备恒压变频控制系统，保证项目区灌溉压力恒定；过滤器选型自动反冲洗砂石过滤器＋自动反冲洗叠片过滤器组合；施肥选用自动水肥一体机，具有物联网功能，含EC/pH监测，可实现自动配肥。管网系统：根据水源供水流量的情况，主管选用DE160HDPE材质输水管，支管选用DE110/DE90，毛管选用DE63；灌水器选用自动地埋伸缩喷头，流量2米^3/时，射程半径14米，工作压力0.3兆帕，布置间距18米×18米。

通过项目实施，大大节省了人工，灌溉和施肥效率大幅提升，实现了节水30%、节肥20%、增产20%的目标效益。

汇水系统

固定式首部系统

地埋伸缩喷灌

（安徽省土壤肥料总站胡芹远、陈俊阳，安徽农业大学宋贺，安徽省农业技术推广总站吴子峰、张军，安徽优禾节水灌溉科技有限公司张浩，安徽蕾姆智能节水科技有限公司胡中昀）

华北冬小麦深埋滴灌水肥一体化技术模式

一、技术概述

深埋滴灌水肥一体化技术模式是一种先进的滴灌技术模式。与常规地面滴灌不同的是，它将滴灌管铺设于耕层以下的土壤中，较常规滴灌的优点：一是所有管道均埋在地下，不影响机械作业；二是减少地面无效蒸发，水肥生产效率更高；三是一次铺设多年使用，省工省力。深埋滴灌水肥一体化技术模式适用于水资源匮乏、规模种植的华北小麦玉米一年两作区域。该模式下的小麦产量水平达到550～650千克/亩，水分生产效率提高10%～15%。

二、整地播种与管道铺设

（一）主支管道铺设

主支管道铺设前，先进行管道设计，深埋滴灌主、支管的用材应符合国家标准，耐压能力不小于6千克/厘米^2，埋深不小于60厘米。

（二）毛管铺设

铺设前应用激光平地机进行田面平整。平地后深耕一遍，耕深达到25～30厘米或者旋耕两遍，深度在15～20厘米。采用带导航的专用深埋滴灌管（带）铺设机进行深埋滴灌系统铺设，一般深埋滴灌管（带）间距60厘米，埋深25～35厘米，壤质土壤埋深浅，黏质土壤埋深深，沙土不适合使用这种灌溉方式；滴头出水量0.75～1.50升/时，滴灌管（带）铺设长度与水压成正比。毛管单侧布设长度一般为60～100米，首尾两端的出水量差异小于8%。

铺前平地

开沟铺设管道

深埋滴灌毛管铺设

毛管连接支管

安装好后整平镇压土地

首部设备

（三）简化整地

深埋滴灌配套宜采用小麦免耕沟播，可减少耕地作业、省工省力、节约成本。免耕情况下小麦播种前的上茬玉米秸秆需要粉碎两遍，保证秸秆细碎，可以提高沟播质量。

（四）适期播种

选用通过国家和所在省份审定、适宜在当地种植的节水耐旱、高产稳产、抗病抗逆的冬小麦品种。避免选用抗寒能力弱的春性品种和自留种。在当地适宜播期内稍晚播种。过早播种易形成冬前旺苗，增大冻害风险。一般高产攻关田块每亩基本苗25万～30万株，按照"斤籽万苗"一般规律，结合生态区域特点，肥力正常地块播种量建议12～15千克/亩；晚于适宜播种期播种的，每晚播1天，每亩增加播种量0.5千克。

（五）免耕沟播

免耕沟播种子距离地下滴灌管近，小麦种子容易出苗。播种时采用专用小麦免耕沟播施肥播种机进行播种。小麦行距12厘米、沟垄宽20厘米、播深2厘米。播深较常规播种要浅，因为有沟保护不容易受冻害，另外沟垄的土可能下滑，需增加覆土厚度。

秸秆粉碎两遍

小麦免耕沟播施肥播种机播种施肥

免耕沟播小麦出苗及生长情况

三、水肥管理

该区域冬小麦生长发育需水量和降水量吻合度差，需依据土壤墒情和作物生长需求进行灌溉施肥，实现水肥精准调控。

（一）水分管理

华北地区小麦应该依墒因苗灌溉，全生育期滴灌3～5次，每次灌水量20～30米^3/亩，灌溉定额每亩90～130米^3。起身期、拔节期、孕穗期和灌浆期是冬小麦需水关键期。小麦播种时耕层的适宜墒情为土壤相对含水量的75%左右。深埋滴灌提倡采用一水两用技术，即在上茬玉米灌浆后期进行滴水灌溉，亩灌水量20～30米^3，既可以改善土壤墒情促进夏玉米灌浆，又可以给后茬小麦造墒。没有采用一水两用技术且墒情不足时，免耕沟播则需播后滴水出苗，一般出苗水灌溉量30～35米^3。

播后滴水出苗

齐苗

（二）养分管理

小麦全生育期施氮（N）15～16千克/亩、磷（P$_2$O$_5$）8～10千克/亩、钾（K$_2$O）5～6千克/亩。养分管理基施与追施相结合。磷肥、钾肥以基施为主、滴施为辅；氮肥以滴施为主、基施为辅。随免耕播种机施入基肥。一般全生育期氮肥30%～40%、磷肥100%、钾肥60%～70%基施。建议选择小麦专用配方肥，有条件区域增施有机肥以培肥地力、提高土壤蓄水保墒能力。60%～70%的氮肥及30%～40%的钾肥分2～3次在小麦起身拔节至灌浆期随水追施。滴施氮肥提倡施用UAN（尿素硝铵溶液）液体肥，滴施方便、肥效高、防堵性强。石灰性土壤或缺锌地块追施硫酸锌1千克/亩。

（三）灌溉施肥制度

华北地区南、北、东、西土壤肥力有一定差异，产量水平也有所不同，应根据各地的测土配方施肥方案进行小麦施肥。下表为黑龙港地区小麦各时期的施肥方案。

深埋滴灌水肥一体化小麦优化施肥方案

生育时期	灌水量（米³／亩）	养分用量（千克／亩）			备注
		N	P₂O₅	K₂O	
造墒或出苗期	20 ～ 35	7.2	8.1	4	复合肥作种肥随播种机播入土中
拔节期	30 ～ 35	5.4	0	1.6	氮肥建议用UAN，钾肥用水溶性钾肥
孕穗扬花期	20 ～ 30	2.9	0	0	
灌浆期	20 ～ 30	0	0	0	
合计	90 ～ 130	15.5	8.1	5.6	

养分用量栏表头为 P_2O_5 和 K_2O。

UAN液体肥

四、化学调控

对于播种早、播量大、有旺长趋势的麦田，在拔节前，每亩用多唑·甲哌鎓40 ～ 50克或壮丰安40 ～ 50毫升，兑水30千克喷雾，抑制小麦基部节间伸长，使节间短、粗、壮，提高抗倒伏能力。

五、其他配套措施

（一）种子包衣防病虫

小麦种子要经过包衣处理或者根据种植区域常发病虫害进行药剂拌种。如选用含有苯醚甲环唑、咯菌腈、戊唑醇、噻呋酰胺、丙环唑等成分的单剂或复配制剂，防治小麦茎基腐病、纹枯病、根腐病等根茎部病害；用辛硫磷等药剂拌种，防治地老虎、金针虫、蛴螬等地下害虫。

种子包衣

（二）化学除草

一是杂草秋治，重点防治雀麦、节节麦等禾本科恶性杂草和荠菜等阔叶杂草。二是抓住返青至拔节前这一关键时期，科学防控麦田杂草，避免单一选用苯磺隆等乙酰乳酸合成酶抑制剂类除草剂。可选用甲基二磺隆防治节节麦，选用啶磺草胺、氟唑磺隆及其复配制剂防治雀麦，选用唑啉草酯、炔草酯等药剂及其复配制剂防治野燕麦、多花黑麦草，选用双氟磺草胺、2甲4氯钠、氯氟吡氧乙酸、唑草酮、双唑草酮等药剂及其复配制剂防治播娘蒿、荠菜等阔叶杂草。

（三）病虫害综合防治

应重点防控纹枯病、茎基腐病、条锈病、白粉病、纹枯病和蚜虫等病虫，兼顾麦蜘蛛、吸浆虫等。当田间小麦白粉病、锈病病叶率和纹枯病病株率达到防治指标时，立即选用三唑类药剂对小麦叶面、茎基部进行喷雾，控制病菌危害；蚜虫、麦蜘蛛发生达到防治指标时，应选用吡虫啉、阿维菌素、联苯菊酯等药剂喷雾防治。

（四）一喷三防

结合麦蚜和叶部病害防治，做好"一喷三防"。灌浆期选用低毒高效药剂和生长调节剂、叶面肥科学混配喷施，防病虫、防早衰、防干热风、增粒重。

一喷三防

喷药机喷药　　　　　　　　　　　　　无人机喷药

（五）收获

小麦成熟后，要及时收获。采用的联合收割机要带秸秆粉碎和抛撒装置，以方便下茬作物播种。

六、应用案例

2023—2024年小麦生长季，在河北省衡水市景县志清专业合作社开展了120亩小麦深埋滴灌水肥一体化技术模式示范，小麦品种为衡观35。采用深埋滴灌配套免耕沟播技术，春季灌溉3次，拔节水30米^3/亩、孕穗扬花水和灌浆水各20米^3/亩，总灌水量70米^3/亩，追施UAN液体肥20千克/亩，统防统治病虫草害，小麦产量554.5千克/亩，较常规生产增产10.4%。

深埋滴灌小麦示范田　　　　　　　　　深埋滴灌后表土干土层

（河北省农林科学院旱作农业研究所李科江、党红凯、曹彩云、郑春莲、刘学彤、郑裕东、马俊永）

燕山丘陵区春玉米膜下滴灌
水肥一体化技术模式

一、技术概述

　　燕山丘陵区春玉米膜下滴灌水肥一体化技术以高效节水管理为基础，适度密植，以水肥一体化精准调控水肥为核心，综合施策，有效提升了玉米种植密度和单位面积产量。目标产量为900～1 000千克/亩，比对照常规种植增产30%以上。

二、整地播种与管道铺设

（一）整地

　　11月1—20日开始秋季深翻（秋翻），深度要求在25～35厘米。翌年3月20日至4月30日春季旋耕（春旋），整地时可同时亩施腐熟的农家肥1 000～2 000千克，做到上虚下实、无坷垃。秋翻春旋可将表层与深层土置换混合，改善土壤结构、提高土壤温度、增加空气和水分入渗、消灭土壤虫卵和病菌、提高土壤活性、促进微生物的繁殖。

旋耕整地

（二）科学选种

合理密植选择株型紧凑、穗位适中、抗倒抗逆性强、耐密性好、穗部性状好的中秆中穗且增产潜力大、熟期适宜、适合机械收获、生育期120 ～ 140天的品种。种植品种主要有雷单1号、裕丰612、黄玉1802、齐单832、禾育387、先玉1483、东单1331。

（三）播种

每年4月28日至5月15日，10厘米地温稳定在5 ～ 10℃时播种。亩基肥用量为平衡肥（氮-磷-钾为15-15-15）20千克、微生物菌剂10千克。

（四）管道铺设

毛管随播种铺设，支管在播种后抓紧铺设。施肥、起垄、播种、覆膜、铺设滴灌带一次性完成。采用幅宽80厘米（半膜覆盖）、厚0.01厘米的地膜。膜下滴灌带（管）采用单向直线布设（顺玉米行间布置）。模式：一膜一带，滴灌两行玉米，滴灌带距玉米定植穴20厘米，滴孔间距30厘米。支管垂直于毛管双侧布置，干管垂直于支管连接并与毛管平行，主管与干管和泵管出口连接，将水源引入田间。

机械播种、施肥、覆膜和铺设滴灌带

（五）科学增密

通过调整株行距合理增加种植密度，采用"40厘米＋80厘米"的宽窄行种植，有利于增加通风、增加玉米下部采光、改善农田小气候。播种密度为5 500 ～ 6 000株/亩。

三、水肥管理

（一）滴水出苗

播种后2天左右滴出苗水，同时冲生根剂，亩滴水 15 ～ 30 米^3，种子周围土壤相对含水量以 70% 左右为宜，利于出全苗、出壮苗。

（二）水肥管理

追肥优先选用滴灌专用肥或其他速效肥，根据玉米水肥需求规律，按比例将肥料装入施肥器，随水施肥，做到磷肥深施、氮肥后移、适当补钾，氮肥少量多次追施。

（1）玉米5叶期，每亩冲施5千克尿素 + 2千克水溶肥（氮-磷-钾为10-30-20）。

（2）玉米8 ～ 10叶期，每亩冲施5千克尿素 + 2千克水溶肥（氮-磷-钾为18-18-18）。

（3）玉米吐丝期，每亩冲施3千克尿素 + 3千克水溶肥（氮-磷-钾为20-10-20）。

（4）玉米灌浆期，每亩冲施2千克尿素 + 4千克水溶肥（氮-磷-钾为20-10-20）。

增密种植

玉米出苗

（5）玉米乳熟期，无人机喷施液体氮肥100毫升 + 多元素液体剂50毫升。

四、化学调控

为防止密植后植株倒伏，在 6 ～ 8 叶展开期用玉米专用生长调节剂进

行化控。在大风多发的倒伏风险高的地块，可在推荐剂量的基础上增加
20%～30%药量，或者在抽雄前7天左右进行第2次化控。

玉米长势

五、其他配套措施

（一）病虫草害防治

玉米5～6叶期防治旋幽夜蛾，主要药剂为高效氯氰菊酯30～50毫升/
亩；10～12叶期防治二代黏虫和玉米螟，可用高效氯氰菊酯30～50毫升/亩；
授粉结束，防治玉米螟、斑病，喷施复合药剂，亩用12%甲维·虫螨腈悬浮剂
65毫升＋18%丙环·嘧菌酯悬浮剂60毫升兑水进行防治。玉米3～5叶期防治
杂草，用10%硝磺草酮悬浮剂150毫升/亩进行喷施。

（二）机械收获

玉米完熟时及时收获。完熟标准：苞叶变白、上口松开、乳线消失、黑层
出现。注意做好机收减损。

机械收获

六、应用案例

在河北省承德市隆化县聚通种养殖专业合作社500亩单产提升示范基地，通过应用春玉米膜下滴灌水肥一体化技术，选用耐密抗倒品种，合理增加种植密度，精准灌溉、精准施肥保证苗齐、苗壮，适时化控实现密植群体防倒、防衰，科学管理，秋季实测亩产1 076千克。

（河北省承德市农业技术推广站孙秀华、李平，河北省农业技术推广总站张泽伟、郭明霞）

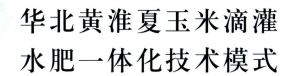

华北黄淮夏玉米滴灌水肥一体化技术模式

一、技术概述

夏玉米滴灌水肥一体化技术可借助滴灌系统，将灌溉水和溶解在水中的养分，根据实际需要适时适量均匀输送至作物根区土壤，提高水肥利用效率，并结合品种特性、地力和水肥条件合理增加种植密度，实现节水节肥增产增效。该技术模式适用于我国华北黄淮地区具有灌溉条件的夏玉米种植区域。示范区玉米亩产量800 ～ 1 000千克，较玉米常规种植密度和传统生产方式增产15% ～ 20%。

二、整地播种与管道铺设

（一）播前准备

根据当地气候特点和病虫害发生情况，选择通过国家或所在省份审定、耐密抗倒、多抗高产的夏玉米品种。规模化产区建议优化组合3 ～ 4个品种。针对常见病虫害选择高质量包衣种子，满足机械单粒精量播种要求。种子标准：纯度≥97%、发芽率≥93%、净度≥99%、籽粒含水量≤13%。

（二）适期播种

为争取更多光热资源，上茬冬小麦收获后，一般在6月上中旬，结合天气和墒情及早抢时播种夏玉米。有条件的建议机械旋耕灭茬播种，可以提高播种质量、有利于根系生长，消灭杂草和部分病虫害。采用"40厘米＋80厘米"宽窄行播种，可优化田间通风透光条件发挥边行效应。使用有导航定位功能的拖拉机和精量播种机，播深4 ～ 5厘米，种肥深施在种子侧下方8 ～ 10厘米处。

机械播种

宽窄行种植

（三）科学增密

根据玉米品种耐密性科学增加种植密度，一般紧凑型品种亩留苗5 500 ~ 6 000株，半紧凑型品种亩留苗5 000 ~ 5 500株。

（四）管道铺设

使用有浅埋铺设滴灌带装置的玉米播种机，滴灌带间距120厘米，顺种植行方向埋设在玉米40厘米窄行内，一般埋深2 ~ 3厘米。滴灌带铺设长度根据供水情况和产品性能确定，一般单向铺设长度50 ~ 80米，性能好的滴灌带适当增加铺设长度，确保首尾流量偏差率控制在10%以内。平均每2行玉米共用1条滴灌带，高效利用灌溉水。也可视情况继续使用上茬小麦季铺设的滴灌带，实现"一铺两用"节本增效，即每隔1条滴灌带，将玉米播种在滴灌带两侧20厘米位置（一般小麦季铺设滴灌带间距60厘米）。根据地块形状、面积和水源位置等，田间管网可选用梳子形、"丰"字形和两端双向对冲式布设，并合理划分灌溉单元。抓紧将滴灌带与支管、干管连接好，并进行试水确保可正常使用。

滴灌管道铺设

田间长势

三、水肥管理

播种后2天内，根据墒情每亩滴灌出苗水15 ~ 25米³，以湿润土面超过播种行5厘米左右为宜。根据降雨情况和土壤墒情进行补充灌溉，一般情况下：玉米拔节期0 ~ 40厘米土壤相对含水量小于65%时灌水20米³/亩；大喇叭口期0 ~ 60厘米土壤相对含水量小于70%时灌水20 ~ 25米³/亩；灌浆—成熟期0 ~ 60厘米土壤相对含水量小于65%时灌水20米³/亩。加强巡田检查，避免田间管道和滴灌带跑漏水，造成灌水施肥不匀。

总施肥量建议为氮（N）16 ~ 18千克/亩、磷（P_2O_5）7 ~ 9千克/亩、钾（K_2O）9 ~ 11千克/亩，其中60% ~ 70%氮肥、60%钾肥在拔节期、大喇叭口期、吐丝期、灌浆期，以水肥一体化方式分3 ~ 4次追施。

施肥建议见下表，各地可根据地力水平、底施和追施肥料种类及特性等情况进行适当调整。石灰性土壤或缺锌地块底施或水肥一体化追施硫酸锌2千克/亩。玉米生长中后期，结合"一喷多促"作业，利用无人机喷施磷酸二氢钾和微量元素、腐植酸叶面肥等。

水肥一体化

夏玉米密植水肥一体化施肥建议

生育时期	施肥	肥料折纯用量（千克）		
		N	P_2O_5	K_2O
播种期	基肥（种肥）	5 ~ 6	4 ~ 5	4 ~ 5
拔节期（7 ~ 8展叶期）	第一次追肥	3	1 ~ 2	1 ~ 2
大喇叭口期（12展叶期）	第二次追肥	3 ~ 4	2	2
吐丝期	第三次追肥	3		2
灌浆期（吐丝后15 ~ 20天）	第四次追肥	2		
玉米全生育期总施肥量		16 ~ 18	7 ~ 9	9 ~ 11

四、化学调控

玉米6～7展叶期、在第一次滴灌水肥调控之前，用专用药剂进行化控，两项作业间隔应大于5天，协同实现控旺与促长双重目的。对处于风口或经常出现大风等倒伏风险高的地块，可适当增加用药量，或在抽雄前1周进行第二次化控。化控药液要随配随用，不能与其他农药和化肥混用。避开中午或者高温天、阴雨天喷药，喷药后6小时内如遇雨淋，可在雨后酌情减量增喷1次。

五、其他配套措施

（一）病虫草害防治

玉米3～5叶期进行化学除草。喷雾方式、剂量按照除草剂说明书要求确定，注意均匀喷施、不重不漏，避开中午或者高温天、大风天喷药。按照"预防为主，综合防治"的原则，重点防治地老虎、蛴螬、蓟马、玉米螟、黏虫、蚜虫、红蜘蛛、棉铃虫、二点委夜蛾和草地贪夜蛾等，以及玉米根腐病、大斑病、小斑病、瘤黑粉病、茎腐病、穗腐病、南方锈病和褐斑病等。根据常年多发病虫害和虫情预报，在小喇叭口期（9展叶期）前后积极进行病虫害防治作业。大喇叭口期（12展叶期）至吐丝后10～15天进行1～2次"一喷多促"作业。地下害虫严重地块，在出苗水中添加杀虫剂防止虫咬滴灌带。

无人机喷施药剂

（二）机械收获

玉米适期晚收，在籽粒生理成熟（籽粒乳线消失、微干缩凹陷、基部出现黑层）后进行收获，确保充分灌浆增加粒重，提高产量。选择割台行距与种植行距匹配的合适收获机械，检查调试使其满足正常作业要求，保持合理行进速度（一般每小时4～6千米），注意做好机收减损。

机械收获

（三）秸秆还田

使用玉米联合收割机，收获的同时将秸秆粉碎并均匀抛撒到田间，留茬高度≤8厘米。然后用秸秆粉碎还田机作业1～2遍，将秸秆灭茬粉碎揉搓成碎丝状（长度为5～8厘米）均匀还田。秸秆还田后通过深耕或旋耕方式，将秸秆翻埋于地下，使粉碎过的秸秆与土壤混合在耕层中。间隔2～3年进行深翻或深松作业，打破犁底层。

六、应用案例

在河北省邢台市南和区阎里村的金沙河种植基地，6月12日播种玉米，品种"熙单33"，种植密度为5 500株/亩，示范应用"玉米密植＋高性能农机＋水肥一体化＋'一喷多促'"等关键技术，示范面积100亩。播后使用滴灌带滴水出苗，分别于大喇叭口期、抽雄吐丝期、乳熟期和蜡熟期使用水肥一体化方式进行追肥，并落实了5叶期化学除草、7叶期化学控旺、苗期和抽雄吐丝期"一喷多促"等综合防控技术，实收产量为1 023.11千克/亩。

河南省漯河市舞阳县大力推广夏玉米滴灌水肥一体化技术。在种子上，筛选种植株型紧凑、优质高产、耐密植、抗倒伏的夏玉米品种，增加夏玉米播种密度为每亩5 500～6 500株。在种植方式上，由传统的等行距种植改为宽窄行种植模式。以单行种植为基础，保持基础中心行距不变，将单行上植株间隔平移至两侧位75毫米处，形成150毫米行距错位小双行，使株距增大，改善通风透光条件，有效促进光合作用，提高抗倒伏能力。施肥方面根据将基肥"一炮轰"改为全生育期施肥4～6次的少量多次模式。使用该技术的舞阳县姜店乡大王村种植户王朝锁说："去年我采用滴灌水肥一体化技术种植夏玉米300亩，在不增加水肥投入的条件下，每亩产能达到1 100千克。今年我又种植了800亩夏玉米，在前期严重干旱、玉米播期晚、后期先涝又旱的情况下，平均亩产达820千克，较常规种植地块每亩至少增加150千克，增产22%。"

[河北省农业技术推广总站张泽伟、康振宇，河南省土壤肥料站刘戈、黄达，沃稞生物科技（大连）有限公司李秀芬、戴子叁]

黄淮南部黏质土壤玉米微喷带
水肥一体化技术模式

一、技术概述

该区域年降水相对较为丰沛，但夏种期间常出现阶段性干旱。采用玉米微喷带水肥一体化技术，可均匀湿润土壤，有利于播后及时补浇"蒙头水"以及玉米关键生育时期补水补肥。该技术利用机井或地表水等水源，借助微喷带进行灌溉和施肥，集微喷灌和施肥于一体，可实现抗旱保苗、适时满足玉米不同生育时期对水分的需求，及时定量补充玉米不同生育阶段所需的各种营养元素，并在吐丝抽雄期遇到高温天气时及时喷水调温，确保玉米顺利灌浆，为单产提升提供技术保障。

该技术模式适用于水资源紧缺、有灌溉条件的半干旱、半湿润地区，主要包括黄淮南部的安徽沿淮淮北和江淮北部、江苏中北部以及河南南部地区，特别适宜砂姜黑土、黄褐土等质地黏重的土壤。采用微喷带水肥一体化技术，玉米平均增产20%，比漫灌节水30%以上，肥料利用率提高20%以上。

二、整地播种与管道铺设

（一）科学整地

秸秆还田地块，使用小麦联合收获机械加装秸秆粉碎抛撒装置，确保抛撒均匀；无抛撒装置或抛撒不均匀地块要进行灭茬处理或适墒秸秆打捆离田；土壤含水量较高时杜绝秸秆打捆机进田作业，后期可选用带有清秸防堵装置的专用玉米播种机播种，防止播种时出现拥堵。

（二）铺设管道

将主管道沿田块地头或路与玉米种植行平行布设于地面或深埋至60～80厘米处，采用连接器将多段主管道连接起来，每隔80～100米预留出水连接口用于连接支管。按每间隔4～5米沿玉米种植行方向、于播种时同步铺设微喷带或播后铺设微喷带；将消防防爆软带分支管沿玉米种植行方向垂直连接到主管上，再将微喷带与支管连接。根据不同水源的供水量设置轮灌区，单个轮灌区控制阀门应布置在地块边缘，方便开启与关闭。根据地块面积大小和田间道路情况选择固定式或移动式首部控制枢纽。

（三）优选品种

坚持审定覆盖的原则，保证用种安全，根据区域气候特点，选择耐高温、抗南方锈病、抗茎腐病、抗穗腐病、耐密植（适宜密度为5 000～5 500株/亩）、抗倒伏的品种，在选用优良品种的基础上，选择发芽率高、活力强的种子，并进行包衣，确保种子发芽率。

（四）精量播种

根据不同土壤质地和阶段降水量，可选择60厘米等行距或宽窄行40厘米和80厘米种植，合理加密株距，亩株数以5 000～5 500株为宜。该区域玉米下限播期为6月25日。前茬作物收获后根据天气和土壤墒情，力争早播。应抢时抢墒开展机械直播，等深单粒播种，覆土深度为3～5厘米，施肥深度为10～15厘米，种肥距离10厘米以上，在播种机上加装微喷带铺设装置，一次完成播种、施肥、铺管、浅埋作业，微喷带铺在宽行中间。如遇干旱使播种受阻，应充分发挥水肥一体化系统作用，播后及时补浇"蒙头水"，确保苗齐苗壮。

三、水肥管理

区域玉米单产提升目标为800千克/亩。按100千克籽粒需氮（N）2.5千克、磷（P_2O_5）0.9千克、钾（K_2O）1.5千克计算，全生育期玉米共需纯氮20千克、纯磷7.2千克、纯钾12千克。氮肥基追比5∶5、磷肥基追比4∶6、钾肥基追比4∶6。基肥种肥同播，亩基施含氮量25%～28%的玉米缓控释肥或玉米专用复合肥35～40千克，保证基肥纯氮施用量10千克/亩左右，视磷钾含量适量添加过磷酸钙、氯化钾补足基肥磷钾用量。播后视墒情及时滴水保苗，出苗10～15天后进行蹲苗，促进玉米根系发育，进入拔节期后遇旱及时灌溉，注意防止"卡脖旱"，自玉米小喇叭口期后分3～5次采用喷灌追肥。具体如下：

（1）在8～9展叶期第一次追肥，每亩追施纯氮3千克、纯磷1.8千克、纯钾3千克（尿素、磷酸一铵、氯化钾）。

（2）第一次追肥 10 天后（第 12 ～ 14 片展叶）追第二次肥，每亩纯氮 3 千克、纯磷 1.8 千克、纯钾 3 千克（尿素、磷酸一铵、氯化钾）。

（3）在吐丝后 5 天左右追第三次肥（与第二次追肥间隔 10 天左右），每亩追施纯氮 2 千克、纯磷 0.7 千克、纯钾 1.2 千克（尿素、磷酸一铵、氯化钾），每亩增施水溶性硼肥 20 ～ 30 克。

（4）吐丝 15 天后追第四次肥（与第三次追肥间隔 10 ～ 15 天），每亩追施纯氮 1 千克（尿素）。

（5）第五次追肥根据情况确定（与第四次追肥间隔 10 ～ 15 天），每亩追施纯氮 1 千克（尿素）。

如降水适中、土壤墒情适宜，每次追肥时，可只喷少量水，把肥料带下去即可；遇高温热害和干旱，可及时进行微喷灌抗旱降温，不带肥；灌浆期可结合"一喷多促"，利用无人机进行叶面施肥，促穗大粒饱。

四、化学调控

结合天气条件和植株长势适时、适期开展化学控旺防倒。对水肥条件好、生长过旺、种植密度大的玉米田块，在 6 ～ 8 叶展开期喷施 30% 胺鲜·乙烯利水剂、矮壮素等化控剂，严格按照说明书推荐剂量使用，采用喷雾机或植保无人机进行叶面均匀喷施，不可漏喷、重喷。

五、其他配套措施

（一）开沟降渍防涝

该区域玉米生育期，正值降水相对集中阶段。应于玉米播后出苗前进行机开沟降渍防涝，根据田块播种行向在宽行中间进行机械开沟，根据地势灵活安排开沟数量，一般沟深 20 厘米、沟宽 15 ～ 20 厘米，确保"三沟"通畅。

（二）防治苗期病虫草害

玉米播后芽前趁墒及时实施土壤封闭除草（播后 2 天内），选用 96% 精异丙甲草胺乳油等，根据土壤墒情调节用水量，封闭效果欠佳地块在玉米 3 ～ 5 叶期选用玉米专用苗后除草剂进行杂草防除，玉米苗期重点防治玉米根腐病、蓟马、甜菜夜蛾、草地贪夜蛾等病虫，选择高地隙植保机作业，在确保混用安全的情况下，除草剂可以与杀虫剂结合喷施，严格按照使用说明控制用药量，注意避开高温干旱时段用药，防止产生药害。

（三）中后期一喷多促

病虫害防治坚持预防为主、防治结合的原则，抓住大喇叭口期、抽雄扬花期两个关键节点，重点防治玉米螟、草地贪夜蛾、南方锈病、茎腐病、穗腐等，病害防治药剂选用18.7%丙环·嘧菌酯悬乳剂、30%苯醚甲环唑·丙环唑乳油、12.5%烯唑醇乳油、25%戊唑醇乳油等，虫害防治选用氯虫苯甲酰胺、吡虫啉、噻虫嗪、甲维盐、乙基多杀霉素、茚虫威等，视病情发展连续防治1～2次，间隔7～10天，同时有针对性地加入芸苔素内酯、磷酸二氢钾等生长调节剂和叶面肥，防止后期早衰，采用热雾飞防技术（粒径60微米以下）和微雾滴冷雾飞防技术（粒径80微米以下）进行"套餐式"作业。

（四）适期机械晚收

推迟收获8～10天，玉米苞叶枯松、乳线消失、黑粉层出现、含水量低于28%时方可收获，采用高性能、低破损联合收割机进行籽粒机收，收获后及时晾晒，有条件区域配套建设批式烘干设施进行烘干贮藏一体化。

六、应用案例

安徽省农垦集团夹沟农场有限公司以夹沟农场具备灌排条件的玉米种植田块为重点区域，实施玉米微喷带水肥一体化技术推广示范面积780亩，共计4个田块分区，每个田块面积200亩左右，配备4套可移动式水肥一体化首部枢纽，满足覆盖1 000亩示范区灌溉施肥使用。水源为井水，水泵选型11千瓦，流量60米³/时，扬程80米。采用移动式首部枢纽，进出水口采用便捷快速连接，密闭性能好，不冒漏；内部恒压变频柜，可简单快速调节水压情况，保障微喷灌系统3～4千克压力，满足灌溉均匀度要求；考虑深井细沙/沉沙过滤及压力损耗情况，过滤器选型为DN110离心过滤器＋双网式过滤器＋一组叠片过滤器；水肥一体机选简单易操作的设备。根据水源供水流量的情况，选用DE110软管作为主管，抗老化韧性好，承压等级高；微喷带选用耐压防爆微喷带。采用微喷带水肥

移动式首部枢纽

田间管网

微喷带

一体化技术，玉米增产20%，比漫灌节水30%，肥料利用率提高15%。

（安徽省土壤肥料总站胡芹远、陈俊阳，安徽农业大学马庆，安徽优禾节水灌溉科技有限公司张浩，安徽蕾姆智能节水科技有限公司胡中昀）

黄淮海大豆玉米带状复合种植水肥一体化技术模式

一、技术概述

该技术是将大豆玉米带状复合种植技术和滴灌水肥一体化技术紧密结合的技术。大豆玉米带状复合种植采用玉米大豆高矮搭配和年际轮作，能充分发挥玉米的边行效应和大豆的固氮养地作用，实现光、热、水、肥资源高效利用和耕地的"用养结合"。滴灌水肥一体化系统将水和肥料直接输送到作物根部，根据大豆和玉米不同的需水需肥规律，在时间、数量和方式上对水分和养分进行综合调控及一体化管理，实现精量灌溉和精准施肥，提高水肥利用率。该技术模式主要适用于黄淮海平原地区，尤其是河南、山东等省份的夏玉米—冬小麦轮作区，与传统带状复合种植相比，玉米产量可提高6%以上、大豆产量可提高7%以上。

二、整地播种与管道铺设

(一) 精细整地

一般在前茬作物收获后直接免耕播种。有条件的区域可耕作翻土、耙平土地、清除石块和杂草等，确保土壤疏松、平整、无杂物。

(二) 适期播种

1.行比配置

行比配置主推模式有三种。

一是行比4∶2模式。一个生产单元4行大豆、2行玉米，宽度2.7米；大豆带行距0.3米，玉米带与大豆带间距0.7米，玉米行距0.4米。采用大豆玉米带状复合种植播种机，实现两种作物一体化播种。

二是行比6∶4模式。一个生产单元大豆6行、玉米4行，宽度4.5米；大豆带行距0.3米，玉米带与大豆带间距0.7米，玉米带实行宽窄行种植，中间行距0.8米，两边行距各0.4米；可采用专用一体机播种，也可采用按照农艺要求改造的现有大豆及玉米播种机分别进行播种作业；改造后的大豆和玉米播种机应满足玉米最小行距40厘米、大豆最小行距30厘米，玉米最小粒距为9厘米、大豆最小粒距为8厘米。该模式可利用现有谷物联合收获机收获大豆，作业效率较高。

三是行比4：4模式。一个生产单元大豆4行、玉米4行，宽度3.9米。大豆带行距0.3米，玉米带与大豆带间距0.7米，玉米带实行宽窄行种植，中间行距0.8米，两边行距各0.4米。该模式有利于稳定玉米产量，提高玉米和大豆的机械作业效率。

行比4：2模式　　　　　　　　行比6：4模式　　　　　　　　行比4：4模式

2.播种方式

上季作物收获后，及时适墒播种。玉米、大豆可同时播种也可先播玉米后播大豆。为提高作业精度及衔接行行距的均匀性，建议播种时使用北斗导航自动驾驶系统、播种监控等智能控制装备。播种机作业时，播种速度较净作播种作业适当减小，

大豆、玉米分别播种，播种、施肥、滴灌带铺设一体化作业

以不高于6千米/时为宜。大面积播种作业前，播种机须进行试播，待播种及施肥性能符合农艺要求时，再进行播种作业。

（三）管道铺设

播种完成后，立即进行水肥一体化系统管道的铺设。玉米和大豆区域滴灌带可独立调控。行比4：2模式：1条滴灌带铺设在2行玉米之间，控制2行玉米；1条滴灌带铺设在2行大豆之间，控制2行大豆。行比6：4模式：1条滴灌

带铺设在玉米窄行之间，控制2行玉米；1条滴灌带铺设在2行大豆之间，控制2行大豆。行比4∶4模式：每条滴灌带铺设在2行大豆之间，2条滴灌带控制4行大豆。

行比6∶4模式田间滴灌带铺设，大豆带和玉米带独立调控

（四）适宜密度

大豆玉米带状复合种植玉米密度应与当地同品种净作玉米密度相当，1行玉米的株数相当于2行净作玉米的株数；大豆密度达到当地同品种净作大豆密度的70%以上。土壤肥力较好地块：建议大豆每亩播8 000 ~ 9 000粒、保苗6 500 ~ 7 000株；玉米每亩播5 000粒、保苗4 500株。土壤肥力较差地块：建议大豆每亩播8 500 ~ 9 500粒、保苗7 000 ~ 7 500株；玉米每亩播4 500粒、保苗4 000株。行比4∶2模式，玉米株距为0.09 ~ 0.11米，大豆株距为0.10 ~ 0.12米。行比6∶4模式，玉米株距为0.11 ~ 0.13米，大豆株距为0.09 ~ 0.11米。行比4∶4模式，玉米株距为0.13 ~ 0.15米，大豆株距为0.07 ~ 0.09米。

行比4∶2模式田间长势

行比6∶4模式田间长势

三、水肥管理

（一）滴水出苗

在播种后，根据土壤墒情，及时滴水出苗。播种时土壤相对含水量低于65%时，玉米滴灌出苗水每次每亩15米^{3}左右；对于大豆，地表湿土边缘超过播种行5 ~ 10厘米即可，为防止板结可在种子顶土时再滴灌1次，干播湿出实现一播全苗。

（二）灌溉施肥制度

1.水分管理

玉米拔节期0～40厘米土壤相对含水量低于70%时，每次每亩灌水15～20米³；大喇叭口期至灌浆期0～60厘米土层土壤相对含水量低于75%时，每次每亩灌水20～25米³。

大豆苗期需水少，开花期、结荚期和鼓粒期需水量大。在苗期，适宜的土壤相对含水量为70%左右，根据墒情适量灌溉，一般每次每亩灌水10～15米³；开花—结荚期、结荚—鼓粒期，适宜的土壤相对含水量分别为70%～80%和80%～85%，根据墒情适量滴灌2～3次，一般每次每亩灌水15～30米³。

2.养分管理

遵循单株玉米施肥量不变原则，带状复合种植玉米单株施肥量与净作玉米单株施肥量相同，1行玉米施肥量要相当于净作2行玉米施肥量，将大豆玉米带状复合种植播种机玉米的下肥量调整为净作玉米下肥量的2倍。施肥总量为当地测土配方施肥量，按照磷钾肥一次性施用、氮肥分次施用、基肥种肥同播、追肥随水施用的原则，氮肥基追比例为4∶6或2∶8；基肥比例为40%时，60%的氮肥在大喇叭口期、吐丝期、乳熟期（吐丝授粉后15～20天）分3次随水追施，追施比例依次为50%、30%、20%；基肥比例为20%时，80%的氮肥在拔节期、大喇叭口期、吐丝期、乳熟期分4次随水追施，追施比例依次为20%、40%、30%、10%。

大豆施肥量根据土壤肥力和目标产量确定，按照磷钾肥一次性施用、氮肥分次施用、基肥种肥同播、追肥随水施用的原则，氮∶磷∶钾（$N:P_2O_5:K_2O$）在高肥力地块为1∶1.5∶1.2、在中肥力地块为1∶1.8∶1.3、在低肥力土壤为1∶1.2∶1。一般亩产150～200千克大豆施用氮（N）2～4千克、磷（P_2O_5）3～4千克、钾（K_2O）2.5～3.5千克。氮肥施用基追比8∶2或7∶3，即80%的氮肥作基肥、20%的氮肥在初花期随水滴施，或者70%的氮肥作基肥、30%的氮肥在初花期随水滴施。

（三）无人机喷肥

无人机喷肥具有高效、精准、省工的特点，尤其适用于大面积农田。在大豆和玉米生育后期，可使用无人机同时喷

无人机喷施叶面肥

施叶面肥,补充作物所需的微量元素,促进籽粒饱满。

四、化学调控

若选用玉米和大豆品种株高偏高或降水偏多导致植株旺长、存在倒伏风险,可在玉米7～10展叶期喷施健壮素、玉黄金等控制株高,提高抗倒能力。在大豆初花期,可选用5%烯效唑可湿性粉剂每亩20～50克,兑水30～40千克茎叶喷施,控制旺长。作业时可采用自走式高地隙喷杆喷雾机定向施药。喷后6小时内遇雨,可在雨后酌情减量重喷。大豆结荚鼓粒期对外源植物激素敏感,应避免喷施植物生长调节剂。严格按照产品使用说明书推荐浓度和时期施用,不漏喷、重喷。

五、其他配套措施

(一)病虫草害防治

1.草害防治

按照治早治小的除草原则,采用播后芽前封闭除草和苗后除草相结合的方式防除杂草,优先选用芽前封闭除草方式。

芽前封闭除草。前茬作物收获后进行灭茬或秸秆打捆离田,在播后芽前土壤墒情适宜的条件下,播种后2天内可用96%精异丙甲草胺乳油(金都尔)+80%唑嘧磺草胺水分散粒剂兑水喷雾。除草作业可采用常规自走式喷杆喷雾机。如选用扇形喷头,建议选配11003、11004型扇形喷嘴,配50目柱形防后滴过滤器,喷雾压力0.2～0.3兆帕。作业速度以6～8千米/时为宜。选择风力小于3级的天气进行土壤表面喷雾施药作业,喷液量以40～50升/亩为宜。机具作业应确保喷施均匀,避免漏喷,喷雾后土壤表面湿润即可。

苗后除草。苗前封闭除草效果不佳时,可在玉米3～5叶期、大豆2～3复叶期、杂草2～5叶期进行除草,玉米带可选用5%硝磺草酮+20%莠去津定向喷雾,大豆带可选用10%精喹禾灵乳油+25%氟磺胺草醚定向喷雾。喷施除草剂时,如播种作业质量较高,可选用自走式分带喷杆喷雾机一体化作业。建议采用根据大豆、玉米带宽度改造的现有自走式喷杆喷雾机分带异步作业。自走式分带喷杆喷雾机喷头应选用防飘移喷头,高于苗5厘米以下,建议选用80015扇形喷嘴,配100筛目柱形防后滴过滤器。要求对大豆和玉米带必须进行有效的全封闭物理隔离,严禁雾滴飘移产生药害。特别是在地头转弯时应尽量关闭喷雾系统,避免对地头作物产生药害。喷药应在无风无

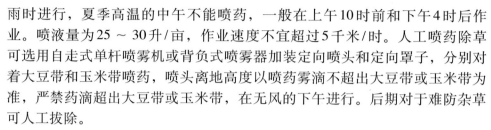

雨时进行，夏季高温的中午不能喷药，一般在上午10时前和下午4时后作业。喷液量为25～30升/亩，作业速度不宜超过5千米/时。人工喷药除草可选用自走式单杆喷雾机或背负式喷雾器加装定向喷头和定向罩子，分别对着大豆带和玉米带喷药，喷头离地高度以喷药雾滴不超出大豆带或玉米带为准，严禁药滴超出大豆带或玉米带，在无风的下午进行。后期对于难防杂草可人工拔除。

2.病虫害防治

可采用植保无人机统一飞防或定向分带植保机具独立施药，药剂可选用高效氯氰菊酯、氯虫苯甲酰胺、噻虫嗪、阿维菌素等杀虫剂和嘧菌酯、丙环唑、戊唑醇等杀菌剂。

玉米苗期重点防治玉米螟、草地贪夜蛾、棉铃虫、黏虫、灰飞虱、蓟马等害虫，穗期重点防治玉米螟、顶腐病、褐斑病，花粒期重点防治玉米螟、蚜虫、南方锈病、弯孢霉叶斑病等。

大豆苗期、分枝期、开花结荚期和鼓粒期重点防治食叶性害虫、刺吸式害虫，开花结荚期重点防治霜霉病、细菌性斑疹病、食心虫、豆荚螟等。大豆"症青"防控以防治刺吸式害虫为核心。播前对大豆种子进行包衣处理，每50千克种子用62.5克/升精甲·咯菌腈悬浮种衣剂200毫升＋30%噻虫嗪悬浮剂200毫升兑水150毫升混合均匀后用大豆专用包衣机械进行包衣；出苗后15天左右每亩用12%甲维·虫螨腈悬浮剂40毫升或20%甲维·甲虫肼悬浮剂25毫升＋37%联苯·噻虫胺悬浮剂10毫升兑水均匀喷施，防治鳞翅目、刺吸式、叶甲类害虫；大豆开花初期、结荚初期、鼓粒期每亩用12%甲维·虫螨腈悬浮剂40毫升或20%甲维·茚虫威悬浮剂20毫升＋10%虱螨脲悬浮剂20毫升＋37%联苯·噻虫胺悬浮剂10毫升兑水均匀喷施，防治棉铃虫、甜菜夜蛾、斜纹夜蛾、豆荚螟、蓟马、烟粉虱、点蜂缘蝽、双斑萤叶甲等害虫。

（二）机械收获

玉米收获机应选择与玉米带行数和行距相匹配的割台配置。大豆收获机一般采用谷物联合收获机适当调整即可。大豆联合收获机作业质量应满足损失率≤3%，玉米联合收获机作业质量应满足损失率≤2%。

行比4∶2模式：玉米先收时，2行玉米一般只能选用整机总宽度小于1.6米的玉米收获机。大豆先收时，选用整机总宽度小于相邻两个玉米带间距的10厘米左右的大豆联合收获机；同时收获时，可采用改造的小麦收获机和玉米收获机前后协同收获。

行比6∶4模式和行比4∶4模式：大豆、玉米收获，均可采用当地成熟玉米联合收获机和改造的小麦联合收获机分带异步或一前一后同步收获。作业速度不宜过快，应略慢于净作收获时的作业速度。玉米先成熟，先收获地头玉米（果穗或籽粒）；大豆先成熟，先收获地头大豆（籽粒）；青贮收获可与当地养殖企业结合，在大豆鼓粒末期、玉米乳熟末至蜡熟中期收获青贮。

大豆收获

玉米收获

（三）秸秆还田

收获后，将大豆和玉米秸秆粉碎后直接还田。

（四）晚收

玉米果穗苞叶干枯、中部籽粒乳线消失、籽粒基部黑层出现时收获；大豆叶片脱落、茎秆变黄，豆荚表现出本品种特有的颜色，手摇植株籽粒发出响声时收获。结合气候条件、品种类型、作物生长状况等因素适当晚收。

六、应用案例

2022年以来，河南省新乡市获嘉县结合当地实际，大力推广大豆玉米带状复合种植水肥一体化技术，有效提升了大豆和玉米的产量及综合效益。2023年，与当地传统施肥方式（未采用水肥一体化技术）农户相比，获嘉县采用大豆玉米带状复合种植滴灌水肥一体化技术的种植区，大豆实现亩产提高8千克（增产率7.8%）、玉米实现亩产提高36千克（增产率6.6%），每亩综合纯收益增加33元。

（河南省土壤肥料站黄达、刘戈、董莎，山东省农业技术推广中心于舜章）

黄淮夏大豆滴灌水肥一体化技术模式

一、技术概述

黄淮夏大豆滴灌水肥一体化技术将灌溉与施肥相结合，即通过田间输水管网将水和肥料精确输送到大豆根部区域，并根据大豆不同生长阶段的需求灵活调整水肥供应量，确保大豆在生长过程中获得充足的水分和养分。该技术主要适用于黄淮平原地区，尤其是河南、山东等省份的大豆种植区。通过采用滴灌水肥一体化技术使大豆的产量显著提高，高肥力地块的目标产量为每亩250～300千克，中肥力地块的目标产量为每亩180～250千克，低肥力地块的目标产量为每亩180千克。与传统灌溉施肥方式相比较，滴灌水肥一体化技术可提高大豆产量15%～30%。

二、整地播种与管道铺设

（一）精细整地

一般在前茬作物收获后直接免耕播种。有条件区域可耕作翻土、耙平土地、清除石块和杂草等，确保土壤疏松、平整、无杂物。

（二）适期播种

5月中下旬至6月上旬播种，适时早播。选择高产、优质、抗倒性好、抗病性强、适合机械化收获的大豆品种。播前做好种子精选工作，建议选用以精甲·咯菌腈为基础配方的种衣剂进行包衣，采用拌种、包衣、喷施等方式接种根瘤菌，促进生物固氮。

平作，等行距或宽窄行播种，等行距种植行距为40厘米，宽窄行种植宽行距为40厘米、窄行距为20厘米，株距为10～15厘米；宜选用带有开沟、施肥、播种、覆土、镇压等功能的多功能精量播种机或穴播机；每亩播种量为4～5千克，种植密度为1.2万～1.8万株/亩，播种深度为3～5厘米，土壤黏重地块应适当浅播。

大豆播种、施肥、滴灌带铺设一体化作业

（三）管道铺设

滴灌设备的规格和型号根据生产实际进行选择，滴灌灌水器出水量一般为1.0～2.5升/时。首部枢纽包括加压、过滤和灌溉施肥等设施设备。等行距模式播种的大豆，1条滴灌带控制2行大豆；宽窄行模式播种的大豆，滴灌带布置在窄行中间。

大豆田间滴灌带

（四）科学增密

水资源条件良好的区域，大豆保苗量可在常规量的基础上每亩增加1 000株，耐密品种或者晚播地块也应适当增加密度。种植密度控制在1.8万～2.2万株/亩，具体数值应根据品种特性、土壤肥力和管理水平灵活调整。

三、水肥管理

（一）滴水出苗

播种48小时内通过滴灌带灌水，地表湿土边缘超过播种行5～10厘米即可，为防止板结可在种子顶土时再滴灌1次，干播湿出实现一播全苗。

（二）灌溉施肥制度

1.灌溉

苗期需水少，开花期、结荚期和鼓粒期需水量大。在苗期，适宜的土壤相对含水量为70%左右，根据墒情适量灌溉，一般每次每亩灌水10～15米³；开花—结荚期、结荚—鼓粒期，适宜的土壤相对含水量分别为70%～80%和80%～85%，根据墒情适量滴灌2～3次，一般每次每亩灌水15～30米³。

2.施肥

施肥量可根据产量需求和土壤肥力确定，施肥推荐量见下表。氮肥基追比为8∶2或7∶3，即80%的氮肥作基肥、20%的氮肥在初花期随水滴施，或者70%的氮肥作基肥、30%的氮肥在初花期随水滴施。磷肥和钾肥全部作基肥。根据大豆长势，可在初花期或结荚期每亩喷施1～2次0.01%～0.05%的钼酸盐溶液或1～2次0.1%的硼、锰、铜、锌等微量元素溶液30～40千克；在大豆鼓粒初期，每亩喷施0.2%～0.3%磷酸二氢钾溶液30～40千克。

大豆每亩施肥推荐量

肥力水平	产量水平（千克／亩）	氮、磷、钾比例（N∶P_2O_5∶K_2O）	氮肥（N）（千克／亩）	磷肥（P_2O_5）（千克／亩）	钾肥（K_2O）（千克／亩）
高肥力	＞200	1.0∶2.0∶1.5	3.0～4.0	5.5～7.5	4.0～5.5
中肥力	160～200	1.0∶1.8∶1.3	2.5～3.5	4.0～5.5	3.0～4.5
低肥力	≤160	1.0∶1.5∶1.2	2.0～3.0	3.0～4.5	2.5～3.5

大豆田间长势

（三）无人机喷肥

无人机喷肥具有高效、精准、省工的特点，尤其适用于大面积农田。在大豆开花结荚期和鼓粒期，可以使用无人机喷施叶面肥，补充大豆所需的微量元素，促进籽粒饱满。

大豆无人机喷施叶面肥

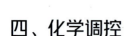

四、化学调控

对于旺长田块，在分枝期或初花期每亩使用甲哌鎓20毫升兑水20千克喷施或15%多效唑50克兑水40～50千克喷施，控制节间伸长，防止倒伏。

五、其他配套措施

（一）病虫草害防治

1.草害防治

播种的同时可进行封闭除草，无封闭除草或封闭除草效果不理想的田块，可在大豆2～3片复叶期进行苗后除草。

2.病虫害防治

黄淮地区主要害虫有甜菜夜蛾、斜纹夜蛾、点蜂缘蝽、造桥虫、蚜虫、红蜘蛛、叶蝉、烟粉虱等，重点加强点蜂缘蝽等刺吸虫害的动态监测和预报预警，虫口达到阈值地块施用噻虫嗪或吡虫啉可湿性粉剂田间喷雾防控，防止"症青"发生，有条件的地区开展统防统治。规范喷药时机、方法和用量，避免重喷、漏喷，降低药害发生，提高防控效果。

（二）机械收获

大豆适时收获，当植株叶片基本脱落、摇动时有响铃声、籽粒含水量降为18%以下时进行机械收获。收获时避开露水，防止籽粒黏附泥土、影响外观品质；避开中午高温时段，以免炸荚造成损失。开始作业前要保持机具良好的技术状态，减少作业故障，提高工作质量和效率。以不漏荚为原则，尽量放低割台。建议选用大豆专用收割机或者配备大豆收获专用割台的收割机收获。使用稻麦收割机收获时，确保使用大豆专用筛子；注意调整拨禾轮转速，减轻对植株的击打力度，减少落荚、落粒；正确选择和调整脱粒滚筒的转速与间隙，降低大豆籽粒的破损率；适当调大风门以利于减少杂质。

大豆机械收获

（三）秸秆还田

大豆收获时，采用机械将大豆秸秆粉碎后直接还田。

（四）晚收

对于一些晚熟品种或特殊用途的大豆，适当延长收获时间，适时晚收，提高籽粒饱满度和品质。一般选择在大豆叶片全部落尽、籽粒完全硬化时进行收获，注意收获不宜过晚，以免受到其他外界因素影响，导致籽粒霉变或脱落。

（河南省土壤肥料站黄达、刘戈、李想，山东省农业技术推广中心于舜章）

黄淮南部黏质土壤大豆微喷带
水肥一体化技术模式

一、技术概述

　　该区域年降水相对较为丰沛，但在时间和空间上分布不均匀，夏种期间常出现阶段性干旱天气。微喷带水肥一体化技术每小时出水量较大，且可均匀湿润土壤，有利于一播全苗。该技术模式可实现抗旱保苗、满足大豆不同生育时期对水分的需求，在大豆花荚期和鼓粒期遇到高温天气时可及时喷水调温，保花促荚，增加粒重；同时可定量补充大豆不同生育阶段所需的各种营养元素，实现大豆全生育期按需、分次、均衡供给水肥，为大豆增密种植提供物质保障。

　　该技术模式适用于水资源紧缺、有灌溉设施的半干旱、半湿润地区，主要包括黄淮南部的安徽沿淮淮北和江淮北部、江苏中北部、河南南部以及山东西南部地区，特别适合砂姜黑土、黄褐土等质地黏重的土壤。采用微喷带水肥一体化技术，大豆增产20%以上，肥料利用率提高20%以上，比传统漫灌节水35%以上。

二、整地播种与管道铺设

（一）科学整地

　　选择地势平坦、保水保肥较好、具有灌溉条件、土壤肥力较好的不重茬地块。墒情适宜时提倡板茬播种，前茬作物留茬高度≤10厘米，秸秆粉碎长度≤10厘米，抛撒均匀。或麦收后及时旋耕灭茬，旋耕深度15～20厘米，平整耙碎。

（二）优选种子

　　选择适合当地生态区种植的熟期适宜、秆强耐密、高产、优质、抗病的大豆品种，剔除病粒、虫食粒、杂质，种子纯度、净度不低于99%，发芽率

140

不低于95%，含水量不高于13.5%。使用多菌灵·克百威·福美双种衣剂或精甲·咯菌腈种衣剂拌种。推荐使用大豆根瘤菌剂接种，根瘤菌直接拌种后要尽快播种。可根据土壤微量元素缺乏情况，选用钼酸铵或硼砂或硫酸锌等微肥进行拌种。

（三）精量播种

建议在6月25日前播种，提倡抢时、抢墒早播，墒情不足时可喷灌造墒或播后喷灌补墒；根据品种及土壤肥力状况，保苗密度1.5万～1.8万株/亩，行距35～40厘米。每隔4～5米留出微喷带铺设行，行宽70～90厘米。推荐气吸式或指夹式精量播种机加装拖拉机导航播种，精准控制行距、株距，播种深度3～5厘米，土壤黏重地块适当浅播。

（四）铺设管道

将主管道沿田块地头或走道与大豆种植行向平行布设于地面或深埋至60～80厘米处，采用连接器将多段主管道连接起来，每隔80～100米预留出水连接口用于连接支管；每间隔4～5米沿大豆种植行向铺设微喷带；将消防防爆软带分支管沿大豆种植行向垂直连接到主管上，再将微喷带与支管连接。根据不同水源的供水量设置轮灌区，单个轮灌区控制阀门应布置在地块边缘，以方便开启与关闭。根据地块面积大小和田间道路情况选择固定式或移动式首部枢纽。

三、水肥管理

精准水肥调控：大豆生育期内总施肥量根据测土配方、目标产量和肥料利用率计算。黄淮南部大豆产区一般亩施氮肥（N）7.0～9.0千克、磷肥（P_2O_5）6.0～8.0千克、钾肥（K_2O）6.0～8.0千克。

1.基肥

采用种肥同播方式，播种时每亩施用大豆配方复合肥15～20千克。根据土壤微量元素缺乏情况，每亩配施0.1～0.2千克钼酸铵和0.5～1.0千克硼砂，在翻耕整地时作基肥撒施入土。

2.追肥

大豆分枝期、花荚期、鼓粒期采用水肥一体化方式施肥2～3次，推荐使用含氨基酸、腐植酸、钼、锌、硼等的水溶肥料或尿素、磷酸二氢钾等肥料进行追肥。

（1）分枝期追施氮、磷、钾肥量分别约占总施肥量的25%、25%、20%。

（2）花荚期追施氮、磷、钾肥量分别约占总施肥量的20%、30%、30%，并增施水溶性微量元素肥料。

（3）鼓粒期追施氮、磷、钾肥量分别约占总施肥量的30%、20%、25%，并增施水溶性微量元素肥料。

如降水适中、土壤墒情适宜，每次追肥时，可只喷少量水，把肥料带下去即可；遇高温热害和干旱，可及时进行微喷灌水抗旱降温，不带肥；鼓粒期可结合"一喷多促"，利用无人机进行叶面追肥。

四、化学调控

对于旺长田块，在分枝期或初花期使用甲哌鎓或15%多效唑可湿性粉剂严格按照说明书喷施控旺，防止倒伏。大豆结荚期至鼓粒期结合病虫防控，通过喷施生长调节剂、杀虫杀菌剂开展"一喷多促"。遭遇干旱、高温等逆境胁迫时，喷施氨基酸或黄腐酸水溶肥、芸苔素内酯等，增强作物抗逆性。

五、其他配套措施

（一）开沟降渍防涝

该区域大豆苗期正值梅雨季节，降水相对集中，播种前后应注重开沟降渍防涝，根据播种行向和地势灵活安排开沟数量，一般沟深20厘米、沟宽15～20厘米，确保沟渠通畅。

（二）防治病虫草害

大豆播种后，应及时封闭除草，一般播后3天内完成。推荐选用异丙甲草胺、乙草胺混配嗪草酮、异噁草松等大豆苗前专用除草剂。

封闭除草效果不好的田块，苗后可茎叶除草一次，一般在大豆3片复叶期进行，推荐使用烯草酮、精喹禾灵、高效氟吡甲禾灵、烯禾啶等与氟磺胺草醚、灭草松、异噁草松等药剂混配使用。

大豆苗期重点防治蚜虫，用50%抗蚜威可湿性粉剂或10%吡虫啉可湿性粉剂等叶片喷施防控。花荚期防治大豆卷叶螟、斜纹夜蛾和蚜虫等，用氯氰菊酯、阿维菌素、快杀灵等叶片喷施防控；重点防治点蜂缘蝽、飞虱等刺吸式害虫，预防"症青"现象，建议采用大面积统防统治，盛荚期开始防虫，每隔7～10天叶面喷施吡虫啉、氰戊菊酯等药剂，连喷2～3次。鼓粒期防治豆荚螟和大豆食心虫，用20%氰戊菊酯乳油等药剂叶片喷施防控。

（三）适期收获

当植株茎、荚变褐，叶片基本脱落，籽粒变圆变硬有光泽，荚中籽粒与荚皮脱离，摇动时有响铃声时及时收获。机械收割，上午晾干露水后进行，调整机器作业参数，确保不留底荚、不丢枝，损失率≤3%、破碎率≤3%、含杂率≤3%、泥花脸≤5%。收获时根据天气抢晴收获，防雨淋、炸荚、霉变，确保蛋白质品质和籽粒商品性。

收获后及时晾晒风干，种子含水量降到13%以下时入库贮藏。

六、应用案例

安徽省亳州市涡阳县国家现代农业产业园大豆科技制种（良种繁育）基地，项目区总面积约为144亩，种植作物为大豆，分别采用地插微喷和微喷带两种微喷技术模式。水源为井水，水泵选型7.5千瓦，流量32米³/时，扬程50米。移动式首部枢纽进出水口采用便捷快速连接，密闭性能好，不冒漏；内部恒压变频柜，可简单快速调节水压情况，保障微喷灌系统3～4千克压力，满足灌溉均匀度要求；过滤器选型为4寸（约为13.33厘米）离心过滤器＋双网式过滤器＋一组叠片过滤器。水肥一体机选型简单易操作，采用地插微喷水肥一体化方式，地插高度为1.2米，选用麦格喷头，喷头间距为6米；采用微喷带水肥一体化模式，选用2寸（约为6.67厘米）7孔的编织袋耐压防爆微喷带，单条铺设距离100米，工作压力3～4千克，喷幅5米，铺设间距5米。

移动式首部枢纽

微喷带

通过本项目的实施，大大节省了人工，灌溉和施肥效率大幅提升，实现了节水30%、节肥20%、增产20%的目标。

（安徽省土壤肥料总站胡芹远、陈俊阳，安徽省农业科学院李杰坤，安徽优禾节水灌溉科技有限公司张浩，安徽蕾姆智能节水科技有限公司胡中昀）

华北黄淮夏花生滴灌水肥一体化技术模式

一、技术概述

夏花生滴灌水肥一体化技术集成了测土配方施肥、夏花生起垄栽培、水肥一体化等关键技术。采用这种植模式，平均亩增产花生152.5千克，亩新增利润约236.4元，经济效益明显。该技术模式最适宜肥沃的轻沙壤土地区应用。

二、整地播种与管道铺设

（一）精细整地

6月上旬前茬作物秸秆粉碎还田。亩基施生物有机肥200千克，复合肥30千克或N 4.5千克、P_2O_5 4.5千克、K_2O 4.5千克，生石灰50千克，撒施辛硫磷1千克。旋耕整地，随耕随耙耢，清除残膜、石块等杂物，保证整地质量，做到地平、土细、肥匀。按照种植走向安排种植带，起垄，垄距85厘米，垄高10厘米。

秸秆粉碎还田

精细整地

（二）适期播种

花生播种深度以3～4厘米为宜，要掌握"干不种深、湿不种浅"的原则，土质黏得要浅，沙土或沙性大得要深。根据种植规格和肥料用量调好花生穴距，利用标尺等工具控制好带宽，防止带宽走窄或加大。单粒播种，穴距10厘米左右。6月中旬前完成播种。

测量

播种

起垄播种后

（三）管道铺设

播种后立即铺设滴灌设备，系统首部及施肥罐安装在水源处。根据地块现状及水源位置布设支管和滴灌带，花生每行间铺设1条滴灌带（滴孔间距15厘米），滴灌带与种植行向一致，支管布设方向与种植行向垂直。

管道铺设

三、水肥管理

（一）滴灌浇水

播种后立即滴灌浇水，每亩滴水约15米³。以后分别在初花期（播种后30天左右）、开花下针期（播种后50天左右）滴灌，最后一次在膨果期（播种后100天左右）滴灌，根据土壤墒情，在清晨或傍晚进行滴灌，注意放慢滴灌速度，每亩滴水约12米³，以防湿度过大造成烂果和发芽。

（二）滴灌施肥

滴灌肥料的选择及用量。可选用含微量元素的滴灌专用肥或水溶性复合肥，也可选择尿素、磷酸二氢钾、硫酸钾、硝酸钙等可溶性肥料，滴灌追肥总量一般为氮（N）4千克/亩、磷（P_2O_5）8千克/亩、钾（K_2O）6千克/亩、钙（CaO）2.5千克/亩，全生育期滴灌追肥3次。每亩滴水12 ~ 15米³。分别于花生初花期滴灌总追肥量的30%、开花下针期滴灌总追肥量的30%、膨果期滴灌总追肥量的40%。

苗后滴灌

膨果期滴灌

夏花生灌溉施肥制度（目标产量400千克／亩）

田间操作	生育时期	灌水量（米³／亩）	施肥量（千克／亩）				备注
			N	P₂O₅	K₂O	CaO	
滴灌	播种后（6月上旬）	15	0	0	0	0	
滴灌施肥	初花期（7月上旬）	15	1.2	2.4	1.8	0.75	
滴灌施肥	开花下针期（7月下旬）	15	1.2	2.4	1.8	0.75	
滴灌施肥	膨果期（9月上旬）	12	1.6	3.2	2.4	1.00	慢滴
	合计	57	4.0	8.0	6.0	2.50	

注：灌水量和时间可根据土壤墒情等级指标调整。

夏花生不同生育时期墒情等级评价指标（参考）

生育时期	土壤相对含水量（%）		
	过多	适宜	不足
播种—出苗期	＞70	60～70	≤60
齐苗—开花期	＞70	55～70	≤55
开花—结荚期	＞75	65～75	≤65
结荚—成熟期	＞70	60～70	≤60

四、化学调控

当花生株高28～30厘米时，每亩用生长延缓剂均匀喷施茎叶，施药后10～15天，如果高度超过38厘米可再喷施1次，收获时应控制在45厘米内，确保植株不旺长。

五、其他配套措施

（一）防治病虫及后期草害

花生生育期内发生病、虫、草害，优先进行物理、生物防治。第一次滴灌浇水后进行封闭除草，每亩用33%二甲戊灵乳油100毫升或48%仲丁灵乳油150毫升，兑水60千克喷雾。

开花期，可用联苯菊酯乳油、阿维菌素药剂或阿维·乙螨唑药剂进行喷雾防治红蜘蛛危害；盛花期，可用甲霜灵、噁霉灵等药剂灌根，每株灌药液30～50毫升，10天左右灌一次，连续灌2～3次，防治花生根腐病。

防治病虫害

封闭除草

（二）收获

夏花生在大部分荚果成熟、饱果指数达到60%以上时收获、晾晒。

收获

六、应用案例

2013年，山东省高唐县梁村镇小刘村首次试点夏花生滴灌水肥一体化技术，应用面积仅50亩。面对传统种植模式中水资源浪费、肥料利用率低等问题，高唐县农业农村局主动对接山东省农业科学院、山东农业大学、山东省花生研究所及全国知名专家，共建科技平台，开展技术创新与示范推广，逐步完善形成可复制、标准化的夏花生滴灌水肥一体化种植模式。高唐县广泛利用电视、网络等媒体，并通过下乡技术指导、发放明白纸，多渠道、多方位、多角度宣传夏花生滴灌水肥一体化技术，组织现场观摩会、技术培训会20余场，培训农技人员400余人次、农户2 000余人次，发放技术培训资料10余份。截至目前，高唐县夏花生滴灌水肥一体化技术推广面积达3万余亩，夏花生平均亩产提高15%，水资源利用率提升30%，化肥用量减少20%，带动农户年均增收超千元，为黄淮海地区夏花生绿色高效种植提供了示范样板。

专家测产

现场观摩

科技大集宣传

（山东省聊城市农业技术推广服务中心苑学亮，山东省高唐县农业技术推广中心谢荣芳、李振娥，高唐县三十里铺镇农业农村综合服务中心隋华山，山东省农业技术推广中心董艳红、范小滨，河南省土壤肥料站刘戈、黄达）

华北高油酸花生膜下滴灌
水肥一体化技术模式

一、技术概述

花生膜下滴灌水肥一体化技术改变传统以基肥为主的施肥方式，根据花生需求进行灌水施肥，可以实现按需供水供肥。该技术通过滴灌将水和肥料直接输送给根系，有利于根系的吸收，提高肥料利用率，减少肥料用量，实现养分均衡供应，提高产量和质量。试验结果表明，应用膜下滴灌水肥一体化技术较传统灌溉方式节水30%~50%，产量增加15%以上。该技术模式适用于华北地区有水浇条件的花生种植区域。

二、整地播种与管道铺设

（一）播种时间

连续5天5厘米地温稳定通过15℃后开始播种，一般适宜播种时间为4月25日至5月15日。

（二）机械播种

选用能够一次性完成起垄、播种、镇压、铺设滴灌带、喷施除草剂、覆膜、覆土等工序的播种机。起垄幅宽85厘米，垄面宽度55厘米，垄上种植2行花生，行距30厘米，播种深度2~3厘米；滴灌带铺设到垄上中间位置，铺设时使滴灌带光滑的一面与地膜接触；滴灌带卷轴要转动灵活，放带松紧适宜，避免通水后滴灌带遇冷收缩，造成滴灌带与供水管道连接脱落。

花生机械播种

（三）播种密度

单粒播种密度为14 000 ～ 16 000穴/亩，双粒播种密度为8 000 ～ 10 000穴/亩。

（四）管道铺设

一般采用干管—支管—滴灌带三级分流灌溉模式，主管选用直径为90 ～ 110毫米的PVC（聚氯乙烯）管（地下埋管）或相同规格的PE（聚乙烯）软管（地上铺管），支管选用直径为50毫米的PE胶管或直径为60毫米的PE软管。滴灌带可选用单翼迷宫式滴灌带或者内镶式滴灌带，内径16毫米，滴头间距30厘米，滴头流量1.5 ～ 2.0升/时，工作压力0.05 ～ 0.10兆帕，滴灌带应符合GB/T 19812的要求。上述两种滴灌带铺设方便，价格较低，不可重复使用。

管道铺设

三、水肥管理

播种完成后即滴灌浇水，以后应分别在始花期和结荚期遇旱滴灌浇水。滴水定额一般为300 ～ 450米³/公顷，保水性好的壤土采用较小的定额，保水性较差的沙壤土采用较大的定额。浇水周期受气候、土壤相对含水量变化等影响较大，根据土壤相对含水量变化来决定何时浇水。在浇水周期内没有有效降雨的条件下，苗期浇水周期为20 ～ 30天，花针期浇水周期为20天，结荚期浇水周期为15天，饱果成熟期浇水周期为20天。

一般推荐亩滴灌施肥总量为N 9.5 ～ 12.5千克、P_2O_5 9.0千克、K_2O 1.5千克、CaO 2.5千克。在膜下滴灌水肥一体化施肥总量相等的条件下，分别在播种期、始花期和结荚期施肥效果最好、产量最高。在确定施肥时期后，在滴灌的同时将相应量的肥料通过施肥设备输入滴灌管道。一般选择在滴灌中后期开始施肥，施肥结束后应继续滴水不少于30分钟。以保证肥料充分渗透到耕层，防止因肥料过分集中在花生根系附近而造成烧根。一般钾肥宜在苗期和花针期施用，钙肥宜在结荚期施用。

水肥管理

四、化学调控

喷施生长调节剂能显著降低植株高度、增加花生产量。亩用量不变，两次喷施比一次喷施增产显著。在初花后20天和初花后35天喷施壮保安和多效唑能降低主茎高度8.45～11.04厘米，降低侧枝长10.17～13.80厘米，增产13.08%～20.50%。因此，高肥水田块有旺长趋势且植株高度达到30厘米时，叶面喷施生长抑制剂。如每亩用壮饱安可湿性粉剂20克或15%多效唑可湿性粉剂20克，兑水30千克叶面喷施，施药后10～15天植株高度达40厘米时可再喷施一次。

五、其他配套措施

播种的同时喷施芽前除草剂，如每亩用96%精异丙甲草胺乳油45～60毫升或用90%乙草胺乳油80～100毫升或用50%仲灵·乙草胺兑水30千克，均匀喷洒到表层土壤。除草剂的使用应符合GB 4285和GB/T 8321的要求。

花生生长后期叶部病害尤其是叶斑病、网斑病较易发生，造成花生早衰、落叶，因此叶部病害防治是花生高产的又一关键技术。喷施杀菌剂对花生叶斑病的防治效果显

花生田间长势

著，其中500克/升苯甲·丙环唑、300克/升苯甲·丙环唑、325克/升苯甲·嘧菌酯和60%唑醚·代森联的防治效果较好，防效60.11%～69.30%，增产23.74%～34.77%。

六、应用案例

近年来，在河北多地开展了花生膜下滴灌水肥一体化技术示范应用。河北省邯郸市大名县示范区应用该模式后，全生育期滴灌浇水量为70米^3/亩，比常规田节水33.33%。滴灌施肥量为N 10.9千克、P_2O_5 7.3千克、CaO 3.5千克，对照田亩施肥总量为N 15千克、P_2O_5 12千克、CaO 6千克。滴灌示范田节省化肥用量34.24%，经测产花生亩产379.5千克，增产15%。河北省石家庄市鹿泉示范区应用该模式后，全生育期滴灌浇水总量80米^3/亩，对照田浇水总量为165米^3/亩，节水51.5%。滴灌施肥总量为N 9.65千克、P_2O_5 1.78千克、K_2O 2.33千克、CaO 3.11千克；对照施肥总量为N 16.08千克、P_2O_5 2.97千克、K_2O 3.89千克、CaO 5.19千克。滴灌示范田节省化肥用量40%，经测产花生亩产420.4千克，增产15.1%。

（河北省农业技术推广总站韩鹏、郭明霞）

华北北部马铃薯滴灌
水肥一体化技术模式

一、技术概述

针对耕地贫瘠化、盐碱化、酸化以及保水保肥能力下降等土壤退化现象，总结集成了坝上及接坝地区马铃薯机械化整地、播种、水肥高效和收获等高效配套体系。马铃薯生育前期进行机械化深耕深松整地、大垄高畦栽培、中耕培土除草、测土配方施肥等措施，中后期应用滴灌水肥一体化管理技术，将可溶性肥料溶解在水中，通过滴灌系统将水分和肥料等定时、定量、精准地输送到马铃薯根部土壤。目标产量一般为3.5～5吨/亩。与常规技术相比，亩节水300米^{3}以上，节肥20千克，节药2千克，节省人工10个，增产20％以上。该技术适用于海拔200～1700米、年平均气温4～8℃、≥10℃有效积温2200～3200℃、降雨量400～700毫米、无霜期100～180天的中性或微酸性、半湿润半干旱、无污染源并适宜机械化操作的农业生产区域。

二、整地播种与管道铺设

(一) 选地

马铃薯对土壤的适应范围广，最适合生长的土壤是轻质壤土。要求地块平坦，选择土壤疏松肥沃、土层深厚、排水良好、保水保肥、日照充足的沙壤土。中等地力地块（土壤有机质含量20～25克/千克、全氮1.0～1.5克/千克、有效磷25～30毫克/千克、速效钾100～120毫克/千克）目标产量为3500～5000千克/亩。

(二) 整地

春季播种前进行拖拉机机械化"翻转犁＋旋耕机"整地。播种前利用土壤翻转犁翻耕土壤，之后进行旋耕平整，再进行施肥、起垄、播种一次性作业。利用翻转犁深翻土层40厘米，再旋耕20厘米整平土壤，之后进行机械起垄播种。翻转犁参数：翻转犁为3铧翻转犁，铧幅宽60厘米，深翻土层40厘米，工作面宽度180厘米。旋耕机参数：旋耕机刀片90个，旋耕深度20厘米，工作面宽度250厘米。起单垄，垄宽0.5米，排水沟宽（机械操作带）40厘米，垄高35～45厘米。

翻转犁

旋耕整地

（三）选种与播种

1.选种

选用优质、丰产、抗逆性强、适宜当地栽培、商品性好的马铃薯品种，如荷兰15、冀张薯、渭薯1号、台湾红、V7等。选择原种或二级以上脱毒种薯。芽块单重30～50克，每个芽块不少于1个芽眼，芽长不超过0.5厘米，芽块饱满、均匀，色泽光亮。

2.播前处理

播种前芽块切刀每使用10分钟后或在切到病薯、烂薯时，用5%的高锰酸钾溶液或75%的乙醇浸泡1～2分钟或擦洗消毒。切块后立即用含有多菌灵（种薯重量的0.3%）或甲霜灵（种薯重量的0.1%）与不含盐碱的植物草木灰或石膏粉拌种，并进行摊晾，使伤口愈合，勿堆积过厚，以防烂种。切芽晾晒后立即播种。所有腐烂块茎和没有芽眼的芽块要分选销毁。

3.播种

拖拉机机械化播种。4月上中旬至5月上中旬，在整好的畦面上，株距16～18厘米、开沟10～14厘米，均匀地将芽块撒入沟中，每穴播种1～2个芽块，每亩播种量150～190千克，

机械播种

覆土厚度3～4厘米，使芽块与土壤紧密结合，播种后20～40天出苗。

（四）管道铺设

1.建立灌溉系统

因地势和管道系统不同，建立灌溉系统时要统筹考虑有效湿润面积、土层深度、水泵压力等因素铺设分管道，选择滴灌带的标准类型、滴头间距和管道长度，一般每亩铺设滴灌带700～800米。

2.浅埋滴灌带

通常选用贴片式薄壁滴灌带，滴头间距20～30厘米，流量1.0～1.5升/时。出苗三成、苗高2～3厘米时，将滴灌带机械铺于垄上，在垄的两端固定滴灌带，结合机械中耕浅埋覆土2～6厘米，将滴灌带与地表分管道连接。浇水时通过滴灌首部施肥设施，以滴灌施肥的形式实现水肥一体化精细管理。

3.起垄膜下滴灌

也可采用起垄膜下滴灌，垄高35厘米、垄顶部宽30厘米、垄距90厘米，铺设滴灌带，一垄一带，垄顶部"品"字形种两行或种一行马铃薯；起垄、施基肥、播种薯、铺设滴灌带全程机械化一次完成。

马铃薯垄作滴灌

三、水肥管理

（一）施肥管理

1.测土配方

在马铃薯整地、施肥、播种前采集土壤样品，对土壤样品进行有机质、全氮、有效磷、速效钾、pH及中微量元素等的化验分析，根据土壤化验结果，结合土壤供肥性能、马铃薯目标产量等因素确定合理的施肥指标，即确定肥料类型、品种、用量、比例、用法和使用时期。中等地力情况下推荐目标产量为3 500～5 000千克/亩，马铃薯全生育期推荐化肥施用总量为52（N-P$_2$O$_5$-K$_2$O为15.5-12-24.5）～74千克（N-P$_2$O$_5$-K$_2$O为22-17-35）。

2.增施有机肥

将有机肥均匀撒施于地表，在整地时翻耕入土，增加土壤有机质、有益微生物和中微量元素等的供给。有机肥亩用量为500～1 000千克，减少化肥用量5%～10%。

3.增施调理剂

使用沸石土壤调理剂平衡土壤酸碱度，亩用量为80 ～ 100千克。用抛肥机把沸石颗粒均匀撒施于地表，在整地时翻耕入土混匀。

增施有机肥

增施沸石调理剂

4.补充生物菌剂

补充解磷、解氮等的微生物菌剂，提高肥料利用率，防止肥料流失。在播种时或中后期水肥一体化追施，亩用量3 ～ 5千克。

5.补充微肥

水肥一体化追施或无人机喷施微量元素营养液；马铃薯生育中后期机械喷施或水肥一体化追施，补充微量元素，平衡养分供给，亩用量1 ～ 3升。

6.施用配方肥

第一次在整地时施用，均匀撒施硫基三元复合肥，占全生育期施肥量的45％；第二次在中耕时施入硫基三元复合肥，占全生育期施肥量的30％；第三次为中后期应用水肥一体化系统进行滴灌追肥，占全生育期施肥量的25％。

配方肥

（二）水肥一体化管理

1.水量和次数

由于春季前期地温较低，需水量小，适当控制浇水次数和用水量。土壤相对含水量低于60％、无自然降水时及时滴灌浇水。生育前期一般浇水5 ～ 6次，每次每亩滴灌浇水量10 ～ 15米^3；中后期由于地温、气温均升高，马铃薯需水、需肥量较大，适当增加肥水用量和次数，每次每亩滴灌浇水量15 ～ 20米^3。

水肥一体化

2.水肥管理

应用水肥一体化滴灌设施，每次施肥前滴灌清水0.5～1小时，然后随水冲施可溶性肥料，冲施肥料1～2.5小时，施肥后再滴灌清水0.5～1小时。全生育期追肥4～5次。

第一次，浇清水：5月底（马铃薯播种后15～20天），壤土耕层土壤相对含水量低于60%又无自然降水时，应用水肥一体化设施浇水一次，亩用水量10～15米^3，浇水时长3～4小时。

第二次，水肥一体化：6月上旬（播种后25天左右），随水均匀冲施硫基三元复合肥，占全生育期施肥量的5%。

第三次，水肥一体化：7月初（播种后45天左右），随水均匀冲施硫基三元复合肥，占全生育期施肥量的5%。

第四次，水肥一体化：7月上旬（播种后50天左右），随水均匀冲施硫基三元复合肥，占全生育期施肥量的5%。

第五次，水肥一体化：7月中旬（播种后60天左右），随水均匀冲施硫基钾肥，占全生育期施肥量的5%。

第六次，水肥一体化：7月下旬（播种后75天左右），随水均匀冲施硫基钾肥，占全生育期施肥量的5%。

马铃薯盛花期、块茎膨大期是需水高峰期，视自然降水和土壤湿度情况调节用水。自然降水前控制浇水。当耕层土壤相对含水量低于60%时，适当增加用水量和用水次数，生长发育后期和收获前控制用水。遇涝、积水过多时及时排水，防止马铃薯块茎腐烂，防止早、晚疫病发生。

四、化学调控

对于营养生长过于旺盛的马铃薯薯秧要及时进行化学调控，常用的化学药剂有丙环唑等。丙环唑亩用量为10毫升，喷药时期为马铃薯苗高45 ~ 50厘米时，浓度为2 000倍液。如果秧过旺，可以两次喷药调控：第一次用量为5毫升、苗高45 ~ 50厘米时，2 000倍液喷施；第二次用量为10毫升、苗高60 ~ 65厘米时，2 000倍液喷施。

马铃薯长势

五、其他配套措施

（一）间苗定苗

马铃薯苗高5厘米时定苗，定苗穴距16 ~ 18厘米，保留单穴。

（二）中耕除草

马铃薯出苗后至封垄前，结合机械中耕覆土2 ~ 3次，保持田间土壤疏松、去除杂草。齐苗后及时浅中耕，现蕾期后中耕高培土，封垄前进行最后一次中耕除草。在马铃薯生长旺盛期的雨后或浇水后，适时进行中耕。中前期进行浅中耕，避免损伤马铃薯根茎。

（三）病虫害防治

物理防治：利用灯光、颜色诱杀等物理措施防治害虫。每50亩安装振频式杀虫灯1台，成虫可以用有黏性的黄色诱捕物诱捕。

杀虫灯诱杀

生物防治：保护和利用自然天敌七星瓢虫等，在田边种植玉米、高粱或交替轮作，以促进天敌生长发育。使用植物源农药，每亩用1%苦皮藤素乳油、苦参碱等防治主要害虫。

化学防治：为确保丰产丰收，全生育期需绿色化学防治5～7次，特别是在马铃薯生长旺季和6—8月炎热雨季应进行绿色化学防治。视情况选择1～3种杀虫剂、杀菌剂及营养液轮换交替使用，于晴天上午均匀喷施于马铃薯叶面。

喷施药剂

（四）采收与贮藏

9月初至9月末，视马铃薯成熟情况、市场行情及天气等情况适时机械收获、入库贮藏。

适时收获

入库贮藏

六、应用案例

河北省承德市围场县双民薯菜种植专业合作社应用马铃薯滴灌水肥一体化技术。马铃薯双行种植，滴灌条件下水肥一体化，亩产量为4 350千克，商品率（200克以上）84%，增产1 090千克，增产33.4%。

（承德市土壤肥料工作站于宝海、姚奇，张家口市农业技术推广站马全伟、张博超）

山东苹果、梨、桃水肥
一体化技术模式

一、技术概述

该技术以水肥一体化技术为核心，配套其他高产优质栽培技术，效益显著。苹果水肥一体化技术适用于胶东地区果园，土壤类型为棕壤、轻壤或沙质壤土，土壤肥力中等，钾含量较低，目标产量为3 000千克/亩。梨水肥一体化技术适用于山东早熟品种，果园土壤为中等肥力水平，目标产量为1 500 ~ 2 000千克/亩。桃水肥一体化技术适用于山东中晚熟品种，早熟品种可适量降低肥料用量和提前灌溉施肥，果园土壤为中等肥力水平，目标产量为1 500 ~ 2 000千克/亩。

二、整地播种与管道铺设

由干管、支管和毛管组成，干管采用塑料给水管，支管和毛管采用PE（聚乙烯）管，支管直径一般为32 ~ 50毫米，毛管根据灌水器选配，直径一般为10 ~ 16毫米。灌水器可采用微喷头、微喷带等，单个微喷头的喷水量一般在100升/时左右。微喷灌溉节水、不易堵塞喷头，还可调节果园小气候，可根据果园实际需要选择安装。

三、水肥管理

（一）苹果

在苹果树施肥管理中，应特别注意微量元素肥料的施用，主要采取基施或根外追施方式。进入雨季后，根据气象预报选择无降雨时进行注肥灌溉。在连续降雨时，土壤含水量没有下降至灌溉始点，也要注肥灌溉，可适当减少灌水量。可参照灌溉施肥制度表提供的养分量，也可以选择其他的肥料品种组合，并换算成具体的肥料量。黄土母质或石灰岩风化母质地区参考本方案时可适当降低钾肥用量。

首部

管道

苹果水肥一体化

1.幼年期

幼年苹果树水肥一体化制度

生育时期	灌溉次数（次）	灌水定额[米³／（亩·次）]	灌溉加入的养分量（千克／亩）				备注
			N	P₂O₅	K₂O	N + P₂O₅ + K₂O	
落花前	1	30	3.0	4.0	4.2	11.2	树盘灌溉
花前期	1	20	3.0	1.0	1.8	5.8	微灌
初花期	1	15	1.2	1.0	1.8	4.0	微灌
花后期	1	15	1.2	1.0	1.8	4.0	微灌
初果期	1	15	1.2	1.0	1.8	4.0	微灌
新梢停长期	2	15	1.2	1.0	1.8	4.0	微灌
合计	7	125	12.0	10.0	15.0	37.0	

应用说明：

（1）幼年苹果树是指种植1～5年的苹果树，每亩约45株。

（2）幼年苹果树落叶前要基施有机肥和化肥，一般采用放射状条施。亩施有机肥2 000千克、氮（N）3千克、磷（P_2O_5）4千克、钾（K_2O）4.2千克，化肥可选用三元复合肥（15-15-15）26千克/亩或选用尿素3.1千克/亩、磷酸二铵8.7千克/亩、硫酸钾8.4千克/亩。灌溉时采用树盘灌溉，每次用水量为30米³/亩。

（3）花前至初花期微灌施肥2次，肥料品种可选用尿素4.91千克/亩、工业级磷酸一铵（N 12%、P_2O_5 61%）1.64千克/亩、硝酸钾（N 13.5%、K_2O 44.5%）4.04千克/亩。

（4）初花期至新梢停长期微灌施肥4次，每次可选用尿素0.99千克/亩、工业级磷酸一铵1.64千克/亩、硝酸钾4.04千克/亩。

2.初果期

初果期苹果树水肥一体化制度

生育时期	灌溉次数（次）	灌水定额[（米³/（亩·次）]	灌溉加入的养分量（千克/亩）				备注
			N	P_2O_5	K_2O	N + P_2O_5 + K_2O	
收获后	1	30	3.0	4.0	4.2	11.2	树盘灌溉
花前期	1	25	3.0	1.0	1.8	5.8	微灌
初花期	1	20	1.2	1.0	1.8	4.0	微灌
花后期	1	20	1.2	1.0	1.8	4.0	微灌
初果期	1	20	1.2	1.0	1.8	4.0	微灌
果实膨大期	2	20	1.2	1.0	1.8	4.0	微灌
合计	7	155	12.0	10.0	15.0	37.0	

应用说明：

（1）初果期苹果树是指种植6～10年的苹果树，每亩约45株。

（2）初果期苹果树收获后、落叶前要基施有机肥和化肥，一般采用放射状条施。亩施有机肥2 000千克、氮（N）3千克、磷（P_2O_5）4千克、钾（K_2O）4.2千克。肥料可选用三元复合肥（15-15-15）26千克/亩或选用尿素3.1千克/亩、磷酸二铵8.7千克/亩、硫酸钾8.4千克/亩。灌溉时采用树盘灌溉，每次灌水量在30～35米³/亩。

（3）花前至初花期微灌施肥2次，花前期可选用尿素6.07千克/亩、工业级磷酸一铵1.64千克/亩、硝酸钾4.49千克/亩。初花期肥料品种可选用尿素2.17千克/亩、工业级磷酸一铵1.64千克/亩、硝酸钾4.49千克/亩。

（4）花后至果实膨大期共微灌施肥4次，每次可选用尿素1.17千克/亩、工业级磷酸一铵1.64千克/亩、硝酸钾7.87千克/亩。

3.盛果期

盛果期苹果树水肥一体化制度

生育时期	灌溉次数（次）	灌水定额[（米³/（亩·次）]	灌溉加入的养分量（千克／亩）				备注
			N	P_2O_5	K_2O	$N + P_2O_5 + K_2O$	
收获后	1	35	6.0	6.0	6.6	18.6	树盘灌溉
花前期	1	20	6.0	1.5	3.3	10.8	微灌
初花期	1	25	4.5	1.5	3.3	9.3	微灌
花后期	1	25	4.5	1.5	3.3	9.3	微灌
初果期	1	25	6.0	1.5	3.3	10.8	微灌
果实膨大前期	1	25	3.0	1.5	6.6	11.1	微灌
果实膨大后期	1	25	0	1.5	8.1	4.0	微灌
合计	7	180	30.0	15.0	34.5	73.9	

应用说明：

（1）盛果期苹果树是指种植11年以上的苹果树，每亩约45株，目标产量为3 000千克/亩。

（2）盛果期的苹果树收获后、落叶前要基施有机肥和化肥，一般采用放射状条施。亩施有机肥2 000千克、氮（N）6.0千克、磷（P_2O_5）6.0千克、钾（K_2O）6.6千克。肥料品种可选用三元复合肥（15-15-15）40千克/亩或选用尿素7.9千克/亩、磷酸二铵13.0千克/亩、硫酸钾13.2千克/亩。灌溉时采用树盘灌溉，每次用水量在30 ～ 35米³/亩。

（3）花前至花后期微灌施肥3次，肥料品种可选用尿素10.2千克/亩、工业级磷酸一铵2.5千克/亩、硝酸钾7.4千克/亩。初花期与花后期每次可选用尿素7.0千克/亩、工业级磷酸一铵2.5千克/亩、硝酸钾7.4千克/亩。

（4）初果至果实膨大期共微灌施肥3次，初果期施肥量与花前期相同，肥料品种可选用尿素10.2千克/亩、工业级磷酸一铵2.5千克/亩、硝酸钾7.4千克/亩。果实膨大前期可选用尿素1.5千克/亩、工业级磷酸一铵2.5千克/亩、硝酸钾14.8千克/亩。果实膨大后期可选用工业级磷酸一铵2.5千克/亩、硝酸钾18.2千克/亩。盛果期苹果树的果实膨大后期和成熟期不再施用氮肥。

（二）梨

梨水肥一体化制度

生育时期	灌溉次数（次）	灌水定额 [（米³／（亩·次）]	灌溉加入的养分量（千克／亩）				备注
			N	P₂O₅	K₂O	N + P₂O₅ + K₂O	
收获后落叶前	1	30	0	0	0	0	沟施有机肥，树盘灌溉
萌芽前	1	30	15	7.5	7.5	30.0	树盘灌溉
花后期	2～3	10	0	0	0	0	微灌
果实膨大期	2～3	10	5.0	5.0	5.0	15.0	微灌，加肥2次
合计	6～8	100～120	25.0	17.5	17.5	60.0	

首部　　　　　　　　　　管道　　　　　　　　梨水肥一体化

应用说明：

（1）果实采收后至落叶前，沿树盘开沟，每亩基施腐熟有机肥3 000～4 000千克/亩，施肥水平分布为树冠的1.5～2.0倍。结合基肥实施树盘灌溉30米³。休眠期在冬季，如果遇到干旱则可进行滴灌，不施肥。

（2）萌芽前沿树盘开沟，施入基肥，以氮肥为主，肥料品种可选用尿素32.6千克/亩、磷酸二氢钾14.4千克/亩、硫酸钾5.7千克/亩。实施树盘灌溉，灌水充分以提高土壤含水量，促进萌芽、开花及新梢生长。在花前叶面喷施硼肥，花后如果较长时间没有降雨，土壤干旱，要结合土壤墒情滴灌2～3次，不施肥。

（3）果实膨大期滴灌2～3次，其中，滴灌施肥2次，每次肥料品种可选用专用滴灌肥（15-15-15）33.3千克/亩或选用尿素10.9千克/亩、磷酸二氢钾9.6千克/亩和硫酸钾3.7千克/亩。果实膨大期在雨季，要根据降水情况确定滴灌施肥时间。雨水丰富的年份灌水量以配合滴灌施肥为重点。

（4）每亩施硼肥50克，在花前进行叶面喷施。花后至采收前喷施果蔬钙肥，防止裂果，提高外观品质和耐贮性。土壤铁、锌含量较低的地区可基施铁肥和锌肥，或者在关键生育时期叶面喷施或滴灌补充。对于晚熟品种，在8月上旬增加1次施肥，亩施复合肥（10-10-20）10～20千克。

（5）参照灌溉施肥制度表提供的养分量，可以选择其他的肥料品种组合，并换算成具体的肥料量。

（三）桃

桃水肥一体化制度

生育时期	灌溉次数（次）	灌水定额[（米³／（亩·次）]]	每次灌溉加入的养分量（千克／亩）				备注
			N	P_2O_5	K_2O	$N + P_2O_5 + K_2O$	
收获后落叶前	1	30	0	0	0	0	沟施有机肥，树盘灌溉
萌芽前	1	30	12.0	6.0	12.0	30.0	树盘灌溉
硬核期	2～3	12	5.0	5.0	10.0	20.0	微灌，加肥2次
果实膨大期	2～3	12	0	0	9.0	9.0	微灌，加肥1次
成熟期	1～2	8	0	0	0	0	
合计	7～10	116～148	22.0	16.0	41.0	79.0	

应用说明：

（1）秋天采果后，每亩基施腐熟有机肥3 000～4 000千克。在桃树落叶休眠、土壤结冻以前于10月下旬至11月上旬浇水，即"冻水"。保证土壤有充足的水分，以利于桃树的安全越冬。"冻水"不能浇得太晚，以免因根茎部积水或水分过多、昼夜冻融交替而导致茎腐病的发生。秋雨过多、土壤黏重者，不一定浇水。

（2）果树萌芽前以放射沟或环状沟施肥方式施基肥，可选用三元复合肥（20-10-20）60千克/亩，深度为30～45厘米，以达到根系密集层为宜。施肥后进行树盘灌溉30米³，确保浇足水。

（3）硬核期根据土壤墒情微灌2～3次，其中，微灌施肥2次，以氮肥为主，配合施磷钾肥，可选用尿素10.9千克/亩、磷酸二氢钾9.6千克/亩和硫酸钾16.6千克/亩。

（4）果实膨大期微灌2～3次，第一次灌水时微灌施肥，以钾肥为主，肥料品种可选用硫酸钾19.6千克/亩。如果前期氮肥供应较少，也可提早施入部分氮肥，或者叶面喷施补充。

（5）成熟期根据土壤墒情微灌1～2次，不施肥。

（6）参照灌溉施肥制度表提供的养分量，可以选择其他的肥料品种组合，并换算成具体的肥料量。

首部

管道

桃水肥一体化

四、化学调控

随着现代化栽培技术的推广应用，当前果树上使用化学调控相对较少。苹果、梨很少用化学调控来控制树势，基本集中在疏花环节，桃树控旺使用较多的是芸苔素内酯。

五、其他配套措施

实施水肥一体化技术后，还需要根据树的长势，适当地采用叶面喷施的形式进行根外追肥，整个生育期可以喷施5次左右，喷施浓度控制在0.3%～0.5%，少量多次，避免产生肥害，要特别注意在开花坐果期补充钙肥，叶面喷施最好选择在晴天上午10时之前或者下午4时之后进行。

六、应用案例

在山东胶东地区推广应用苹果微灌水肥一体化技术、梨水肥一体化技术，在鲁西南地区开展桃精准水肥一体化技术推广应用，对果树生长发育及增产等方面具有良好的调控和促进作用。与传统肥水管理相比：一是节水省肥省工。亩节水30%～40%、节肥20%～30%、节省人工10～15个。二是增产增收。亩产量提高10%～30%，亩节本增收约2 000元。三是提升土壤质量。水肥一体化技术创造优良的土壤微环境，提高土壤微生物活性，改善土壤理化性状，有利于果树对养分的吸收利用，提高了果园综合生产能力。

（山东省农业技术推广中心胡斌、傅晓岩、牟文艳、张姗姗、范小滨、靖彦、吴越，烟台市农业技术推广中心孙强生，肥城市现代农业发展服务中心杜栋梁，齐河县仁里集镇乡村振兴服务中心张秀峰，莱阳市谭格庄镇农业综合服务中心张艳）

黄淮海大蒜膜下滴灌
水肥一体化技术模式

一、技术概述

黄淮海地区水资源紧缺，大蒜灌溉主要依靠超采地下水，导致地下水位逐年下降。实际生产过程中，大蒜过量浇水、施氮过量、水肥利用率低、种植成本高的问题日益突出，严重影响区域生态安全和农民增收。该技术以滴灌水肥一体化技术为核心，在确保高产稳产的前提下提高水分和肥料利用率，简化管理措施，实现节本增效的目的，对黄淮海地区大蒜种植产业的持续发展有重要意义。

该技术模式适用于黄淮海大蒜种植区。目标产量为蒜头1 100千克/亩、蒜薹600千克/亩，在山东省临沂市兰陵县的大田试验示范结果显示，蒜薹较常规施肥灌溉产量提高了7.8%，蒜头较常规施肥灌溉产量提高了8.8%，节水量约150米³/亩，节水率60%。

二、整地播种与管道铺设

（一）精细整地

大蒜适宜生长在肥沃、疏松、排水良好的土壤上。在种植前，应进行深耕翻土，深度一般在20厘米左右，整平耙细（土块直径应小于3厘米），作畦，畦宽80厘米，畦高8～12厘米，播种4行。同时，清除田中的杂草，以减少病虫害的发生。

（二）适期播种

大蒜一般选用高产、优质、商品性好、抗病虫、抗逆性强的品种。播种前要严格精选蒜种，选择头大、瓣大、瓣齐且有代表性的蒜头，清除霉烂、虫蛀、沤根的蒜种，掰瓣分级。大田大蒜的适宜播期为9月下旬至10月上旬，适宜的发芽温度是15～20℃，需蒜种150千克/亩左右，种植3.0万～3.5万株/亩为宜，即行距16～20厘米、株距8～10厘米。

整地施肥

适期播种

（三）管道铺设

主干管选用PE（聚乙烯）管，根据灌溉面积和设计流量确定直径，主干管外径90毫米、支管外径63毫米。灌水器宜选用内镶贴片式滴灌带，滴孔间距为20厘米，最大工作压力为0.2兆帕，流量为2升/时。主干管、支管布设于地面上。滴灌带采用隔行单带布置模式，实现一带管两行，即在同一畦的第一行和第二行之间、第三行和第四行之间各铺一条，再用地膜覆盖，保持大蒜生长所需温度和水分，防止杂草生长。

管道铺设

水肥一体化管理

三、水肥管理

（一）基肥

大蒜需肥较多，根系入土浅，要求表土营养丰富。基肥以有机肥为主、化学肥料为辅，以基肥为主、追肥为辅。耕翻土地前施腐熟有机肥4～5米³/亩，把畦面整平后再施入速效化肥。施用量通过测土配方施肥确定，肥力中等土壤可施硫酸钾型复合肥（18-6-22）80千克/亩，同时补施硼、锌、硫等中微量元素肥。

（二）灌溉和追肥

播种后立即灌水30米³/亩，灌水时间1.8小时，幼苗期和越冬期分别灌水20米³/亩，灌水时间1.2小时；花芽及鳞芽分化期灌水2次，每次30米³/亩，灌水时间1.8小时，亩追施尿素5千克和大量元素水溶肥（20-20-20）10千克；抽薹期灌水2次，每次20米³/亩，灌水时间1.2小时；鳞茎膨大期灌水2次，每次20米³/亩，灌水时间1.2小时，亩追施大量元素水溶肥（20-20-20）10千克。蒜头收获前5～7天要停止浇水，防止田内土壤太湿造成蒜皮腐烂、蒜头松散、不耐贮藏。

（三）灌溉施肥制度

在实际生产中，滴灌施肥受肥料种类、地力水平、生产条件、目标产量等诸多因素影响，需要因地制宜。下表为大蒜复合肥（16-8-22）80千克、尿素5千克、大量元素水溶肥（20-20-20）20千克滴灌水肥一体化配施方案。

黄淮海大蒜灌溉施肥制度

生育时期	灌溉次数（次）	灌水定额（米³/亩）	纯养分（千克／亩）				备注
			N	P₂O₅	K₂O	小计	
播种前	0	0	14.4	4.8	17.6	36.8	基施
播种期	1	30					滴灌
幼苗期	1	20					滴灌
越冬期	1	20					滴灌
花芽及鳞芽分化期	1	30	4.3	2.0	2.0	8.3	滴灌
	1	30					滴灌
抽薹期	2	20					滴灌
鳞茎膨大期	1	20	2.0	2.0	2.0	6.0	滴灌
	1	20					滴灌
合计	9	210	20.7	8.8	21.6	51.1	

四、病虫草害防治

按照"预防为主，综合防治"的原则，合理进行物理防治、生物防治和化学防治。主要防治病毒病、锈病、紫斑病、叶枯病、灰霉病、褐色根腐病、葱蝇和根螨等。

五、其他措施

大部分蒜薹抽出约25厘米，表现为刚开始打弯、总苞变白，可适时采收，宜选择晴天上午10时以后茎叶略微萎蔫时进行。蒜薹采收后用软质绳系捆，每捆0.5～1.0千克，放置于仓库中，防止雨淋日晒。采收蒜薹后15～18天，大多叶片干枯，植株处于柔软状态，假鳞茎已不容易折断时即可采收大蒜鳞茎（俗称蒜头）。收获后，用蒜叶盖住大蒜鳞茎，成行排放晾晒。蒜叶半干后扎捆，待蒜秸干后在室外垛放，大蒜鳞茎朝外，注意防止雨淋。每半个月倒垛晾晒一次，晾晒2～3次后，移到仓库存放。

蒜薹和蒜头

六、应用案例

山东省临沂市兰陵县是黄淮海地区大蒜主产区之一，"苍山大蒜"种植历史悠久，年均播种面积30多万亩，现有大蒜水肥一体化面积约2万亩，均采用膜下滴灌水肥一体化模式。2022年在兰陵县磨山镇大蒜主产区建设大蒜膜下滴灌水肥一体化示范区500亩，新增纯收益1350万元，生态效益、社会效益和经济效益显著。

（山东省农业技术推广中心于舜章、范小滨、董艳红，临沂市农业技术推广中心丁文峰，兰陵县农业技术推广中心高翔）

北方设施草莓水肥一体化技术模式

一、技术概述

针对设施草莓生产存在水肥投入过量、果实品质有待提升的问题，集成了设施草莓滴灌水肥一体化技术模式。该技术是在有压水源条件下，利用施肥装置将配制好的水肥混合液通过滴灌系统均匀、稳定、适时、适量地输送到草莓根部土壤的一种高效灌溉施肥技术，具有显著节水、节肥、省工、增产和增收效果。

该技术模式适用性广，安装有滴灌水肥一体化设施的北方设施草莓产区均适用。北京郊区日光温室草莓目标产量2 800千克/亩。采用滴灌水肥一体化技术较传统灌溉施肥技术能够增产15%以上。

二、整地播种与管道铺设

（一）精细整地

日光温室草莓一般在8月底9月初定植，当年11月中旬至翌年5月底采收。定植前需精细整地，每亩撒施商品有机肥800～1 500千克、氮磷钾复合肥30～40千克、过磷酸钙30～40千克作基肥。采用旋耕机进行深旋（40厘米以上），确保肥料与土壤充分混匀。定植前7～10天作小高畦，北方地区日光温室以南北向为主，通常畦高30～40厘米、畦面上宽40～60厘米、下宽60～80厘米，垄距80～100厘米。

（二）管道铺设

每垄铺设1～2条滴灌管（带），铺设在畦内侧靠近植株根茎部位，滴头朝上。滴头间距可选10厘米、15厘米或20厘米。如果用旧滴灌管（带）一定要检查其漏水和堵塞情况，发现问题及时解决。

滴灌设施

（三）合理密植

选择品种纯正、健壮、无病虫害、根系发达的种苗进行定植，采用双行"丁"字形交错定植，植株距垄边10～15厘米，株距15～25厘米，畦面两行小行距20～30厘米，定植时做到"深不埋心，浅不露根"。

三、水肥管理

（一）灌溉管理

草莓根系浅，喜湿，叶表面蒸发量大，要求有充足的水分。设施草莓宜采用膜下滴灌形式进行灌溉，定植时浇透水，定植一周内需小水勤浇，促进缓苗，缓苗后覆盖地膜，灌溉采用"湿而不涝，干而不旱"的原则。草莓在不同生长发育阶段的水分需求不同，应该根据草莓耗水量调整灌溉策略，苗期视天气情况滴灌5～7次，每亩每次灌水2～3米^3，保持土壤相对含水量在80%左右；缓苗后至开花期每3～10天浇1次水，每亩每次2～3米^3，保持土壤相对含水量在50%～60%；开花结果盛期每3～8天滴灌1次，每亩每次滴灌2～3米^3，保持土壤相对含水量在70%～80%。高架基质栽培中栽培槽内基质体积较小，缓冲能力差，水肥管理要遵循"少量多次"的原则，天气晴暖时，每天浇水2～4次，阴天时，次数减少，单次灌溉至水分排出2分钟左右即可停止灌溉。

（二）施肥管理

草莓适宜在pH为5.5～6.5的偏酸性土壤环境中生长，忌氯喜磷钾。在施足基肥的基础上，草莓现蕾开花后开始追肥，采用水肥一体化形式施用全水溶性肥料，肥料要进行充分的搅拌溶解，氮、磷、钾比例符合（1～1.2）：0.5：

（1.4～2），单次肥料用量为3～4千克/亩，为了提高果实品质，也可以选择晴天上午，采用叶面喷施的形式施用0.2%的钙、镁、硼、铁等微量元素。基质栽培采用营养液形式灌溉施肥，根据草莓生长阶段调整营养液浓度，苗期营养液EC值可控制在0.4～1.0毫西/厘米，初花期为0.8～1.2毫西/厘米，初花至采收始期为1.0～1.6毫西/厘米，开花结果盛期为1.2～1.8毫西/厘米，若使用草莓专用全水溶性复合肥，肥水浓度控制在0.2%～0.3%，灌溉施肥最好选择晴天的上午进行。

不同生育时期的灌溉施肥次数和用量可根据天气状况和草莓长势进行适当调整。进入冬季后随着气温的降低和蒸发量的减少，逐步延长灌溉间隔时间，要相应减少施肥量，翌年春天随着温度回升、光照增强，应逐步缩短间隔时间，同时相应增加施肥量。

四、其他配套措施

（一）土壤消毒

为防止连作障碍及重茬危害，建议在当季种植完成后对土壤或基质进行消毒处理，可采用太阳能消毒法、石灰氮消毒法以及熏蒸剂消毒法，农户可根据病害发生情况选择适宜消毒法进行土壤消毒。

（二）植株管理

一是摘除老叶与匍匐茎。去除老叶时，应等叶片开张、离层形成后；对于病叶，应当带至棚外及时销毁，防止病害传播。根据整体生长状况，保留适量功能叶片，营养生长阶段5～6片叶，开花结果期6～15片叶，随着结果量的增多，功能叶片数也要适当增加。二是选留侧芽，植株顶花序抽生后，根据植株间距及草莓长势，每个植株选取1～2个粗壮且方向较好的侧芽保留，其余的均摘除。三是疏花疏果。将高级次的细弱花和无效花、授粉不良的花（表现为花朵柱头发黑）及时去除；将畸形果、染病果以及被虫子啃咬过的果实、长势较弱的果实及时去除，保证果实的大小及品质。

（三）环境调控

10月中下旬，外界最低气温降至8～10℃时覆盖棚膜。在草莓营养生长阶段，可以适当地给予高温，促进其生长，白天保持在26～28℃，超过30℃时，要注意通风，夜间控制在15～18℃，最低温度不能低于8℃。植株现蕾后，要停止高温管理，白天气温可在25～28℃、夜间8～12℃，不要高于13℃。进入花期后，对温度的要求较为严格，白天要求气温在22～25℃、夜间8～10℃。果实膨大期，白天气温要求20～25℃、夜间要求6～8℃。在果实收获期，白天保持在20～23℃、夜间保持在5～7℃。在草莓的整个生长过程中，在保证温度的前提下尽量降低设施内的湿度。开花期，控制设施内湿度在40%～50%，有利于授粉和花粉萌发。

（四）病虫害防治

草莓常见的病害有白粉病、灰霉病、根腐病，虫害主要为红蜘蛛和蚜虫。做好病虫害防治：一是要进行严格彻底的土壤消毒；二是选用不带病原菌的健康壮苗；三是发现染病植株要及时挖走、集中销毁，二次消毒后补种；四是利用化学药剂进行防治等。

五、应用案例

在北京市昌平区崔村镇大辛峰村建立草莓滴灌水肥一体化技术示范基地240亩；示范区亩节水99米^3，总节水2.4万米^3；亩节肥（纯养分）23千克，总节肥5.5吨；亩省工6个；亩节本增收2 100元，总节本增收50.4万元。同时草莓品质有所提高，可溶性固形物含量平均达到12.98%，还原型维生素C含量305毫克/千克，草莓品质较好。

草莓滴灌水肥一体化技术示范

（北京市农业技术推广站安顺伟、胡潇怡）

北方设施小型西瓜水肥一体化技术模式

一、技术概述

针对设施小型西瓜生产存在水肥投入过量、果实品质有待提升的问题，集成了设施小型西瓜滴灌水肥一体化技术。该技术是在有压水源条件下，利用施肥装置将配制好的水肥混合液通过滴灌系统均匀、稳定、适时、适量地输送到西瓜根部土壤的一种高效灌溉施肥技术，具有显著的节水、节肥、省工、增产和增收效果。该技术模式适用性广，在安装有滴灌水肥一体化设施的北方设施小型西瓜产区均适用。北京郊区设施小型西瓜目标产量3 300千克/亩，采用滴灌水肥一体化技术，较传统灌溉施肥技术增产12%以上。

二、整地定植与管道铺设

（一）精细整地

定植前需精细整地，每亩撒施商品有机肥1 000 ～ 1 500千克、复合肥20 ～ 40千克、微生物菌剂10 ～ 20千克作基肥。采用旋耕机进行旋耕，确保肥料与土壤充分混匀。定植前1周作小高畦，畦宽40 ～ 60厘米、高15 ～ 20厘米，间距0.9 ～ 1.0米。

（二）管道铺设

每垄铺设1条滴灌管（带），铺设在畦内侧靠近植株根茎部位，滴头朝上。滴头间距可选20厘米或30厘米。如果用旧滴灌管（带）一定要检查其漏水和堵塞情况，发现问题及时解决。

（三）合理密植

棚内地温达10℃以上时，选择品种纯正、健壮、无病虫害、根系发达的3叶1心种苗进行定植，在小高畦中心单行定植，株距20 ～ 30厘米，每亩定植

2 000 ～ 2 500株。

合理密植

三、水肥管理

（一）灌溉管理

西瓜叶蔓茂盛，生长迅速，产量高，果实中含有大量的水分，是需水较多的作物。虽然西瓜需水量大，但根系不耐涝，在一天左右的水淹条件下，根部就会腐烂，易造成全田死亡，所以要选择地势较高、排灌水方便的地块栽植。定植前2 ～ 3天每亩灌溉洇地水30米³，定植后到授粉期，土壤不干不浇水，保持瓜秧根际潮湿即可，达到控水壮秧的目的。建议分别于定植期、缓苗期、伸蔓期各灌水1次，每亩每次灌水量8 ～ 10米³。果实膨大期灌水3 ～ 4次，每亩每次灌水量15 ～ 20米³。采收前5 ～ 7天停止灌水。灌水量不宜过多，并且要增加通风时间和通风量，降低棚室温度和湿度，避免白粉病、叶枯病、红蜘蛛等病虫害发生。

（二）施肥管理

水肥管理遵循"前控、中促、后保"原则。西瓜一般苗期每8 ～ 10天追肥一次，每亩每次加肥10 ～ 12千克，肥料配比（N-P$_2$O$_5$-K$_2$O）为20-15-15；伸蔓期每8 ～ 10天追肥一次，每亩每次12 ～ 14千克，肥料配比为20-5-20；膨大期每10 ～ 12天追肥一次，每亩每次15 ～ 18千克，肥料配比为20-5-25。

不同生育时期的灌溉施肥次数和用量可根据天气状况和西瓜长势进行适当调整。进入冬季后随着气温的降低和蒸发量的减少，逐步延长灌溉间隔时间，要相应减少施肥量，翌年春天随着温度回升，光照增强，应逐步缩短间隔时间，相应增加施肥量。

四、其他配套措施

（一）植株管理

西瓜生长过程中必须及时整枝打杈，避免西瓜疯秧、跑秧，导致雌花稀、花粉少，影响坐果。可采用单主蔓或双蔓整枝方式。如采用单主蔓结瓜，不掐尖，结果后应及时整枝打杈，以方便留二茬果；如采用双蔓整枝可采用"一主一侧"整枝方式。具体方法是头茬瓜主蔓结瓜，侧蔓供养，一棵秧留一个瓜。当主蔓长至80厘米时开始吊蔓。除留主蔓外，再选留基部1条健壮子蔓作为侧蔓，去除其余子蔓和孙蔓。当侧蔓长至50厘米时绕在主蔓底部以提高种植密度，侧蔓头茬不结瓜仅作为营养枝，20片叶左右时掐尖。在开花坐果前少量浇水，避免授粉过程中因干旱补水，影响坐果。西瓜坐果后，选留主蔓上果形周正、刚毛分布均匀的西瓜，及时摘除畸形果，以减少养分消耗，头茬瓜每棵瓜秧选留1个瓜。

（二）环境调控

缓苗期以保温为主，保持日温25 ~ 30℃、夜温10℃以上，中午温度高于30℃时可适当放风。伸蔓期日温保持在28 ~ 30℃、夜温保持在12℃以上，坐果前期日温保持在28 ~ 35℃、夜温保持在18 ~ 20℃，以保证植株正常开花结果；后期日温仍保持在28 ~ 35℃，但适当降低夜温，15 ~ 18℃为适宜，以减少夜间养分消耗，加速果实膨大。以后随着气温的升高，逐渐加大通风时间和通风量，当夜间气温在15℃以上时可不关风口。当棚温在40℃以上时应加盖遮阳网遮光降温，防止植株早衰，以延长采收期。

（三）病虫害防治

设施小型西瓜病虫害的防治需遵循"预防为主、综合防治"的原则，做到勤观察、早预防。苗期主要病害有立枯病、猝倒病和枯萎病等。后期主要病害有蔓枯病、枯萎病、病毒病和白粉病等；主要虫害有红蜘蛛、蚜虫和粉虱等。可以采用百菌清、吡虫啉等药剂防治，同时悬挂黄板、蓝板。

五、应用案例

在北京市大兴区庞各庄世同瓜园建立小型西瓜水肥一体化技术示范基地120亩，春大棚小型西瓜平均亩产量3 342.7千克，与常规管理相比，中心糖提高了13.5%，边糖提高了21.2%，商品瓜率提高了9.4%，有效提高了小西瓜整体口感，降低了边糖、心糖差值，较常规栽培提前7 ~ 10天上市，亩节本增收1 290元，年收入123.00万元，园区年总利润达98.08万元。

小型西瓜水肥一体化示范

（北京市农业技术推广站安顺伟、胡潇怡）

山东设施番茄智能滴灌
水肥一体化技术模式

一、技术概述

　　设施番茄智能滴灌水肥一体化技术包括土壤墒情与生长环境原位监测、智能决策平台与自动化控制装备。土壤墒情监测用于指导何时开始灌溉施肥；智能决策平台通过分析番茄生长状态，根据内置模型参数反馈灌水量与施肥量；自动化控制装备发挥电磁阀开闭、流量监控等功能。

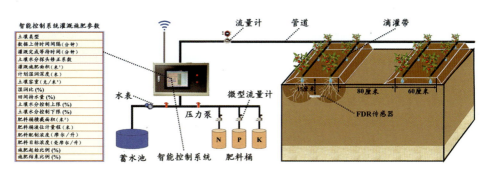

智能控制系统灌溉施肥参数
土壤类型
数据上传时间间隔（分钟）
灌溉完成等待时间（分钟）
土壤水分探头修正系数
灌溉施肥面积（米²）
计划湿润深度（米）
土壤容重（克/米³）
湿润比（%）
田间持水量（%）
土壤水分控制上限（%）
土壤水分控制下限（%）
肥料桶横截面积（米²）
肥料桶液位计量程（米）
肥料配制浓度（摩尔/升）
肥料目标浓度（毫摩尔/升）
施肥起始比例（%）
施肥结束比例（%）

基于土壤水分原位监测的智能滴灌水肥一体化技术模式

二、整地定植

　　设施番茄宜采用起垄栽培的方式，垄面宽60厘米，两垄间距80厘米，采用一垄双行模式定植，株距20厘米、行距20～30厘米，密度为2 200～2 500株/亩。在无立柱的温室内，为了便于机械化操作，可以采用东西行种植的方式。宜采用一年两茬模式：秋茬8—9月定植，翌年2月拉秧；春茬2月定植，5—6月拉秧。

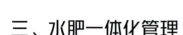

三、水肥一体化管理

（一）水分管理

　　设施番茄定植后，按 10 ～ 20 米³/ 亩的灌水量浇足定植水，灌水量以湿润整个垄面为准。在第一次定植水完成后，将土壤水分监测传感器插到土壤表层 5 厘米深度处，在番茄缓苗后将土壤水分传感器插入 15 ～ 20 厘米土层，实时监测土壤墒情。到设定的下限时，开始灌溉施肥。在开花期之前，灌溉的下限可设为 70% ～ 75%，从开花期开始逐渐降低灌溉下限至 68%。

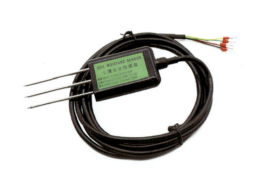

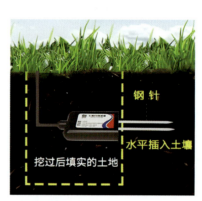

土壤水分传感器　　　　　　　　　　　土壤水分传感器的使用

（二）养分管理

　　在整地时施用基肥，基肥包括稻壳鸡粪、纯稻壳、作物秸秆等高碳氮比物料，以提高土壤保水保肥能力为主要目的。在一年两茬种植模式下，每茬整地时基肥施用 3 ～ 5 吨 / 公顷发酵鸡粪和 10 ～ 20 吨 / 公顷稻壳。

　　设施环境可控，避免了降雨的影响，为水肥高效耦合提供了条件。番茄不同生育时期对肥与水的需求比例不同。在苗期对氮、磷、钾的需求浓度为 70 毫克 / 升、15 毫克 / 升、120 毫克 / 升；在开花结果期营养生长与生殖生长同时进行，需求浓度增加至 150 ～ 220 毫克 / 升、30 ～ 45 毫克 / 升、220 ～ 380 毫克 / 升；在打顶之后，需求浓度逐渐降低至 100 毫克 / 升、20 毫克 / 升、150 毫克 / 升。在肥力水平较高（硝态氮含量高于 100 毫克 / 千克）或粪肥施用量大于 5 吨 / 公顷的情况下，智能施肥目标浓度与需求浓度相同，在肥力水平稍低时（硝态氮含量低于 100 毫克 / 千克），智能施肥的目标浓度可较需求浓度提高 20%。为了更精准地施肥，可以建立养分浓度需求模型，根据番茄定植天数或生物量实时调整施肥浓度。确定施肥浓度后，结合灌溉量与母液浓度确定单次的吸肥量。

稻壳施用后旋耕、起垄栽培滴灌

智能精准滴灌施肥管控装备

（三）化学调控

在秋茬番茄定植缓苗后，由于温度与土壤湿度较高，番茄营养生长迅速，在该阶段可以采用多效唑、烯效唑、矮壮素等化控药物来防止旺长。在番茄坐果期可采用2,4-滴、氯吡脲等生长调节剂来提高坐果率。

四、其他配套措施

秋茬番茄定植后，在开花前进行地膜覆盖，切勿覆盖过早使地温过高。在1—2月定植的番茄应定植后尽快覆膜以提高地温。近年来番茄病毒病频发，在环境温度超过32℃时，应及时通风降温，可通过高压喷雾的方式增加温室内湿度、降低温度，减少病毒病的发生。

设施番茄点花操作

高压雾喷增湿降温

五、应用案例

在智能水肥一体化模式中，基于土壤墒情进行灌溉的智能决策设定的土壤相对含水量下限为70%，单次灌水量1.5 ~ 2.0米³/亩。基于水肥高效耦合进行养分管控，平均氮、磷、钾施用浓度分别为160毫克/升、45毫克/升、195毫克/升。春茬和秋茬灌水施肥次数分别高达95次和118次，充分发挥了水肥一体化技术少量多次的优势。两茬灌水量分别为154米³/亩和192米³/亩，较传统水肥一体化模式节水64%和49%。使春茬和秋茬番茄产量显著提高17%和11%。智能水肥一体化模式灌溉水生产效率比传统模式提高1.2 ~ 2.3倍，高达35 ~ 48千克/米³。与传统水肥一体化模式相比，智能水肥一体化模式氮、磷、钾养分利用率分别提高了43% ~ 70%、36% ~ 45%、43% ~ 50%。

（青岛农业大学梁斌、吕昊峰）

山东设施茄果类蔬菜
水肥一体化技术模式

一、技术概述

设施茄果类蔬菜（如番茄、辣椒、茄子）应用滴灌水肥一体化技术，有助于实现节水控肥、提高作物品质与产量。统计数据显示，滴灌施肥可使蔬菜增产约10%，使水分生产效率与肥料生产效率分别提高20%和30%左右。

二、整地定植和管道铺设

（一）整地和管道铺设

宜采用起垄栽培的方式，在无立柱的温室内，为方便机械化操作，也可按照东西行种植方式进行起垄。垄面宽60厘米，两垄间距80厘米。滴灌管道宜按照一垄双管的方式进行铺设。

设施茄果类蔬菜起垄

（二）定植

设施番茄宜采用一年两茬模式：秋茬8—9月定植，翌年2月拉秧；春茬2月定植，5—6月拉秧。设施辣（甜）椒与茄子多采用一年一茬方式，每年8—9月定植，6—7月拉秧。采用一垄双行模式定植，株距20厘米、行距20～30厘米，密度为2 200～2 500株/亩。

三、水肥一体化管理

1.水分管理

在蔬菜定植时，按10～20米^3/亩的灌水量浇足定植水，灌水量以湿润整个垄面为准。8—9月，定植3～5天后进行第二次滴灌。随后按水肥一体化的模式进行滴灌施肥。有条件的农户可结合土壤墒情原位监测进行灌溉施肥，待土壤相对含水量降至68%～70%时灌溉施肥，单次灌溉量5～10米^3/亩。在不具备墒情原位监测的情况下，土壤成团但易碎时开始灌溉，单次灌水量5～10米^3，11月至翌年2月，每10～20天灌溉一次，其他月份每7～10天灌溉一次。

2.养分管理

在整地时施用基肥，以提高土壤保水保肥能力为主要目的。在一年两茬种植模式下，每茬整地时基肥施用3～5吨/公顷发酵鸡粪和10～20吨/公顷稻壳。一年一茬模式下，施用量可以翻倍。

灌溉的同时施入水溶性肥料，在灌溉施肥频率较高的3—6月、8—10月，每次施肥10～15千克/亩，11月至翌年2月，每次随水施肥15～20千克

膜下滴灌水肥一体化管理

/亩。番茄、辣椒、茄子的氮（N）、磷（P$_2$O$_5$）、钾（K$_2$O）养分需求比例分别为1:0.3:1.7、1:0.2:1.3、1:0.3:1.4。开花坐果之前，宜采用平衡型水溶肥（比如17-17-17水溶肥）。坐果后，宜施用低磷高钾型水溶肥（比如16-4-35水溶肥）。

四、化学调控

在秋季茄果类蔬菜定植缓苗后，由于温度与土壤湿度较高，作物营养生长迅速，可以采用多效唑、烯效唑、矮壮素等化控药物来防止旺长。在番茄坐果期可采用2,4-滴、氯吡脲等生长调节剂来提高坐果率。

五、其他配套措施

8—9月定植的茄果类蔬菜，在开花前进行地膜覆盖，切勿覆盖过早致使地温过高。1—2月定植的番茄应定植后尽快覆膜以提高地温。近年来，番茄病毒病频发，在环境温度超过32℃时，应及时通风降温，可通过高压喷雾的方式增加温室内湿度、降低温度，减少病毒病的发生。

设施番茄点花操作　　　　　　　　　　高压雾喷增湿降温

六、应用案例

该案例为一年两茬番茄，应用滴灌施肥，采用电动注肥泵的方式进行加肥，滴灌管流量2升/时，间距20厘米，采用起垄栽培，一垄双行、单行单管的模式。滴灌水肥一体化模式节水27%、省肥40%。冬春季和秋冬季番茄产量分别为106 ～ 127吨/公顷和71 ～ 96吨/公顷。相较于漫灌模式，滴灌水肥一体化模式冬春季和秋冬季番茄平均增产11%和22%。与漫灌相比，滴灌水肥一体化模式下两季番茄氮吸收量显著增加30.5千克/公顷和69.7千克/公顷、增幅分别为12%和34%。滴灌水肥一体化模式可显著提高氮肥利用率，冬春季和秋冬季分别增加10个百分点和14个百分点。

（青岛农业大学梁斌、吕昊峰，山东省莱阳市谭格庄镇农业综合服务中心张艳，山东省齐河县仁里集镇乡村振兴服务中心张秀峰）

西北部分

西北绿洲灌区玉米滴灌水肥一体化技术模式

一、技术概述

西北绿洲灌区属大陆性干燥气候，降水少，光照充足，昼夜温差大，农业生产依靠灌溉维系。充分利用西北地区丰富的光温资源，通过选用耐密高产品种、适度增密、精量播种、化控防倒、滴灌水肥一体化及病虫害绿色防控等关键技术提高玉米产量和种植效益。

该技术模式适用于≥10℃活动积温2 800 ～ 3 000℃或更高区域，要求具备加压滴灌设施和良好的土壤肥力条件。通过合理密植和精准调控，单产目标为1 200 ～ 1 300千克/亩，增产幅度20%以上，提升了经济效益和水资源利用率。

二、整地播种与管道铺设

（一）精细整地

秋季前茬收获后及早灭茬整地，要求翻垡均匀、不拉沟、不漏犁，翻耕深度不低于28厘米。春季于3月下旬至4月上旬适墒耙耱整地。整地前喷洒除草剂，采用联合整地机/驱动耙＋平土框整地，确保整地后平整度高、紧实度一致。整地质量除达到"平、松、碎、净、齐、直"六字标准外，还需突出"实"字，达到上虚下实、干土不流的效果，虚土层3 ～ 5厘米。

精细整地

（二）适期导航播种

地表5厘米地温稳定在10～12℃时即可播种，西北春玉米区适宜播期一般为4月5—30日。在适宜播期内适时早播。采用宽窄行种植模式，一般窄行35～40厘米、宽行65～70厘米，采用"一管二"的铺设方式，即在窄行的中间部位铺设毛管。利用带导航的拖拉机和玉米精播机将铺滴灌带、施种肥和播种等作业环节一次性完成。采用导航机械精量点播方式播种，一穴一粒，空穴率控制在2%以下。要求播行端直、下籽均匀、接行准确、播深一致、播后压实、到头到边。

导航播种

（三）管道铺设

1. 滴灌管（带）的选择及铺设

滴灌管（带）的选择应根据地形、土壤质地和种植密度等因素进行合理调整。选择单翼迷宫式或贴片式滴灌带，一般滴头间距20～30厘米，滴头滴量2.0～3.0升/时，滴灌带末端承受压力>0.18兆帕。可根据不同的土壤质地，选择滴头间距、滴头滴量。如沙壤土选择滴头间距20厘米、滴头滴量2.8～3.0升/时；壤土选择滴头间距25厘米、滴头滴量2.6～2.8升/时；黏土选择滴头间距30厘米、滴头滴量2.0～2.6升/时。滴灌管（带）的铺设长度与水压成正比，滴灌管（带）的铺设长度应控制在60～70米。

2. 玉米膜下滴灌管（带）铺设

使用覆膜播种一体机来完成播种、施肥、滴灌管（带）铺设及覆膜等一体化作业。玉米种植作业前，先对机具进行调试，确保滴灌管（带）和地膜正

膜下滴灌管（带）

确安装。作业开始时，先将滴灌管（带）的一端从卷筒上拉出，并固定在地头垄的正中间；随后，拉出地膜端头，并将其固定在地头两侧，用土将两侧封好，以防止风吹起地膜。在作业过程中，每隔3～4米需要压一条土带，以确保地膜稳固。

作业结束时，将滴灌管（带）截断并扎紧，确保与地膜一起被土壤压实固定，完成滴灌管（带）的铺设和膜下作业。

3.玉米浅埋滴灌铺设滴灌管（带）

浅埋滴灌技术在不覆地膜的前提下，采用宽窄行种植模式，利用浅埋滴灌专用播种机播种，滴灌管（带）埋深因土质而异，沙土宜深，黏土宜浅，埋深一般3～5厘米，实现播种、施肥、铺带、覆土一次完成。

浅埋滴灌铺设滴灌管（带）

4.科学增密

播种量可根据种植密度、种子籽粒大小、发芽率等因素确定，膜下滴灌玉米栽培密度为7 500～8 000株/亩，浅埋滴灌玉米栽培密度为7 500～9 000株/亩，收获穗数保证每亩7 000穗以上。种植密度视品种耐密性确定，一般精量点播用种量为每亩2.0～2.5千克，密植玉米为3.0～3.5千克。

三、水肥管理

干播湿出，确保出苗率和幼苗整齐度。根据天气情况尽早滴出苗水，一般要求播种后48小时内滴水。滴水时间确定的原则是在天气过程的"冷

科学增密

尾、暖头"，使发芽出苗躲过终霜期；滴水量根据土壤水分状况确定，以25～30米^3/亩为宜，确保出苗率在95%以上。

按目标产量1 200～1 300千克/亩设计，投入N 24～26千克/亩、P_2O_5 10～12千克/亩、K_2O 13～15千克/亩。

玉米生长季追肥通过施肥装置随水滴施滴灌专用肥或其他速效肥。头水后，玉米迅速生长，抗旱能力下降，应及时灌第二水，以后每次灌水时间和间隔应根据天气情况、植株形态和土壤含水量确定，间隔时间为8～12天。其中，膜下滴灌玉米拔节期和大喇叭口期滴水施肥2～3次，抽雄至灌浆成熟期滴水施肥7～9次。在此基础上，浅埋滴灌玉米应根据苗情适量补水1～2次（3～5叶期）。推荐水、肥施用时间及用量见下表。

膜下滴灌/浅埋滴灌玉米水肥决策

灌溉施肥次序	时期	灌水量（米^3/亩）	氮（N）（千克/亩）	磷（P_2O_5）（千克/亩）	钾（K_2O）（千克/亩）
1	出苗水/种肥	25～30	4	4	2
浅埋滴灌补水1～2次	3～5叶展开期	第一次：30～40 第二次：30～40			
2	7～8叶展开期	30～35	2.5～3	1.5	1.5
3	11～12叶展开期	35～40	3.5～4	2	2.5
4	18～19叶展开期（吐丝前5天）	35～40	3～3.5	1.5	2
5	吐丝后5天	35～40	2～2.5	1	1.5
6	吐丝后15天	35～40	2.5～3	1	1.5
7	吐丝后25天	30～35	2	1	1.5
8	吐丝后35天	30～35	2	0	1
9	吐丝后45天	30～35	1	0	0.5
10	吐丝后55天	25～30	1	0	0
11	吐丝后65天	15～20	0	0	0
	总量	360～380（膜下滴灌）380～450（浅埋滴灌）	23.5～26	12	14.0

玉米长势

四、化学调控

化学调控的原则是通过控制玉米基部节间长度降低穗位高度和重心，提高下部茎秆的机械强度，从而增强抗倒伏能力。化学调控应在玉米拔节期（6～8展叶期）进行，避免过早或过晚用药降低对群体冠层的调控效果。推荐使用30%胺鲜·乙烯利（乙烯利27%，胺鲜酯3%），亩用量为25～30毫升，或8%胺鲜酯水剂10毫升＋40%乙烯利水剂20毫升。施药时需科学掌握浓度，均匀喷洒在上部叶片，避免重喷或漏喷；如喷药后6小时内遇雨，应在雨后适量减量补喷一次，以确保调控效果。

五、其他配套措施

（一）病虫草害防治

病虫害防治采取"预防为主、综合防治"的方针，做到绿色防控和统防统治相结合。小喇叭口期—大喇叭口期，主要预防玉米螟、双斑萤叶甲以及各种叶斑病的发生；开花吐丝期后10～15天，主要预防蚜虫、双斑萤叶甲、茎腐病、穗腐病以及各种叶斑病的发生。杀菌剂主要选择苯醚甲环唑、吡唑醚菌酯等内吸传导型杀菌剂；杀虫剂主要选择甲维盐、氯虫苯甲酰胺等。

（二）机械收获

苞叶发黄、籽粒变硬、籽粒基部出现黑层时并呈现品种固有的颜色和光泽时为生理成熟。玉米收获期应在生理成熟后进行，西北春播区一般在9月底至10月上旬收获。生理成熟后可进行机械穗收或机械粒收。籽粒机械直接收获应在籽粒水分含量降至25%以下时进行，收获质量达到以下标准：籽粒破碎率≤5%、产量损失率≤5%、杂质率≤3%。

示范田玉米

玉米机械收获

六、应用案例

2024年，新疆生产建设兵团农业技术推广总站、新疆农垦科学院和奇台农场联合创建的高产示范田，选用华农159、迪卡R1831、登海550等7个耐密高产玉米品种，采取40厘米＋70厘米宽窄行配置，60亩地采用12穴穴盘，理论保苗株数9 697株/亩，其余110亩玉米示范田全部采用11穴穴盘，理论保苗株数9 253株/亩，奇台农场大田采用8～10穴穴盘，理论保苗株数7 000～8 000株/亩。新疆生产建设兵团农业农村局组织行业专家进行实收测产，20亩示范田平均亩产1 512.6千克，百亩示范田平均亩产1 448.17千克，千亩方平均亩产1 362.12千克，万亩示范片平均亩产1 234.69千克。

[新疆生产建设兵团农业技术推广总站毕显杰、宋敏、张万旭，新疆生产建设兵团第六师农业科学研究所陈江鲁，石河子大学杨云山，沃稞生物科技（大连）有限公司李秀芬、戴子叁]

南疆地区麦后复播玉米滴灌水肥一体化技术模式

一、技术概述

南疆地区热量资源丰富，≥10℃活动积温为4 000～4 500℃，无霜期在200～240天。开春早，气温上升快而稳，小麦收割后，尚有≥10℃活动积温1 800～2 400℃，即有100～120天的无霜期可以利用。采用滴灌水肥一体化技术模式，增密种植，玉米目标亩产800千克以上，产量提高15%，该技术模式适用于南疆地区的干旱、半干旱地区。

二、播种与管道铺设

（一）适期导航播种

适期早播：适宜播期为6月20日至7月1日，最迟不晚于7月1日，成熟期不超过10月25日。每亩播种量3.0～3.5千克。播种深度为4～5厘米。

采用无膜浅旋浅埋滴灌管（带）方式播种，即采用麦后复播玉米专用播种机，一次完成播种行旋耕、穴播器播种、覆土轮覆土、滴灌带铺设等作业。

无膜浅旋浅埋滴灌管（带）方式

（二）管道铺设

滴灌管（带）的选择应根据地形、土壤质地和种植密度等因素进行合理调整。选择单翼迷宫式或贴片式滴灌带，滴头间距20～30厘米，滴头滴量2.0～3.0升/时，滴灌带末端承受压力＞0.18兆帕。须根据不同的土壤质地选择合适的滴头间距、滴头滴量。沙壤土选择滴头间距20厘米、滴头滴量2.8～3.0升/时；壤土选择滴头间距25厘米、滴头滴量2.6～2.8升/时；黏土选择滴头间距30厘米、滴头滴量2.0～2.6升/时。滴灌管（带）的铺设长度与水压成正比，铺设长度应控制在60～70米。

（三）科学增密

采用宽窄行模式播种，一般窄行35～40厘米、宽行65～70厘米，地膜一膜一管两行模式。每亩理论播种8 000～9 000株，保苗收获株数7 500株/亩以上。

三、水肥管理

施肥量、施肥方法等要综合考虑产量指标、土壤肥力基础、肥料种类、种植方式、种植品种和密度、需肥规律等。干播湿出，确保出苗率和幼苗整齐度。要求滴匀、滴足。根据土质情况，出苗水40～45米^3/亩，随水滴施微量元素肥料1千克/亩（含

宽窄行播种

有锌、硼等微量元素），有盐碱的地块，随出苗水滴入黄腐酸2千克/亩，保证滴灌管（带）两侧半径10～15厘米土壤润湿，以保证出苗及苗期生长需要。

生育期内随水追施尿素42.6～44.9千克/亩、磷酸一铵16.2～17.0千克/亩、硫酸钾18.7～20千克/亩。

玉米全生育期灌水次数10～11次，灌水周期6～8天，全生育期灌水总量400～450米^3/亩。叶龄指数达45%（7月中旬）时灌第一水，头水应灌匀、灌足，随水滴施微量元素肥料2千克/亩（含有锌、硼等微量元素）。

复播玉米水肥运筹方案

日期	灌溉次序	灌水时间（苗后天数，天）	灌水量（米³／亩）	滴水周期（天）	尿素（千克／亩）	磷酸一铵（千克／亩）	硫酸钾（千克／亩）
7月17日	1	25	45～50	8～10	5.1	2.0	2.6
7月25日	2	33	40～42		5.1	2.0	2.6
8月2日	3	41	40～42		5.1	2.0	2.6
7月8日	4	16	40～42		4.7	2.0	2.6
8月14日	5	53	40～42	6～8	4.7	1.8	2.2
8月20日	6	59	40～42		4.7	1.8	2.2
8月28日	7	67	40～42		4.4	1.8	1.8
9月6日	8	76	30～35		4.4	1.8	1.8
9月14日	9	84	30～35		3.7	1.5	1.5
9月20日	10	90	30～35	8～10	2.9	0.0	0.0
9月30日	11	100	30～35		0.0	0.0	0.0
	合计		405～442		44.8	16.7	19.9

四、化学调控

化学调控应在玉米拔节期（6～8叶展开期）进行，避免过早或过晚用药，以免降低对群体冠层的调控效果。推荐使用30%胺鲜·乙烯利（乙烯利27%，胺鲜酯3%），亩用量为25～30毫升，或8%胺鲜酯水剂10毫升＋40%乙烯利水剂20毫升。施药时需科学掌握浓度，均匀喷洒在上部叶片，避免重喷或漏喷；如喷药后6小时内遇雨，应在雨后适量减量补喷一次，以确保调控效果。

玉米长势

五、其他配套措施

（一）病虫草害防治

在玉米3～5叶期、杂草2～4片叶时喷洒苗后除草剂。可烟嘧磺隆、砜嘧磺隆等磺酰脲类除草剂和莠去津、硝磺草酮等药剂混合用药，同时防除禾本科杂草和阔叶杂草；在玉米5～7叶期可选用"硝磺草酮＋烟嘧磺隆＋莠去津""硝磺草酮＋莠去津"、硝磺草酮、苯唑草酮等喷雾。

病虫草害防治

选用抗玉米丝黑穗病、瘤黑粉病、茎腐病等的品种，使用腐熟农家肥及含戊唑醇成分的种衣剂包衣。上年发病较重的田块，在玉米出苗后和拔节期各用药一次。可用40%苯醚甲环唑悬浮剂2 000～3 000倍液或43%戊唑醇悬浮剂3 000～4 000倍液喷雾防治，间隔7～10天喷施第二遍，预防效果好。还应加强蚜虫、红蜘蛛、叶蝉和果穗害虫的防治，降低产量损失。

（二）机械收获

当玉米穗上苞叶干枯松散，籽粒变硬发亮，呈现本品种固有的色泽、粒型等特征，籽粒种胚背面基部出现黑层时为成熟，可开始收获。应适当晚收，一般在10月25—30日收获，可提高千粒重及玉米品质。

六、应用案例

2023年新疆生产建设兵团第三师四十二团四连通过将玉米种植密度从每亩5 500株左右提高至6 667株左右，集成优良品种、密植、滴水出苗、促早栽培、滴灌水肥一体化、无人机喷施药肥、"一喷多促"和病虫害绿色防控等多项技术，全程机械化，示范地面积222亩，示范品种为先玉335。专家组对该连复播玉米示范田进行实收测产，单产达到1 076.9千克/亩。

2024年新疆生产建设兵团第一师阿拉尔市与新疆农垦科学院联合建立了冬小麦"矮密早"＋复播作物高产示范基地，集成优选品种、北斗导航、矮化密植、精准化控、麦后免耕、农机农艺配套、干播湿出、滴灌水肥一体化等农业技术，破解了麦后复播作物积温有限、免耕机械不配套、低损收获机械缺乏等多个农业技术难题。专家组进行实收测产，复播玉米平均亩产达到1 027.58千克，算上第一茬冬小麦821千克，周年亩产达1 848.58千克，实现新突破。

麦后复播玉米高产示范

（新疆生产建设兵团农业技术推广总站毕显杰、宋敏、张万旭，新疆农垦科学院桑志勤，新疆生产建设兵团第三师农业科学研究所郝全有，帝益生态肥业股份公司刘新领、张艳民）

引黄灌区春玉米滴灌
水肥一体化技术模式

一、技术概述

　　滴灌水肥一体化技术是引黄灌区玉米节水抗旱高产高效生产的关键技术。目前，引黄灌区滴灌水肥一体化主要有机井＋管道输水＋滴灌、黄河水（自流灌溉）＋沉沙池＋滴灌、黄河水（扬水）＋调蓄水池＋滴灌、水库（塘坝）＋高位蓄水池＋滴灌、黄河水（灌溉渠系）＋前端直滤过滤器＋滴灌等5种引水灌溉方式。

　　该技术模式适用于宁夏中北部、内蒙古中西部地区等黄河自流灌溉区和扬黄扩灌区。滴灌水肥一体化技术增产效果显著，籽粒玉米目标产量为1 000～1 200千克/亩，青贮玉米目标产量为4～5吨/亩。地力中上等的田块一般较常规大水漫灌（沟灌）种植增产10%以上，地力水平一般或较差的田块普遍增产15%～25%，最高可达40%。同时，还能实现节水50%左右，节肥（实物量）20%～30%，省工50%以上。

二、整地播种与管道铺设

（一）精细整地

1.选地

　　选择集中连片、田面平坦、地力均衡、基础肥力条件好、灌溉系统配套、盐碱程度较轻的地块。

2.秋季深翻灭茬

　　前茬收获后，适时进行深翻灭茬，耕深为25～30厘米，耕深一致，误差为±1.5厘米，立垡与回垡率＜5%，残株杂草覆盖率＞90%，达到"深、平、碎、直、齐、严"标准。

深翻灭茬作业

3.深松

对于土壤较为黏重紧实的地块，每隔2～3年，在秋季深翻后对地块进行一次机械深松，深度30～40厘米，铲间距不大于深松深度的两倍，深松深度一致，深松深度稳定性变异系数≤10%，深松行距应基本一致，对接行之间行距变异系数≤10%。

机械深松整地

4.平田

秋季深翻深松后，土壤处于疏松半湿润状态时及时采用重耙、耱耢结合的方式进行秋季整地。可选用41片、56片圆盘耙或24片、36片重型缺口耙切碎深翻犁地形成的耕垡和大土块，耙深为14～16厘米，耙深误差为±1厘米；再用耱地机具进行耱地，耱平犁沟，使土壤细碎平整。

耙耱整地作业

5.冬灌

土壤较为黏重、整地后土块较大且难以切碎、有次生盐渍化危害的地块，入冬前平整后进行冬灌，要灌足、灌透。

冬灌

6.播前整地

春季土壤解冻达到耙深和水分适宜的情况下进行整地作业，应用轻耙顺耥2遍，耙后用大方耥对角耥地，边圈顺耥，使田面平整、土块细碎、上虚下实，耙深一般为8～10厘米，耙深误差为±1厘米，达到"齐、平、松、碎、净、墒"标准的待播状态。

播前耙耥镇压平田整地

激光平地作业

机械糖地平田作业

（二）适期播种

1.品种选择

籽粒玉米选择中晚熟、耐密植、籽粒脱水快、抗倒（折）性强、适宜机械化生产的品种；青贮玉米选择中高秆、穗大粒多、抗倒（折）性强、保绿性好的品种。

2.种子处理

选购种子必须为当年新种，并经过精选分级，精选后种子要求纯度≥99%、净度≥98%、发芽率≥95%、含水量≤13%。建议播种前对种子进行二次包衣处理，种子包衣成分应含有相应的杀虫剂、杀菌剂、微肥成分，达到防治病虫害、促进生长的目的。

玉米种子二次包衣

3.播种

5厘米土壤温度稳定在10～12℃时，墒情较好即可播种，一般在4月上中旬。根据种子质量、发芽率、品种特性等确定播种量，推荐单粒点播，一般每亩种子用量在2～3千克。根据土质、土壤墒情和种子大小确定适宜的播种深度，一般以3～5厘米为宜。土壤质地黏重、保水性好的可适当浅播，土壤质地疏松、保水性差的可适当深播。

选用北斗导航仿地形气吸式精量单粒播种机进行播种，实现播种、施肥、铺管、覆土一次性完成，播种机械行走速度为3～6千米/时或按照播种机技术要求确定。播种前应根据品种特点调整好播量、行距、播深等。播种时应做

<table>
<tr><td>北斗导航无人驾驶播种</td><td>播种施肥铺管复合作业</td></tr>
</table>

到播行顺直，行距一致，播量准确、落粒均匀、不漏播、不重播，深浅一致，覆土良好、播后镇压，一播全苗。

（三）管道铺设

1.毛管铺设

播种时同步完成毛管铺设作业，严禁先播种后铺管，铺设深度一般控制在地表下3厘米左右。毛管铺设时滴头朝上，管道保持自然松弛，避免紧拉，防止遇低温收缩造成安装困难。

引黄灌区春玉米滴灌水肥一体化毛管铺设

作物	滴灌器（滴头）		毛管铺设模式	铺设位置
玉米	≤100米或地形平坦 非压力补偿式	>100米或地形复杂 压力补偿式	一带两行平行铺设	毛管置于两行作物（窄行）中间

田间毛管铺设

2.支管安装

毛管铺设后当天即可铺设支管，支管连接到分干管上，与垄向垂直，配备单独的开关水阀。

田间支管安装

3.毛管安装及试水

铺设完成后及时将毛管一端连接到支管上，接头处应连接牢固，必要时使用工具紧固锁母。铺设安装完毕后及时试水冲洗，让水通过滴灌管末端，然后再安装毛管堵头，并测量滴灌管首端和末端压力值。

（四）科学增密

种植密度应根据品种特征特性、地力水平和区域气候等条件而定，一般为 5 500 ～ 6 700 株/亩，光热资源丰富、灌水有保障、土壤肥力好的地块可适当增加密度，水指标紧张、土壤瘠薄的地块可适当减少密度。种植模式一般采用单种宽窄行种植，宽行70 ～ 80厘米，窄行30 ～ 40厘米，株距18 ～ 22厘米。

田间毛管安装

合理增加种植密度

三、水肥管理

（一）滴水出苗

未冬灌或土壤墒情较差的地块采取"干播湿出"促全苗的种植方式，滴水量根据土壤水分状况确定，以10 ～ 15米³/亩为宜。

播后滴水出苗

（二）水肥精准调控

按照目标产量需求，全生育期亩施氮肥（N）21.5 ～ 24.5千克、磷肥（P_2O_5）12 ～ 14千克、钾肥（K_2O）6 ～ 8.5千克。15％ ～ 20％的氮肥、30％ ～ 50％的磷钾肥作种肥一次性机械侧深施入，建议基肥施用腐熟优质

有机肥2 ～ 3吨/亩，或商品有机肥200 ～ 300千克/亩，其他肥料分次随滴灌追施。每次施肥应在1/4灌水时开始，3/4灌水时停止，肥料稀释350 ～ 500倍，保证施肥的均匀性。全生育期滴灌水10 ～ 11次，灌溉定额270 ～ 325米³/亩，单次灌水量10 ～ 35米³/亩，灌水周期8 ～ 12天，具体根据田间墒情和降雨调整。

撒施优质腐熟农家肥

拔节前滴水灌溉

简易滴灌施肥装置

轮灌区固体肥料统一施肥

轮灌区液体肥料统一施肥

引黄灌区春玉米滴灌水肥一体化高产田水肥决策建议表

灌溉施肥次序	时期	灌水量 （米³／亩）	氮肥（N） （千克／亩）	磷肥（P₂O₅） （千克／亩）	钾肥（K₂O） （千克／亩）
1	基肥		5	6	3
2	滴水齐苗	10～15	0	0	0
3	7～8叶展开期	30～35	3	1	1
4	11～12叶展开期	30～35	3	1.5	1
5	18～19叶展开期	30～35	2	1.5	1
6	吐丝后5天	30～35	2	1	1
7	吐丝后15天	30～35	2	1	1
8	吐丝后25天	25～30	2	0	0
9	吐丝后35天	25～30	2	0	0
10	吐丝后45天	25～30	1.5	0	0
11	吐丝后55天	20～25	1.5	0	0
12	吐丝后65天	15～20	0	0	0
总量		270～325	24	12	8

四、化学调控

选用玉米健壮素、羟基乙烯利、吨田宝等生长调节剂，在玉米6～8叶展开期喷施可有效控制基部节间的伸长，降低株高、穗位高和重心高度，提高茎秆机械强度，增强玉米抗倒伏能力。过早或过晚用药都会降低对群体冠层的调控效果，具体用药量依据产品说明书，试剂配置浓度过小效果不明显，浓度过大会产生药害，药液要随用随配，一般不能与其他农药和化肥混用。喷药力求均匀，不重不漏，6小时内如遇雨淋，可在雨后酌情减量增喷一次。

化学降高控旺防倒伏

化控后玉米基部节间情况

五、其他配套措施

（一）病虫草害绿色防控

突出病虫害全程绿色防控，加强病虫草害监测预警，努力做到早预测、早防治。积极实施种子包衣处理、生物防治等病虫害防治技术。播前封闭除草，封闭不好的田块，玉米苗3～5叶时进行苗后除草；出苗后至拔节前田间发现地老虎危害，于早晨或傍晚在玉米基茎部喷雾防治；中后期注意预防红蜘蛛。

播后化学除草作业

无人机植保作业

田间虫害性诱监测

（二）适时机械收获

籽粒玉米适时晚收，应在果穗苞叶枯黄、籽粒变硬、乳线消失、黑色层形成时收获，一般在10月中下旬或11月上旬。提倡采取机械直收籽粒，可以在籽粒含水量降至20%以下时进行，并及时烘干，提高玉米产量和籽粒商品品质。青贮玉米一般最适收获期为乳熟末期至蜡熟初期，干物质含量≥30%，淀粉含量≥30%。如以籽粒乳线位置作为判别标准，则乳线处于1/2～3/4时收割，茎基部留茬25厘米左右；当玉米籽粒乳线在1/2时干物质含量达不到30%，需推迟收割。

滴灌玉米后期长势

籽粒玉米机械收获

玉米籽粒直接收获

田间测产

青贮玉米机械收获

（三）管材回收

收获前后清洗过滤网、干管、分干管和支管，回收田间的支管和毛管。

田间支管回收

滴灌毛管回收

（四）地力培肥与补偿

机械收获玉米籽粒时，秸秆直接粉碎还田；青贮玉米收获后，增施有机肥。结合深翻耕整地开展秋施肥，耕深≥30厘米，亩施磷肥（P_2O_5）5千克、尿素5千克。

六、应用案例

2024年在宁夏中卫市沙坡头区永康镇永丰村，中卫市百农盛种植专业合作社的周杰种植玉米1 500亩，品种主要有先玉1483、先玉1611、大丰899和宁单40，在农业农村部节水增粮推进县项目带动下，示范区平均亩产达1 228.07千克，较沙坡头区大田玉米平均亩增产514.51千克，增幅72.10%，其中的260亩高产攻关田平均亩产达1 382.35千克，创造了宁夏玉米高产新纪录。按目前玉米籽粒市场价格2元/千克测算，示范区玉米平均亩产值2 456.14元，亩投入2 072元，亩纯效益384.14元。

（宁夏回族自治区农业技术推广总站王明国、张战胜、崔勇、耿荣，农垦事业管理局农林牧技术推广服务中心马文礼、陈永伟、徐灿，沙坡头区农业技术推广服务中心贾文、李金吉，同心县农业技术推广服务中心金龙、周洋、马军，内蒙古自治区农牧业技术推广中心部翻身、白云龙、闫东）

关中灌区夏玉米微灌水肥一体化技术模式

一、技术概述

该模式采用滴水齐苗技术解决关中地区夏玉米硬茬播种出苗不齐问题，做到一播全苗。同时，破解大喇叭口期"卡脖旱"，利用以水带肥，在玉米需肥关键期精准施肥，从而有效提高夏玉米产量。采用该技术可亩收获穗数5 200 ～ 6 200穗，穗粒数450 ～ 470粒，千粒重330 ～ 350克，单穗粒重160 ～ 170克，亩产850 ～ 950千克，增产100 ～ 150千克。该技术模式适用于关中灌区小麦玉米一年两熟夏玉米播种区。

二、整地播种与管道铺设

（一）精细整地

选择有井、电配套的地块，提前安排管道、滴灌首部等配套设施。小麦秸秆量大的田块，播种前要求灭茬。有条件的地方可以结合生物有机肥和重茬剂、液体剂使用。

（二）适期导航播种

选择适合关中灌区种植的优质高产、抗逆性好、耐密宜机收、适合单粒点播的精品种子，种子纯度不低于98.0%，净度不低于98.0%，发芽率不低于95%，水分含量不高于13.0%。使用精准包衣的种子。

选用高质量的玉米精量播种机。优先选用指夹式气吸式玉米精量播种机，配套北斗导航系统。

应在小麦收获后及早播种，抢墒早播，确保苗齐苗壮。采取单粒精量播种，一次性完成施肥播种、铺设管带、覆土镇压等作业，做到播行笔直、下籽均匀、接行准确、播深适宜、镇压紧实、到头到边。精量播种机作业速度不超过8千米/时。播种机应加装滴灌带铺设装置，具有滴灌带浅埋功能，播种、

无人导航播种机

气吸式播种机

施种肥和铺设滴灌带一次作业全部完成。滴灌带浅埋深度不应超过5厘米，但也不应少于3厘米。

（三）管道铺设

采用浅埋滴灌方式种植，宽窄行配置，行距选用80厘米＋40厘米或70厘米＋40厘米或80厘米＋30厘米，滴灌带铺设在窄行中。

水肥一体化首部

管道铺设

（四）科学增密

要求亩播种密度5 500 ～ 6 500株。

三、水肥管理

（一）滴水齐苗

播种前测试并保证滴灌管网正常，及时安装灌水设备，坚持做到边播种边装管、播完一块、安装一块、滴水一块。采用干播湿出技术，确保灌溉均匀一致，保证出苗的均匀一致性，每亩滴水 10 ～ 30 米^3（根据天气、土壤墒情适当调整），确保出苗率达到 95% 以上，播种后 48 小时出齐苗。

滴水出苗

微喷出苗

（二）肥水指标

全生育期每亩施用 N 14 ～ 17 千克、P_2O_5 7 ～ 9 千克、K_2O 10 ～ 12 千克，包括尿素、硫酸铵、磷酸二铵及硫酸钾或氯化钾、硫酸锌等肥料。全生育期灌水 5 ～ 6 次，亩灌溉量 100 ～ 200 米^3，砂姜黑土地块相对灌溉量适当降低，潮土地块适当增加，具体灌溉量应结合降雨灵活调整。

滴灌密植高产玉米水肥决策表

灌溉次序	灌溉时期	氮肥 (N) （千克／亩）	磷肥 (P_2O_5) （千克／亩）	钾肥 (K_2O) （千克／亩）
1	播种后 48 小时	0	0	0
2	7 ～ 8 叶展开期（播种后 20 ～ 21 天）	3	2.5	4
3	11 ～ 12 叶展开期（播种后 35 ～ 40 天）	5	2	2
4	吐丝后 5 ～ 10 天	4	0	1
5	吐丝后 25 ～ 35 天	3	0	0
合计		15	4.5	7

（三）种肥投入

播种时每亩地施用 N 3 千克、P_2O_5 4.5 千克、K_2O 4 千克，采用种肥异位同播技术，根据玉米产量目标和地力水平进行测土配方施肥，肥料施在距种子侧下方 5 ~ 6 厘米处，覆盖严密。

四、化学调控

6 ~ 8 叶展开期，每亩叶面均匀喷施羟烯·乙烯利、玉黄金或吨田宝等玉米专用生长调节剂，具体用量参照使用说明。要求在无风无雨的上午 10 时前或下午 4 时后喷施，力求喷施均匀，不要重复喷施，也不要漏喷。

五、其他配套措施

（一）蹲苗

出苗后至拔节期不进行滴灌冲肥，控制幼苗生长，促进根系下扎。第一次水肥施用应在拔节期喷施化控剂 5 ~ 7 天后进行。

（二）防控病虫害

地老虎、金针虫严重发生的地块，用 90% 的晶体敌百虫 0.5 千克加水喷在 50 千克左右炒香的麦麸或油渣等饵料中，傍晚撒施在玉米幼苗旁边，亩用量 3 ~ 4 千克。

1. 防治玉米螟

在大喇叭口期（12 叶展开期），亩用 20% 氯虫苯甲酰胺悬浮剂（康宽）10 毫升，兑水 30 ~ 40 千克喷雾；或在机械可以进地的情况下，应及早进行机械防治；生物杀虫剂如苏云金杆菌（Bt）和白僵菌等，对玉米螟和黏虫等害虫也有很好的防治效果。在大喇叭口期至抽雄前，用 5% 菌毒清水剂 600 倍液和 75% 百菌清可湿性粉剂 800 倍液喷雾预防茎腐病和穗腐病。

2. 防治草地贪夜蛾、黏虫

在抽穗吐丝期用甲维盐 15 毫升兑水 30 千克喷施青苞顶端附近。

3. 防治大、小叶斑病

可在抽雄前施药保护，常用药剂代森锰锌或百菌清可湿性粉剂 500 倍液，在发病初期施药防治，每隔 7 ~ 10 天喷一次。

（三）适期晚收

当苞叶发黄，籽粒变硬，籽粒基部出现黑层，并呈现出品种固有的颜色和光泽时玉米成熟，当籽粒含水量降到25%以下时可进行机械粒收。

（四）滴灌带回收和秸秆还田

最后一次滴灌完成后，可以根据情况在收获前或收获后回收滴灌带。犁耕翻埋还田时，耕深不小于20厘米；旋耕翻埋还田时，耕深不小于15厘米。耕后耙透、镇实、整平，消除因秸秆造成的土壤架空，为播种和作物生长创造条件。秸秆还田的地块可按还田干秸秆量的0.5%～1%增施氮肥，调节碳氮比。

六、应用案例

陕西西安市阎良区小麦—玉米两料"吨半田"示范点，建设500亩。2024年10月9日，现场实收测产，玉米平均亩产达到905.7千克，实现关中地区夏玉米亩产突破900千克。结合6月6日该地块实收测产小麦亩产761.97千克，两季亩产达到了1 667.67千克，创造了全省500亩以上大面积连片小麦—玉米"吨半田"的新纪录，且在同一块地连续三年实现"吨半田"。

（陕西省农业技术推广总站刘英、李晓荣）

北方农牧交错区春玉米滴灌
水肥一体化技术模式

一、技术概述

该技术模式以水肥一体化为核心，配套合理密植等技术，旨在解决北方农牧交错区土壤保水保肥能力差的问题，促进该地区高效利用光温资源，进一步提高春玉米单位面积产量。春玉米滴灌水肥一体化技术可实现亩收获穗数5 500 ～ 6 000穗，穗粒数600 ～ 700粒，千粒重330 ～ 350克，单穗粒重170 ～ 200克，亩产1 000 ～ 1 200千克，亩产提高100 ～ 150千克。该技术模式适用于北方农牧交错区。

二、整地播种与管道铺设

（一）精细整地

未翻耕的田块，秸秆全部翻入土壤，翻耕深度大于30厘米；翻垡均匀、不拉沟、不漏犁，翻耕后不露根茬和秸秆。对于翻耕后残膜较多地块或杂草、秸秆、根茬较多地块，需进行清田作业。整地应达到"齐、平、松、碎、净"的质量标准。整地到头到边，做到边成线、角成方；耙地后地面平整，无小坑洼、沟槽；土壤疏松不板结，整地深度5 ～ 6厘米，上虚下实；土块直径<2厘米，无大土块；达到清田标准，田间干净整洁。通过上述作业使播前土壤达到如下要求：1米^{2}内直径大于2厘米残膜不能超过3块，5厘米长的秸秆不能超过3根，大于5厘米的土坷垃不超过3块。

（二）适期导航播种

选择国家或所在省区审定的且经过当地耐密抗倒筛选的高产宜机收品种的适合单粒点播的精品种子，种子纯度不低于98.0%，净度不低于98.0%，发芽率不低于95%，水分含量不高于13.0%。需使用精准包衣的种子，如果种衣剂缺乏有效成分导致包衣效果不好，选用针对当地目标病虫害的种衣剂采取二次包衣。二次包衣时，应在播前7～10天包衣晾干、装袋，防治地下害虫、土传病害和苗期病虫害，提高种子的发芽率，确保苗齐、苗壮。

选用高质量的玉米精量播种机。优先选用指夹式、气吸式玉米精量播种机，要求配套北斗导航系统。当5厘米土壤温度稳定在10～12℃即可播种，适时早播能延长营养生长期，增加干物质积累，有利于穗大籽饱，提早成熟。播种量和播深：精量点播每亩2～3千克（或5 500～6 000粒），种子播深一般田块3～4厘米，沙土地5～6厘米，镇压紧实。

（三）管道铺设

采用膜下滴灌或浅埋滴灌方式灌溉，滴灌带铺设在窄行中，浅埋覆土2～4厘米。

播种铺管一体机　　　　　　　　　　膜下滴灌

（四）科学增密

行距选用35厘米＋75厘米宽窄行配置，亩种植密度5 500～6 000株。

三、水肥管理

（一）种肥投入

播种时每亩地施入氮肥总量的10%～12%、磷肥总量的40%～50%、钾肥总量的15%～18%作为种肥，需深施在种子侧下方5～6厘米，覆盖严密。具体用量建议15千克磷酸二铵、5千克硫酸钾，将磷酸二铵和硫酸钾混合均匀后，用作种肥伴随播种施入。

（二）滴水出苗

播种前测试并保证滴灌管网正常，及时安装节水灌溉设备，坚持做到边播种边装管，播完一块、安装一块、滴水一块。采用滴水齐苗技术，检查滴管并确定其正常运行，使灌溉均匀一致，保证出苗的均匀一致性。干燥地块25 ~ 30米^3/亩，湿润地块10 ~ 15米^3/亩，滴灌带两侧15 ~ 20厘米湿润即可（根据天气、土壤墒情适当调整），确保出苗率达到95%以上。如播种后遇极端低温天气，应延迟滴水，避免低温滴水造成粉种。滴水出苗时随水追施锌肥、硼肥各0.5千克。

滴水齐苗

砂石过滤器

密植高产玉米水肥决策表

灌溉次序	时期	灌溉量 （米^3/亩）	滴水间隔 （天）	氮肥（N） （千克／亩）	磷肥（P$_2$O$_5$） （千克／亩）	钾肥（K$_2$O） （千克／亩）
1	播种（出苗水/种肥）	20 ~ 25	46	3	6	2
2	7 ~ 8叶展开期	15 ~ 20	7 ~ 8	2	2	2
3	10 ~ 12叶展开期	20 ~ 25	7 ~ 8	3	2	2
4	14 ~ 16叶展开期	25 ~ 30	7 ~ 8	3	1	2
5	18 ~ 19叶展开期	25 ~ 30	7 ~ 8	3	1	2
6	吐丝后3 ~ 7天	25 ~ 30	7 ~ 8	2.5	1	1
7	吐丝后11 ~ 15天	25 ~ 30	7 ~ 8	2.5	0	1
8	吐丝后20 ~ 24天	25 ~ 30	7 ~ 8	2.5	0	0
9	吐丝后28 ~ 32天	25 ~ 30	7 ~ 8	2	0	0
10	吐丝后37 ~ 41天	20 ~ 25	7 ~ 8	1.5	0	0
11	吐丝后46 ~ 50天	10 ~ 15	12	1	0	0
合计		235 ~ 290	121 ~ 130	26	13	12

四、化学调控

在玉米6～8叶展开期，每亩叶面均匀喷施羟烯·乙烯利或玉黄金或吨田宝等玉米专用生长调节剂，具体用量参照使用说明。要求在无风无雨的上午10时前或下午4时后喷施，力求喷施均匀，不要重复喷施，也不要漏喷。

五、其他配套措施

（一）蹲苗和中耕

蹲苗应掌握"蹲黑不蹲黄，蹲肥不蹲瘦，蹲湿不蹲干"的原则。苗期中耕2～3次，深度14～18厘米，护苗带8～10厘米，做到不铲苗、不埋苗、不拉沟、不留隔墙、不起大土块，达到行间平、松、碎。

（二）病虫草害防控

采取苗前封闭，药剂选用50%乙草胺100～120克，兑水30～40千克/亩，配药时必须采取二次稀释，均匀喷雾；玉米苗后选用专用除草剂24%烟嘧·莠去津100毫升，兑水15～20千克/亩，均匀喷雾。

苗后除草在玉米3～5叶期进行，用烟嘧磺隆＋莠去津＋硝磺草酮或硝磺草酮＋苯唑草酮等复配除草剂进行喷雾处理。效果不佳的可在5～6叶期进行第二次除草。玉米螟和大、小斑病防治，分别在小喇叭口至大喇叭口期和吐丝后15～20天各预防一次，亩用20%氯虫苯甲酰胺悬浮剂（康宽）10毫升，18.7%丙环·嘧菌酯（扬彩）50～70毫升，兑水30～40千克喷雾；或在机械可以进地的情况下，应及早进行机械防治；生物杀虫剂如苏云金杆菌和白僵菌等，对玉米螟和黏虫等害虫也有很好的防治效果。在大喇叭口期至抽雄前，用5%菌毒清水剂600倍液和75%百菌清可湿性粉剂800倍液喷雾预防茎腐病和穗腐病。可以采取杀虫剂、杀菌剂和叶面肥一喷多防。

（三）适期收获

当苞叶发黄和籽粒变硬、乳线消失、基部出现黑层时达到生理成熟，此时籽粒呈现出品种固有的颜色和光泽。规模化生产条件下首选机械籽粒直收，在籽粒生理成熟后进行田间站秆脱水，待含水量下降至25%以下时进行机械粒收。无粒收条件的，可采用果穗收获技术，应在籽粒生理成熟后收获。

六、应用案例

2023年陕西榆林市靖边县张家畔街道阳光村千亩示范方实施的玉米增密度水肥一体化田块，经专家测产，平均亩产为1 350.36千克。

（陕西省农业技术推广总站刘英、李晓荣）

黄土高原区集雨补灌
水肥一体化技术模式

一、技术概述

    该技术是应用软体水窖集雨作为补灌水源进行滴灌或移动式滴灌的水肥一体化技术，通过固定滴灌系统或可移动的简易移动注水补灌设备（由三轮农用车、塑料储水罐、汽油机＋水泵、软管、注水枪等组成），实现滴灌水肥一体化。该技术主要解决以小地块、梯田等为主的旱山区"卡脖旱"和难以实施集雨滴灌水肥一体化技术的问题，可实现玉米目标产量亩均750～800千克，较常规种植模式可亩节肥10%～15%及以上，省工50%，增产15%以上。该技术模式适用于甘肃中东部黄土高原旱作农业区、陕西渭北旱塬区等。

二、整地播种与管道铺设

（一）精细整地

    前茬作物收获后及时深耕灭茬，耕翻深度25～30厘米。播前进行整地，覆膜前将地面整细整平，做到深、松、细、匀。

（二）适期播种

    在4月中旬，当5～10厘米土层土壤温度稳定在10℃时开始播种。

玉米地块深翻耕

（三）管道铺设与覆膜

    覆膜前用50%乙草胺乳油1 800毫升/公顷兑水750～900千克均匀喷施于

地表。铺设时用玉米膜下滴灌专用覆膜机一次性完成覆膜、铺管。选用厚度0.01毫米、幅宽100厘米的地膜，滴灌带间距100厘米。铺设时将滴灌带和地膜拖展并紧贴地面平铺（滴头朝上，平铺于膜下），膜两侧用土压平压实，每隔2～3米打一条土带。滴灌带末端接口打结、固定，留出1.0～1.5米的余量。

玉米覆膜

玉米膜下滴灌带铺设

（四）科学增密（播种行距）

每幅膜种植2行玉米，等行距种植，行距50厘米，株距因品种的不同而异，种植深度3～4厘米。

三、水肥管理

（一）基肥施用

整地前亩施腐熟有机肥1 000～2 000千克。

（二）灌水

玉米全生育期灌水2次，特殊干旱年份加灌1次，灌溉定额为170～205米^3/亩。

玉米滴灌

玉米长势

（三）施肥

玉米生育期间施用化肥总量为 N 13.5 ～ 16.5千克/亩、P_2O_5 8 ～ 10.5千克/亩、K_2O 5.5 ～ 7.5千克/亩。追施化肥用量为 N 9 ～ 11千克/亩、P_2O_5 3 ～ 4.5千克/亩、K_2O 2 ～ 3.5千克/亩。追肥要选择可溶性化肥，随水滴施。应在滴水时间的前60%先滴清水，接着30%加入肥料，最后10%再滴清水。

四、化学调控

弱苗、保花保果化控措施：遇到小苗、弱苗、黄叶等情况时，混合喷施磷酸二氢钾和尿素（通常按照每亩30千克水配兑100 ～ 120克磷酸二氢钾和200 ～ 300克尿素叶面喷施）可恢复玉米苗正常生长，提高坐果率。

抗逆性化控措施：喷施磷酸二氢钾（15千克水配兑磷酸二氢钾25克）增强玉米抗高温、抗旱、抗寒等能力。

五、其他配套措施

（一）中耕除草

玉米全生育期中耕除草2 ～ 3次。

（二）病虫害防治

玉米主要病虫害种类有茎腐病、穗腐病、丝黑穗病、大斑病、小斑病、蚜虫、红蜘蛛等。

（三）收获贮藏

当玉米籽粒乳线消失，籽粒基部出现黑层时开始收获，收获后及时晾晒、脱粒。籽粒含水量达13%以下时，入库贮藏。

六、应用案例

在甘肃静宁县界石铺镇西川村玉米集雨补灌示范区域，集成推广风光电智能水肥一体化技术应用面积100亩，修建100米³风光电智能水窖2个，配备风光互补智能控制系统、潜水泵、免电源比例注肥泵、肥药桶、设备房、沉沙池和围栏、田间管道及配件等设施设备。通过该技术的应用，可以显著提高玉米的产量和品质，玉米亩产量达到800千克，提高16.6%，农户收入将显著增加。

风光电智能软体水窖

玉米收获

[甘肃省耕地质量建设保护总站郭世乾、葛承暄、蔡澜涛，国基亿龙（佛山）节能科技有限公司陈爱军、周立展]

河西灌区制种玉米膜下滴灌
水肥一体化技术模式

一、技术概述

　　膜下滴灌水肥一体化技术是将地膜覆盖、水肥一体化融为一体的农业新技术，是当前提高水肥资源利用率的最佳技术。水肥一体化可借助压力灌溉系统（或地形自然落差），将可溶性固体肥料或液体肥料，按土壤养分含量及作物种类的需肥规律和特点，与灌溉水一起配兑成肥液，通过可控管道系统供水、供肥，把水分、养分定时定量按比例直接提供给作物，适时适量地满足作物对水分和养分的需求。该技术适宜在地势平坦、灌溉条件好、以轻壤和沙壤为主、结构良好、土壤疏松、通透性好等适合大面积种植制种玉米的地区应用。制种玉米膜下滴灌水肥一体化的产量可达600千克/亩以上，较常规种植的增产效果一般在10%～20%及以上。

二、整地播种与管道铺设

（一）精细整地

　　机械深松整地，深度必须达到25～30厘米，彻底打破犁底层，做到"上虚下实无根茬、地面平整无坷垃"，为覆膜、播种创造良好的土壤条件。整地前可用芽前除草剂（乙草胺、二甲戊灵）均匀喷洒土壤表面，喷后立即用圆盘耙等进行耙地混土，形成药土层，封闭土壤，达到灭草效果。

覆膜前整地

（二）适期播种

制种玉米的播种期为4月中旬至下旬，一般采用人工精密播种，播种深度以5～7厘米为宜。

人工精密播种

父母本行比，主要根据父母本特性确定，一般为(1:4)～(1:8)，不论父本或母本，每穴必须保证有2～3粒具发芽能力的种子。父母本错期非常严格，不同组合，错期不同，第一期父本在母本播后开始播种（或根据生长指标确定），第二期父本在第一期父本播后播种，每一期父本必须在1～2天内播完。

（三）管道铺设

滴灌网络建设，采用覆膜滴灌一体机，一次性完成铺带、覆膜。可采用贴片式滴灌带或迷宫式滴灌带，铺设时应注意贴片面或迷宫面向上，其中滴头间距15～30厘米，沙质土壤、高密度种植的地块滴头间距要适当缩小，黏质土壤、种植密度小的地块可适当加大；滴头出水量2～3升/时，滴灌带铺设长度以60～70米为宜。滴灌带会热胀冷缩，一般收缩率在1.5%～2%，所以要特别注意铺设过程中在两端留出1.5～2.0米的富余。可根据地块实际形状安排播种走向。

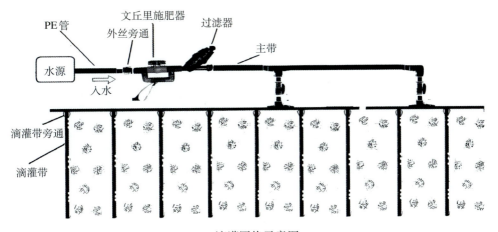
滴灌网络示意图

（四）科学增密（播种行距）

制种玉米父母本行距一般保持一致，为40～60厘米，母本株距为20～30厘米，父本可略宽于母本。

三、水肥管理

（一）施肥

根据当地土壤肥力和前三年产量情况确定目标产量，再根据目标产量确定施肥量。若每亩目标产量600千克，基肥推荐每亩施入N、P_2O_5、K_2O分别为6～8千克、2～4千克、3～5千克，可施用N-P_2O_5-K_2O配比为25-10-16的复合肥40千克左右。玉米是需硫元素较多的作物，中性至碱性土壤上选择施用硫酸铵，可兼顾玉米的氮素和硫素。

玉米苗期每亩追施N、P_2O_5、K_2O分别为3～5千克、0.5～1.5千克、1～2千克；穗期每亩追施N、P_2O_5、K_2O分别为5～7千克、1.5～2.5千克、8～10千克；花粒期每亩追施N、P_2O_5、K_2O分别为2～3千克、2～3千克、3～5千克。玉米对锌肥非常敏感，常用锌肥有硫酸锌和氯化锌，可作基肥施用，也可叶面喷施，苗期和拔节期喷施效果最佳。

滴灌肥料需选择滴灌专用肥或水溶性复合肥。

（二）灌溉

制种玉米滴灌条件下全生育期内每亩总灌水量为280～350米³。其中播种至出苗期为25～30米³；出苗期至拔节期较少，为65～80米³；拔节至抽穗期为130～150米³；灌浆至蜡熟期需严格控制灌水量，应根据土壤水分状况适时适量灌溉，避免过多或过少，灌水量为75～90米³。灌水量可依据各地土壤质地、玉米长势等适当调整。

水肥一体化滴灌

四、化学调控

可利用无人机或高秆作物喷药机喷施化控剂，控制植株和穗位高度，增加茎秆强度，防止倒伏。喷施时要严格按照产品使用说明书要求喷施，防止喷施过量，造成减产。

五、其他配套措施

（一）人工去雄

母本人工去雄是玉米杂交制种过程中确保种子纯度的核心环节，其技术要求高、时效性强，需科学规划与精准执行。操作时，应严格把握抽雄期这一关键窗口，选择雄穗刚抽出顶叶且尚未散粉的时机（通常以雄穗外露1/3为标志），每日清晨至上午9时前集中完成去雄作业，避开高温时段以降低植

人工去雄

株应激风险。去雄手法需规范，操作者需徒手沿45°斜向快速拔除雄穗，确保穗轴无残留且不损伤顶叶与茎秆，做到"去雄不见雄"。作业流程需覆盖全田，采取"逐行检查、循环推进"策略，连续3～5天高强度巡查，确保去雄率达100%，杜绝漏抽植株导致的自交风险。

（二）病虫害防治

制种玉米病虫害防治需围绕亲本特性与生产流程精准施策，重点防控丝黑穗病、瘤黑粉病、穗腐病及玉米螟、蚜虫、红蜘蛛等。播种前严格实施隔离区规划，选用双亲包衣种子（如精甲·咯菌腈防治丝黑穗病，噻虫嗪预防蚜虫），结合深翻土壤撒施噻唑膦颗粒剂防控地下害虫。苗期至拔节期加强巡查，发现瘤黑粉病病瘤立即摘除深埋，并喷施戊唑醇或苯醚甲环唑阻断病源扩散；大喇叭口期同步防控病害与虫害，用氯虫苯甲酰胺灌心防治玉米螟，配合吡唑醚菌酯预防叶斑病，干旱年份增设阿维菌素喷雾抑制红蜘蛛繁殖。抽雄散粉前是关键防控窗口，需及时剪除病雄穗，采用高效氯氟氰菊酯控制蚜虫基数，并喷施嘧菌酯·咪鲜胺预防穗腐病。授粉后至成熟期避免使用高残留药剂，可通过悬

挂诱虫灯捕杀迁飞害虫，田间保持通风透光，及时去杂去劣。收获后彻底焚烧病株残体，实行三年以上轮作，结合生物防治与低毒化学药剂实现安全制种。

种子包衣理化防治

杀虫灯理化诱导

（三）草害防除

制种玉米杂草防除需结合农艺措施与化学防控，重点防除马唐、稗草、狗尾草等恶性杂草。播种前严格设置隔离区，整地时亩施33%二甲戊灵乳油150毫升封闭除草，深翻土壤25厘米以上灭活草籽。苗期3～5叶期选用烟嘧磺隆＋硝磺草酮复配剂定向喷雾，避开玉米心叶防药害；同步中耕培土机械除草，人工拔除垄间大草。拔节期结合去杂作业清除田间残留杂草，减少养分竞争。抽雄前10天重点清理隔离带及田边稗草，阻断草籽传播。授粉后采用浅中耕切断浅层杂草根系，抑制后期草籽萌发。

（四）适时收获及贮藏

在玉米收获前，应将铺设的滴灌设施用人工或机械的方式顺垄回收，排除管内积水。适时判断玉米收获时机，玉米成熟期籽粒含水量降至30%左右，表明籽粒已经成熟。玉米成熟后，适当推迟收获，可以显著提高玉米的产量和品质。

甘肃地区制种玉米普遍采用人工收获，收获的玉米穗应及时进行晾晒或烘干，使玉米籽粒含水量降至13%以下再进行脱粒包衣贮藏。

六、应用案例

甘肃省张掖市临泽县作为国家级玉米制种核心区，近年来以水肥一体化技术为核心进行全面推广，在22.8万亩制种基地铺设滴灌带，将水肥直接输送至作物根部，实现按需精准供给。与传统漫灌相比，亩均年用水量从400米^{3}降至320米^3，节水20%，化肥用量减少15%。同时配合耐密植品种，单产提高10%～20%，高产田突破800千克/亩。

（河南心连心化学工业集团股份有限公司汪小强、李建峰、张书红、李越、刘小焱、段淮钧，甘肃省耕地质量建设保护总站郭世乾、葛承暄、蔡澜涛）

西北绿洲灌区冬小麦滴灌水肥一体化技术模式

一、技术概述

西北绿洲灌区冬小麦滴灌水肥一体化技术模式适用于新疆、河西走廊具备加压滴灌条件的区域,通过优化品种选择、"缩行增株、主茎成穗"技术,结合化学调控,优化植株群体结构,减少无效分蘖,配合滴灌技术进行精准水肥管理,最大化利用水资源和肥料,确保小麦生长期水分和养分供应,目标产量达到每亩700千克以上,增产10%以上,实现高产稳产,满足粮食生产需求。

二、整地播种与管道铺设

(一) 精细整地

坚持"适墒整地"原则,整地质量达到"墒、平、松、碎、净、齐"的六字标准及"上虚下实"的土壤结构,"上虚"即指表层虚土不超过3厘米,确保播种深度均匀一致。对角平地使用分流式平土框,作业过程中,整机要在一个作业平面,做到不重不漏,严禁前梁不带土作业,严禁因平地质量差出现

机械整地

整地效果

"虚土坑"。对角平地结束后,对四周平地"锁边"作业不少于两圈的宽度。对沙性地要做到犁地、平整地、播种快速衔接,把地整实、整平,保障播种质量。同一地号土质类型多样、不均匀的,对角平地顺序先沙土(突出快字当头)、后黏土。

(二)种子质量和种子处理

种子质量要求:播前进行种子精选,精选后的种子质量达到纯度不低于99%、净度不低于98%、发芽率85%以上、含水量不高于13%,质量符合GB 4404.1的规定。种子包衣:采用23%戊唑·福美双悬浮种衣剂拌种,防治白粉病、锈病、黑穗病等。

(三)导航播种

1.播种机的选择

选择新式种肥分离式播种机,采用缩行增密播种模式(平均行距12.5厘米)、10厘米+20厘米宽窄行或等行距15厘米进行播种。

播种机

2.播种

要求播种深度3～4.5厘米,播深一致,覆土良好,镇压严实。要求行距均匀、接行准确,播行端直,不重播,不漏播。要求播到头、播到边,播种机无法播到的边角,播种后滴水前人工及时补种到边到角。要求排种齿长度一致,下籽均匀。

机械播种

3.科学增密

北疆地区小麦播种一般年份在9月15—30日(以滴水时间为准),不晚于10月5日;南疆地区小麦播种一般年份在9月25日至10月15日(以滴水时间为准),不晚于10月20日。适期播种,播种量控制在23 ～ 25千克/亩;晚播小麦播种量控制在26 ～ 30千克/亩,每推迟1天增加播种量0.5千克/亩,播种量不超过30千克/亩。

(四) 管道铺设

选择流量适中,滴水、滴肥均匀一致的滴灌带,滴灌带间距50 ～ 60厘米。壤土地和黏土地,选择滴头间距25 ～ 30厘米、滴头流量小于2.1升/时的滴灌带;沙壤土地选择滴孔间距25 ～ 30厘米、滴头流量小于2.6升/时的滴灌带。滴灌带末端压力0.16 ～ 0.18兆帕。滴灌带铺设随播种一同进行,开浅沟埋于土壤1 ～ 2厘米处。播种行距12.5厘米、15厘米的滴灌带间距分别为50厘米、60厘米,1管4行。

播后及时布好支管、接好出水桩和管头,连接好滴灌带。播种与滴水时间间隔不超过48小时。足压滴水,亩滴水量为20 ～ 30米^3,横向湿润峰过接种行为宜,防止地面形成径流。土壤耕层持水量保持在75% ～ 80%,使种子充分吸水发芽,保证出苗整齐一致。盐碱偏重的条田滴水时加磷酸脲、矿源黄腐酸等酸性土壤改良剂1 ～ 2千克,黏性偏重的土壤3 ～ 5天再滴水一次,以接种行湿润为宜,防止土壤板结,促进出苗。

田间管道铺设

三、水肥管理

（一）适期冬灌

北疆地区一般当日平均气温下降至 $3 \sim 5℃$，土壤昼消夜冻时开始冬灌，从10月25日开始，11月10日前结束，亩灌水量 $40 \sim 50米^3$；南疆地区一般当日平均气温稳定下降到 $3℃$，麦田土壤含水量降到15%以下，夜冻日消时冬灌，从11月15日开始，11月底结束。南疆地区冬小麦冬灌水应以晚灌多灌为

冬灌苗情

原则，亩灌水量 $80 \sim 100米^3$，麦田有2厘米左右的浅水层，确保麦苗安全越冬。具体冬灌时间，应根据播种面积、水源条件和当年气候情况而定，以封冻前能灌完为原则，冬灌随水亩滴施尿素5千克和磷酸一铵3千克，冬肥春用，防止春季脱肥，确保苗壮蘖大、安全越冬。

（二）酌情灌返青水

小麦返青后是否灌水，应根据麦田情况而定。若冬季积雪少、春旱、土壤持水量低于65%，当5厘米土层土壤温度连续5天平均不低于5℃时，根据土壤墒情，进行灌水，亩滴水量 $40 \sim 50米^3$，随水滴施 $6 \sim 8$ 千克尿素。对墒情好、苗情好的地块可不施返青肥，以免产生较多的无效分蘖。

（三）拔节期—抽穗期水肥管理

拔节期—抽穗期滴水2次，每次滴水量50～60米³/亩，随水滴施尿素10～12千克/亩、磷酸一铵5千克/亩、硫酸钾4千克/亩。

（四）抽穗期—成熟期管理

抽穗期—扬花期滴水1次。灌浆期滴水3～4次，灌浆期注意雨天、大风天不灌水，防止小麦倒伏。前三次滴水量40～50米³/亩，并每次随水滴施尿素6～8千克/亩、磷酸一铵3～4千克/亩、硫酸钾3～5千克/亩。最后一水（蜡熟初期）滴水量30～40米³/亩，随水滴施尿素1～2千克/亩，以防止干热风的危害，增粒重，防止根系早衰。

四、化学调控

化学调控是控制麦苗徒长、有效防止后期倒伏的重要措施。小麦起身（春生叶片二叶一心）时，喷施矮壮素等植物生长调节剂，将第一节间长度控制在2～3厘米、第二节间长度控制在5～8厘米。小麦化控施药2次，间隔7～10天，第一次施药时间在小麦起身期（春生叶片二叶一心）。其中抗倒伏品种，亩用50%矮壮素水剂总量600～700克，每次用量300～350克/亩；对大穗多穗型品种，在高密度种植下易发生倒伏现象，亩用50%矮壮素水剂总量700～900克，每次用量350～450克/亩。或选用抗倒酯悬浮剂等化学调控剂，控制植株第一、第二节间长度，防止植株旺长、促根系生长，防倒伏。严禁使用多效唑用于小麦化控。

化控效果

五、其他配套措施

（一）病虫草害防治

在小麦拔节期前根据当地杂草发生情况，结合第一次化控，选择适宜药剂开展化学防治。施药应在小麦出苗前或者晴天无风的情况下进行，以提高药效和防止药液飘散造成周围小麦产生药害。

拔节期—抽穗期小麦主要虫害有小麦蚜虫、皮蓟马、吸浆虫等，病害主要有小麦锈病、白粉病、细菌性条斑病。采用"一喷三防"方式防治病虫害，使用芸苔素内酯＋吡唑醚菌酯（醚菌酯、戊唑醇、苯醚甲环唑等）＋吡虫啉（噻虫嗪、啶虫脒、氟啶虫胺腈等）＋磷酸二氢钾100～150克，亩液量30～40千克喷雾预防和防治病虫害发生。无人机飞防，亩液量2千克以上，做到不重、不漏、全面均匀喷雾。

抽穗期—成熟期小麦主要病害有白粉病、锈病，采用吡唑醚菌酯（戊唑醇、苯醚甲环唑）＋吡虫啉（噻虫嗪、啶虫脒、氟啶虫胺腈等）＋磷酸二氢钾150～200克兑水30～40千克喷雾防治，交替用药。或用无人机飞防，兑水2千克以上喷雾防治，飞行速度5米/秒，不重、不漏、打透。

（二）机械收获

小麦进入蜡熟后期及时收获，收获前及时收回地面支管及管件，清理后妥善保管，收获后回收滴灌带。机械收割脱净率应在98%以上，破碎率在2%以下，总损率应控制在3%以下，收获后水分含量不高于13%，保证颗粒归仓。

六、应用案例

2023年在奇台农场冬小麦采用滴灌水肥一体化技术模式，专家对奇台农

2023年冬小麦高产创建验收

冬小麦田间情况

2024年冬小麦高产创建验收

场冬小麦高产示范田测产验收，百亩示范方平均亩产818.69千克、千亩示范方平均亩产787.74千克、万亩示范片平均亩产738千克。冬小麦高产攻关田亩产分别为897.14千克和898.19千克，刷新并保持了新疆冬小麦最高产纪录。

（新疆生产建设兵团农业技术推广总站毕显杰、宋敏、张万旭，第六师奇台农场农业和林业草原中心洪雪梅，第一师农业科学研究所杨志刚）

西北绿洲灌区春小麦水肥一体化技术模式

一、技术概述

该技术以水肥一体化技术为核心，实行小麦水肥一体标准化生产和管理，有效提高小麦生产水平。百亩攻关田小麦亩产达到600～650千克，千亩创建田小麦亩产达到550～600千克，万亩示范田小麦亩产达到500～550千克。该技术模式适用于新疆春小麦种植区。

二、整地播种与管道铺设

（一）精细整地

犁地前，均匀施足基肥。耕翻前施腐熟农家肥1～3米³/亩、尿素（N含量46%）5～10千克/亩、磷酸二铵（P_2O_5含量46%、N含量18%）18～25千克/亩、硫酸钾（K_2O含量50%）5～8千克/亩。施其他肥料时，施肥量要按肥料纯量（N、P_2O_5、K_2O）换算。施肥时，做到撒施均匀、不留死角。

施足基肥后，及时进行犁地，要求扣垡严实、不漏茬、不漏耕，犁地深度25～30厘米；犁地后适时进行旋耕耙耱，耙耱深度10～15厘米，建议先使用条耙细碎土壤，后使用分流式平土框等平地装置对角平整土地，做到土壤平整、土粒松碎、无明暗坷垃，田间清洁，达到"齐、平、松、碎、净"

麦田整地机械

五字标准，达到干播湿出待播状态。精细整地必须保障麦田平整度高，播前镇压，紧实度一致，上虚下实，确保播种深度一致。"顶凌播种"地块应在前一年秋季整好地呈待播状态。

（二）适期播种

早播，机械能作业即可播种。播种量以24～26千克/亩为宜，最高播种量不超过35千克/亩。使用安装北斗导航系统的拖拉机播种，可选用不同播幅（如180厘米、360厘米、420厘米、480厘米等）、不同行距（如15厘米等行距、15厘米宽窄行、13.8厘米等行距、13厘米等行距等）的悬挂式播种机。结合播种未施基肥地块带种肥磷酸二铵20～25千克/亩，必须种肥分离，施肥深度8厘米左右。播种深度3～4厘米，播种深度合格率不小于75%，做到定量下种、落籽均匀、深浅一致、播行端直、接行准确、不重不漏、到边到头、覆土严密、镇压严实，确保一播全苗。

悬挂式播种机小麦田间播种示意图

（三）管道铺设

滴灌带滴头流量、滴孔间距应根据土壤质地不同而有所区别。壤土和黏土，选择滴头间距30厘米、滴头流量2.2～2.6升/时的滴灌带；轻壤土和沙壤土，可选择滴孔间距25厘米的滴灌带。

麦田滴出苗水

采用"干播湿出"播种的地块需抢时滴出苗水：播种后立即进行主管、副管、三通和毛管等地面滴灌系统的连接工作，做好地头毛管折套埋压处理工作，及时完成地面管道安装和滴水试压，做到毛管无喷漏、连接处无渗漏、主副管无泄漏和压力指标稳定。保证在播后48小时内滴出苗水，滴水量为20～30米³/亩，盐碱地块应同时施矿源腐植酸或黄腐酸钾水溶肥，3～5天后视墒情可补滴水一次，以保出全苗。

（四）科学增密

1. 15厘米等行距播种

要求滴灌带铺设与播种同步一次完成，具体按照一带四行、间隔60厘米、埋深1.5～2厘米、顺播种行向铺设，确保布管顺直、深浅一致、覆土均匀。滴灌带连接到支管，尾部打结埋入土中固定，防止滴灌带随风飘移。为确保滴灌带首尾压力一致，在滴灌带较长时，建议用卡子在合适位置卡死，禁止2个支管间串水。

2. "缩行增密"播种

将播种行距由原先的15厘米调整为13厘米（或13.8厘米），滴灌带铺设与播种同步一次完成。滴灌带铺设按照一带四行，每52厘米铺设一条滴灌带（小麦行距13厘米），或每55.2厘米铺设一条滴灌带（小麦行距13.8厘米）。播种量较15厘米行距需增加15%左右。

"缩行增密"播种麦田情况

三、水肥管理

（一）滴水滴肥原则

滴施水溶性化肥，科学设置滴水滴肥频次以有效调控麦苗健壮生长，预防起身—拔节期旺长和灌浆期倒伏以及后期脱肥早衰。未施基肥（化肥）地块适当增加水溶性化肥比例。

（二）滴水次数与施肥总量

一般滴水7～10次，其中包括二叶一心期1次，拔节期2次，孕穗—抽穗开花期2次，灌浆期2～3次；滴肥（实物量）49～65千克/亩，其中尿素35～40千克/亩、磷酸一铵（N含量11%以上、P_2O_5含量52%以上）8～10千克/亩、水溶性硫酸钾（K_2O含量50%）2～4千克/亩、磷酸二氢钾2～5千克/亩、矿源腐植酸或黄腐酸钾水溶肥2千克/亩。

（三）各生育期滴水滴肥

①二叶一心期滴水30～35米³/亩，结合滴水滴施尿素5千克/亩。②拔节期滴水滴肥2次，每次滴水量35～40米³/亩。第一次滴水追施尿素8～12千克/亩、矿源腐植酸或黄腐酸钾水溶肥2千克/亩；第二次滴水追施尿素7～10千克/亩、磷酸一铵2～3千克/亩、硫酸钾1～2千克/亩。③孕穗—抽穗开花期滴水滴肥2次，每次滴水量30～35米³/亩。第一次滴水滴施尿素5～8千克/亩、磷酸一铵2～3千克/亩、硫酸钾1～2千克/亩；第二次滴水滴施尿素5千克/亩、磷酸一铵2千克/亩。④灌浆期滴水2～3次，滴水间隔10天左右，每次滴水25～30米³/亩。第一次滴水随水滴施磷酸一铵2千克/亩；第二次滴水随水滴施磷酸二氢钾1～3千克/亩；第三次滴水随水滴施磷酸二氢钾1～2千克/亩。

另外，灌浆期如遇连续高温干热天气，可适当增加滴水次数，以增加麦田湿度、降低土壤温度，预防干热风灾害。

小麦生长状况

四、化学调控

化学调控应选在四叶期至拔节初期，选无风晴朗天气喷施矮壮素等植物生长调节剂。建议用50%矮壮素乳油250～300克/亩，或用5%的调环酸钙10克＋25%的甲哌鎓10克，或用15%多效唑可湿性粉剂50～60毫升/亩，或用抗倒酯悬浮剂20～30毫升/亩，兑水25～30千克喷雾，喷施1～2次，每次间隔7～10天，防止后期倒伏。

可采用人工或无人机飞防作业，做到药量准确、喷洒均匀、不重喷、不漏喷；无人机化控作业，要掌握好配药浓度，设置合理的飞行高度、速度与作业幅宽，以达到精准用药、提高化控效果的目的。

无人机化控作业　　　　　　　　　　　机械化控作业

五、其他配套措施

（一）病虫害防治

新疆春小麦主要有小麦锈病、白粉病、黑穗病及麦蚜等病虫害，局部春麦区负泥虫、皮蓟马等害虫危害较为严重。通过种子包衣可有效预防和防治根部病害和黑穗病，小麦生长期应及时关注农业技术部门发布的病虫害测报信息，根据田间病虫害发生动态进行科学防控。

人工病虫害防治作业

无人机病虫害防治作业

（二）一喷三防

根据当地重点防治对象，选用适宜杀虫剂、杀菌剂、磷酸二氢钾，或植物生长调节剂，各计各量，现配现用，均匀喷洒，防旱、保粒、增重；在小麦灌浆期进行 2 ～ 3 次，杀虫剂＋杀菌剂＋磷酸二氢钾150 ～ 200克/亩＋0.01％芸苔素内酯7 ～ 10毫升/亩，兑水30千克进行喷雾。

无人机飞防作业

（三）适时收获

在蜡熟末期适时组织抢收，防止收获过早或过晚影响产量。严格落实小麦机收减损技术指导规范，收获过程中损失率不得超过2％，籽粒破碎率1.5％以

小麦收获情况

下，籽粒含杂率2%以下。收获后及时晒干扬净，水分含量不高于13%时入库仓储。

六、应用案例

2024年新疆哈密市巴里坤县奎苏镇高产示范田，种植春小麦新品种粮春1758，通过应用适期早播、种肥分离、水肥一体化、"一喷三防"等关键技术，取得了百亩方平均亩产796.1千克的成果。

（新疆维吾尔自治区耕地质量监测保护中心赖波、王飞、王婷、贾珂珂，农业技术推广总站葛军、牛康康）

关中灌区冬小麦微灌水肥一体化技术模式

一、技术概述

关中灌区冬小麦微灌水肥一体化技术模式，采用滴灌或微喷灌等微灌设施，依据冬小麦播种期和生长季土壤墒情、降雨量及作物的需水特点，在关键生育时期实施精准的补灌，同时根据冬小麦的需肥特点和水肥耦合关系，在关键生育时期随水追肥，实现了冬小麦水肥供需在时间和数量上的合理匹配，达到亩产650～700千克及以上的高产。可减少灌溉用水量35%～60%，减少化肥投入15%～20%，减少人工投入70%以上，水分生产率和氮肥利用效率分别提高15.9%和20.1%，平均亩增产46.6千克以上，增收100元以上。该技术模式适用于灌溉条件较好的关中灌区。

二、整地播种与管道铺设

（一）耕松耙压配合

小麦播种前适墒进行土壤耕作，耕、松、耙、压配合作业，以构建合理的耕层。秸秆量较大或还田质量较差的麦田需耕翻。

耕翻或深松

旋耕＋镇压

（二）机械精量条播

推荐使用具有深施肥和宽幅播种功能的小麦播种机播种，小麦联合精密耕播机一次进地可完成少耕（旋耕＋深松25厘米）＋分层施肥（基肥按1：2：1的比例施入8厘米、16厘米和24厘米土层）＋宽幅精量播种＋表土压糖（播前镇压＋播后镇压/糖）等机械一体化作业，显著简化耕播程序，提升耕播质量。

宽幅播种机

分层施肥宽幅播种机

（三）适期适量播种

春前积温（自冬小麦播种至次年雨水或惊蛰阶段0℃以上的积温，一般以雨水至惊蛰期间日平均气温连续5天稳定在0℃以上的初始日为该阶段的终止日）为500～600℃时，冬小麦基本苗以15万～20万株/亩为宜，播种量为每亩9～12千克；春前积温为400～500℃时，冬小麦基本苗以20万～25万株/亩为宜，播种量为每亩12～18千克。

（四）管道铺设

1.滴灌带铺设

选择滴头距离为30厘米的滴灌带。冬小麦播种行距不超过20厘米。行距低于15厘米时苗带宽度4厘米左右，行距为20厘米时苗带宽度6～8厘米。冬小麦播种时将滴灌带铺设在行间，每隔3～4行铺设一条滴灌带，平均间距不超过60厘米。滴灌均匀系数应在85%以上。

2.微喷灌设施安装

（1）微喷带的铺设。微喷带应符合NY/T 1361的要求。微喷带流量以80～120升/（米·时）为宜，工作压力以0.08～0.12兆帕为宜。推荐选用小麦专用微喷带，最小喷射角70°左右，最大喷射角85°左右。当微喷带管径为

51毫米、喷孔孔径为0.7 ~ 1.2毫米时，铺设间距1.5 ~ 1.8米，铺设长度不大于80米。当管径为40毫米、喷孔孔径为0.4毫米时，铺设间距1.8 ~ 2.0米，铺设长度100米。

滴灌带的铺设

小麦专用微喷带的铺设及其在冬小麦播种期（左上）、拔节期（左下）、
完花期（右上）、灌浆中期（右下）的喷洒效果

（2）微喷头田间布局。微喷头应符合SL/T 67.3的要求。微喷头流量不大于250升/时，工作压力以0.15 ~ 0.25兆帕为宜。固定式和半固定式微喷灌系统的微喷头在田间成行布置，行内喷头间距为喷头喷洒半径的0.8 ~ 1.2倍，行间距为喷头喷洒半径的1 ~ 1.5倍。微喷头安装的高度应超过作物最大株高0.5米左右。

移动式微喷灌系统的田间布局

三、水肥管理

（一）精量补充灌溉

1.少量多次定额补灌法

播种期和冬前分蘖期，0～20厘米土层土壤相对含水量低于60%时，每亩灌水30～40米³。起身—拔节期和孕穗期，每次每亩灌水20米³左右；灌浆初期和中期，每次每亩灌水10～20米³。

2.测墒补灌法

播种期，0～20厘米土层土壤相对含水量低于60%时，播种后需及时补灌。冬前期（日平均气温下降至3℃左右、表层土壤夜冻昼消时），0～20厘米土层土壤相对含水量低于60%时，需及时补灌；起身—拔节期，0～20厘米土层土壤相对含水量低于50%，或拔节后10天0～20厘米土层土壤相对含水量低于70%时，需及时补灌；灌浆初期，0～20厘米土层土壤相对含水量低于50%时，需及时补灌。

灌水量用公式$I=2\times\gamma\times(FC-\theta_m)$计算。式中：$I$为灌水量（毫米）；$\gamma$为0～20厘米土层土壤容重（克/厘米³）；$FC$为0～20厘米土层土壤田间持水量（$m/m$，%）；$\theta_m$为0～20厘米土层土壤重量含水量（$m/m$，%）。

3.智能决策按需补灌法

利用按需补灌决策支持系统（http://www.cropswift.com/），输入冬小麦播种期0～40厘米土层土壤容重、田间持水量、体积含水量，以及播种至某生育时期的有效降雨量和补灌水量，即可确定该生育时期需补灌水量。

冬小麦按需补灌决策支持系统

（二）肥料管理

一般高产田（亩产600千克左右），磷肥全部基施，氮肥和钾肥50%基施，50%随水追施。超高产田（亩产700千克及以上），磷肥全部基施，氮肥和钾肥40%基施，起身—拔节期、孕穗期、灌浆初期和灌浆中期随水追施各15%。土壤水分充足不需要灌水但需要追肥时，应在该时期每亩增灌6 ~ 7米^{3}水，随水追肥。

四、配套技术

（一）优选良种

根据当地气候和土壤肥力条件，因地因时制宜，选择通过国家或省农作物品种审定委员会审定的优质高产小麦品种。

（二）秸秆还田

前茬秸秆粉碎还田。秸秆量过大的地块，提倡将秸秆综合利用，部分回收与适量还田相结合。

（三）苗期镇压

苗期镇压可控旺转壮、提墒保墒。冬前镇压坚持"压干不压湿、压软不压硬"，作业时间宜选择上午10时至下午5时进行；早春麦田表层0 ~ 5厘米土壤相对含水量低于60%时，应于晴天午后镇压。

秸秆还田

苗期镇压

（四）防灾减损

1.主要病虫草害统防统治

播种前，用具有杀虫和杀菌作用的高效低毒小麦种衣剂进行种子包衣。地下害虫发生严重的地块，应于耕地前均匀撒施农药。冬前分蘖期或返青期，温度适宜（一般日平均气温10℃左右）时防除麦田杂草。起身—拔节期，防治小麦纹枯病、条锈病、白粉病等病害，兼治红蜘蛛和蚜虫等虫害。

2.控旺防倒

对旺长麦田或株高偏高的品种应于起身期实施化控，或于返青—起身期镇压2～3次，控旺转壮。

3.抵御干热风危害

冬小麦灌浆中后期，在预报高温当天上午10时，采用微喷灌增湿降温，抵御干热风危害，每亩喷水3.5～6米^{3}为宜。

（五）适时收获

蜡熟末—完熟期，采用低损失率的小麦联合收割机收获，预防"烂场雨"危害。

五、应用案例

陕西省西安市临潼区万邦农业专业合作社采用该项技术建立千亩示范方。选用高产冬小麦品种郑麦1860，于2023年10月22日播种，每亩播种量16.5千克，每亩施用商品有机肥400千克，基施复合肥（N-P$_2$O$_5$-K$_2$O为18-20-5）60千克。冬小麦每隔2行铺设一条滴灌带，平均间距50厘米。按照智能决策按需补灌法，冬小麦播种期和越冬期墒情适宜不灌溉。小麦拔节期、孕穗期、开花后7天和21天，分别补灌30米^3、25米^3、25米^{3}和20米^3。拔节期补灌时，随水追施复合肥（N-P$_2$O$_5$为28-8）9千克、氯化钾2千克；孕穗期、开花后7天和21天补灌时，均随水追施N-P$_2$O$_5$为28-8的复合肥9千克、氯化钾1千克。

2024年6月1日，邀请专家对该示范方种植的冬小麦实收测产，随机选取2块麦田，其中一块麦田实收1.69亩，折合13%含水量亩产791.5千克，另一块麦田实收3.30亩，折合13%含水量亩产752.5千克。

（西北农林科技大学王东，陕西省农业技术推广总站刘英、李晓荣，全国农业技术推广服务中心沈欣、陈广锋、许纪元、刘晴宇）

甘肃沿黄及河西灌区小麦浅埋滴灌微垄沟播水肥一体化技术模式

一、技术概述

小麦浅埋滴灌微垄沟播水肥一体化技术，集成应用滴灌水肥一体化、微垄沟播、轮作倒茬、后茬复种、"一喷三防"、绿色防控等技术，配套应用拖拉机"无人驾驶＋北斗导航"系统和自动智能精量播种控制动态监测系统运算调控，将起垄、滴灌带铺设、播种协作同步一体，实现等行、等距、多幅、精量播种、种肥同播、智能自动一体化机械作业，达到节水、节肥、节种、省工、增产的目的。目标产量可达到500～550千克/亩，平均亩产530千克，较常规种植亩产460千克亩增产70千克。该技术模式适用于甘肃河西、沿黄灌区及东南部的部分县区。

二、整地播种与管道铺设

（一）精细整地

播种前施足基肥，及时耕犁、旋耕耙糖整地，并镇压地块，增温蓄墒，为小麦播种和出苗创造良好条件。

（二）适期播种

小麦播种宜在一定的光、热（一般气温稳定在2℃以上）、养分等气候及环境条件下播种。采用"干播湿出"，播种后及时滴灌出苗水（水量控制为375米³/公顷），在3月中旬至4月上旬期间完成播种。

播种前应做好机具和导航系统调试，牵引机械为25.742千瓦以上、安

干播湿出

装无人驾驶＋北斗导航系统的四轮拖拉机。

1.一体化机械作业

小麦浅埋滴灌微垄沟播水肥一体化技术播种采用全程智能化、无人化、一体化机械作业。由无人驾驶拖拉机牵引一幅多行（13行或19行）智能精量播种机协同一体机械作业。开沟起垄、播种、施肥、滴灌带铺设、覆土、镇压等作业可由智能播种机一次同步集成完成。

播种机械

机械播种

2.无人驾驶＋北斗导航

应用基于北斗农机自主导航系统，拖拉机无人驾驶，无人驾驶系统拖拉机群协同作业，实现播种机田间起垄、播种、施肥、滴灌带铺设全程作业装备标准化、智能化、数字化无人化作业。

3.播种智能精量控制

小麦浅埋滴灌微垄沟播水肥一体化技术播种，应用数控精量播种控制

无人驾驶＋北斗导航

系统，动态监测系统各项数值运算、调控电机转速，实时调节播种参数，自动化精量播种，种肥同播。

（三）管道铺设

田间毛管选用滴水均匀，滴孔滴水半径10厘米左右、间距为20～25厘米，流量1.0～2.0升/时的贴片式滴灌带。铺设时滴灌带埋深13～15厘米，略深于种子种植深度，滴灌时间以滴孔周围垄沟水量渗接到一起即可。

（四）科学增密（播种行距）

应用一幅多行（13行或19行）播种机，幅宽10厘米，空行距10厘米，垄高13～15厘米、垄宽10～12厘米，籽粒均匀播种在垄沟3～5厘米下。

三、水肥管理

按照小麦不同生育时期水肥需求，同时视土壤墒情养分情况，确定灌水、施肥量次。滴灌以渗为主，一般滴灌水量控制，应以微垄底部土壤湿润、无地表径流即可，水量不可漫过微垄，以防影响土壤透气性。每次追肥时，随灌水施肥，施肥前清水滴灌30分钟，施肥后再次用清水滴灌30分钟，防止滴灌带堵塞。小麦浅埋滴灌微垄沟播水肥一体化技术灌水施肥制度详见下表。

小麦拔节前期

小麦拔节期

春小麦浅埋滴灌微垄沟播水肥一体化技术全生育期灌溉制度

生长阶段	灌水次数（次）	灌水间隔天数（天）	灌水量（米³/公顷）
播种前	—	—	—
出苗—拔节	1	—	450
拔节—挑旗	1	—	375
	1	7～10	375
挑旗—抽穗	1	—	375
	1	7～10	375
抽穗—成熟	1	—	450
	1	7～10	300

春小麦浅埋滴灌微垄沟播水肥一体化技术施肥建议表

目标产量	追肥施用量（千克／公顷）			基肥施用量（千克／公顷）	
	施氮肥 (N)	施磷肥 (P_2O_5)	施钾肥 (K_2O)	农家肥 基施用量	商品有机肥 基施用量
<4 500	120 ~ 150	60 ~ 90	15	15 000	1 500
4 500 ~ 6 000	150 ~ 180	90 ~ 120	15	15 000 ~ 22 500	1 500 ~ 2 250
6 000 ~ 7 500	180 ~ 210	120 ~ 150	30	22 500 ~ 30 000	2 250 ~ 3 000
>7 500	210 ~ 240	150 ~ 180	30	30 000	3 000

注：若单施化肥，参照本表中施氮、磷、钾肥用量；若在播种前按照表中标准基施有机肥，化肥氮、磷、钾施用纯量各减少15 ~ 20千克/公顷。施肥方式：氮肥基施40%，苗期到拔节期追肥30%，开花前期追肥20%，灌浆期追肥10%；磷肥基施50%，苗期到拔节期追肥20%，开花前期追肥20%，灌浆期追肥10%；钾肥开花前期追肥50%，灌浆期追肥50%。

四、合理化学调控

根据小麦不同类麦田和生长情况，按照"促控结合"的原则，采取不同措施，合理化控。旺苗喷施矮壮素水剂或调环酸钙控旺和防止倒伏，弱苗施用钫凸苓、抗倒酯、含氨基酸水溶肥料、芸苔素等促进根系发达、植株健壮。遭遇早春冻害、旱情、干热风时，适时喷施生长调节剂、抗旱剂等化学药剂进行防御，促进小麦发育生长。

五、其他配套措施

（一）病虫草害防治

主要做好白粉病、叶锈病、腥黑穗病、蚜虫等病虫害的防治。根据病虫害的种类，使用不同的化学药剂防治。白粉病、锈病，宜喷施三唑酮（粉锈宁）防治。虫害宜喷施双丙环虫酯或氟啶虫胺腈＋磷酸二氢钾等防治。除草可采用人工、机械、化学方法，并结合轮作倒茬等农艺措施消除草害。

（二）收获与贮藏

蜡熟期小麦出现叶片枯黄、麦穗为金黄色、秆黄、节绿、籽粒饱满、胚乳呈蜡质状等特征，含水量在16%～18%时，为最佳收获期，适时机械收获。收获后及时晾晒去杂，杀虫抑菌，以防霉变，水分含量在12.5%以下时及时仓储。

小麦丰收在望

田间收获

六、应用案例

甘肃永昌县农业技术推广服务中心在东寨镇双桥村、水源镇永宁村等建立试验示范点20个。微垄沟播水肥一体化技术测产共取20个样点，实测平均亩产量为578.67千克，普通种植区平均亩产量为471.02千克。示范区较普通种植区亩增产107.65千克，增产率为22.85%。该技术亩均产量550千克以上，亩增产20%以上，节水45%以上，节肥20%以上，节本增效180元/亩以上。

[甘肃省耕地质量建设保护总站郭世乾、葛承暄、蔡澜涛，沃稞生物科技（大连）有限公司李秀芳、戴子叁]

渭北旱塬集雨蓄水补灌
水肥一体化技术模式

一、技术概述

　　渭北旱塬地跨陕西省渭南、咸阳、宝鸡、铜川、延安5个地市，年降雨量550毫米左右，冬、春、伏旱易发生，是关中地区的"旱腰带"。渭北旱塬集雨蓄水补灌水肥一体化技术模式，集成了沟塘集雨、水窖/水池蓄水、冬小麦基肥分层条施、滴灌水肥一体化等关键技术，有效解决冬小麦生长季阶段干旱严重制约单产提升的问题。应用该技术冬小麦常年亩产可达450～550千克，与传统旱作技术相比，增产幅度达30%～50%。

二、整地播种与管道铺设

（一）联合精密耕播

1.耕松压耱配合作业

　　小麦播种前适墒进行土壤耕作，耕（旋耕）、松（深松）、压（镇压）、耱配合作业，一般深松25厘米，播种前整地镇压一遍，播种后再次镇压和耢耱。

2.1-2-1三层施肥

　　每隔2行小麦设一个施肥行（位于小麦行间）。将基肥按条带定位定量施入施肥行的地表以下8厘米、16厘米和24厘米深处。肥料在8厘米、16厘米和24厘米土层分配的比例可根据需要调节，一般为1∶2∶1。

3.宽苗带高质量播种

　　播种深度3～5厘米，苗带宽度8～10厘米，行距20厘米。

4.耕播施肥一体实施

　　选用小麦联合精密耕播机，一次进地可完成旋耕＋深松＋1-2-1三层施肥＋宽苗带播种＋播前镇压＋播后压耱等作业，显著简化耕播程序，提升耕播质量。

小麦联合精密耕播机

（二）集雨蓄水和管道铺设

1.集雨蓄水

充分利用天然沟塘条件，必要时修筑截水墙或截水坝，收集天然降水。也可在农田附近修建蓄水池，容积一般300 ~ 3 000米^3。亦可选用PE储水罐，埋设于冻土层以下。每个PE储水罐容积50米^{3}左右，可以根据需要多罐组合装配扩容。通过抽水泵和输水管道，从集雨沟塘中取水蓄存。

沟塘集雨　　　　　　　　　　　　　　水池蓄水

2.滴灌带铺设

选择滴头距离为30厘米的滴灌带。冬小麦播种行距不超过20厘米。行距

滴灌带铺设

低于15厘米时苗带宽度4厘米左右，行距为20厘米时苗带宽度6～8厘米。冬小麦播种时将滴灌带沿种植行向铺设在行间，每隔3～4行冬小麦铺设一条滴灌带，平均间距不超过60厘米。滴灌均匀系数应在85%以上。

三、水肥管理

（一）抗旱补充灌溉

播种期遭遇干旱，0～20厘米土层土壤相对含水量低于60%时，每亩滴水10～15米^3，确保种子萌发出苗。起身—拔节期遭遇干旱，每亩滴水10～15米^3，促幼穗分化、保分蘖成穗。孕穗期遭遇干旱，每亩滴水8～10米^3，保抽穗开花与籽粒形成。

（二）肥料施用

自然降水的时间和数量是制约小麦单产和肥料利用率的重要因素。根据播种期土壤底墒或休闲期降雨量确定基施氮量。休闲期降雨量为320毫米、260毫米、200毫米时，每亩总施氮量分别为16千克、13千克、10千克，其中基施氮量分别为10千克、8千克、6千克。

冬小麦起身—拔节期，结合抗旱补灌，每亩随水追施尿素6.5～15千克。使用溶肥和注肥设备，将尿素快速溶解后，在补灌水的同时将肥液注入输水管，使其随灌溉水均匀滴入田间。

四、配套技术

（一）秸秆粉碎还田

前茬秸秆粉碎后均匀抛撒覆盖在地表，减少土壤水分蒸发散失，增加土壤有机质含量。

（二）镇压保墒壮苗

冬前镇压坚持"压干不压湿、压软不压硬"，作业时间宜选择上午10时至下午5时进行；早春麦田表层0～5厘米土壤相对含水量低于60%时，于晴天午后镇压。

镇压保墒

（三）主要病虫草害统防统治

播种前，用具有杀虫和杀菌作用的高效低毒的小麦种衣剂进行种子包衣。地下害虫发生严重的地块，应于耕地前均匀撒施农药。冬前分蘖期或返青期，温度适宜（一般日平均气温10℃左右）时防除麦田杂

一喷三防

草。起身—拔节期，防治小麦纹枯病、条锈病、白粉病等病害，兼治红蜘蛛和蚜虫等虫害。抽穗—灌浆期，实施"一喷三防"。

（四）适时收获

蜡熟末—完熟期，采用低损失率的小麦联合收割机收获，预防"烂场雨"危害。

五、应用案例

陕西省合阳县黑池镇天泉家庭农场，常年种植冬小麦280亩。建筑蓄水池容积3 000米^3，蓄水池长63米、宽29米、深2.8米，全池采用土工布防渗，蓄水池上部2米斜坡加封7～8厘米厚的水泥混凝土。该蓄水池充分利用引黄渠水，分别于每年的1—3月、7月、8月、12月黄河集中供水的时间，注水3～4次。

2022年10月选用高产优质抗逆冬小麦品种伟隆169，种植密度为基本苗400万株/公顷，基肥采用复合肥（N-P$_2$O$_5$-K$_2$O为20-17-5），每公顷用量700千克，2023年分别于冬小麦拔节期和开花后7天补灌水237米^3/公顷和421.5米^3/公顷，拔节期抗旱补灌时水肥一体化追施尿素（含N 46%）218千克/公顷。6月14日收获，平均穗数、穗粒数、千粒重、籽粒产量、水分利用效率分别为：672.7万穗/公顷、42.8粒/穗、47.2克、9 669.3千克/公顷、20.4千克/（公顷·毫米），增产增效显著。

（西北农林科技大学王东，全国农业技术推广服务中心吴勇、钟永红、陈广锋、沈欣、许纪元、刘晴宇）

绿洲灌区水稻膜下滴灌水肥一体化技术模式

一、技术概述

该技术采取膜下滴灌的方式种植水稻，水稻全生育期稻田完全不淹水，是节水节肥环境友好型的水稻生产方式。其特征是：田间不挖渠、不起垄、不打埂，对土壤保水性的要求不高。全程采用全机械化作业方式。采用滴灌的方式灌溉施肥，不用排水，也不会发生水分的田间渗漏，水肥利用效率高。由于栽培过程不存在厌氧环境，不会产生稻田甲烷。该技术适用于新疆、宁夏、内蒙古等干旱少雨地区。水稻膜下滴灌水肥一体化的目标产量为600千克/亩，稻米品质可达到国家优质二级米。相较于常规种植，增产效果一般在5%～8%及以上。

二、整地播种与管道铺设

（一）播前准备

1.品种选择

要选择耐旱、耐盐碱、优质、高产，苗期耐低温、主要依靠主茎成穗的水稻品种，推荐品种有T181、T43、粮香5号、稻花香2号、龙稻18。

2.种子处理

种子脱芒处理：使用拖拉机悬挂播种机进行播种，买来的稻种必须进行机械脱芒处理。

盐水选种及发芽率测定：播种前须经盐水选种处理和发芽率测定，使用的水稻种子纯度应不低于99.0%、净度不低于98.0%、发芽率不低于85.0%、发芽势不低于75.0%、水分含量在13.0%～14.5%。

种子包衣：为预防苗期土壤中有害病菌的侵害，使用总有效成分含量为62.5克/升的精甲·咯菌腈悬浮种衣剂对脱芒后的水稻种子进行包衣，包衣后的种子阴干备用。

（二）整地播种

整地作业：尽量采用复式和宽幅作业，减少作业机具对土壤的反复碾压。要保证表土3厘米的疏松层和下部土壤适宜的紧密度，无漏耙。播种前使用联合整地机进行对角耙地作业。联合整地机整地完成后，应使用平土框（带耱子）直线平地作业一次，作业后土壤应达到上虚下实，表面平整细碎、无土坷垃，保证地膜铺设平整，保证播种质量。

播种机械调整：使用膜下滴灌水稻专用播种机（集铺地膜、铺滴灌管、膜上打孔、播种、覆土于一体的播种机）进行播种。播种前应按农艺要求对膜下滴灌水稻播种机进行检查、调整。

整地播种

播种量：根据千粒重确定播种量，按千粒重25克计，每亩播种量8～10千克。

播种方式：采用机械点播方式，播种深度2.5～3.0厘米，覆土厚度1.0～1.5厘米，单穴下种粒数8～10粒，铺滴灌带、铺膜、点种、覆土一次完成。要求下种均匀、播行平直、接行一致、不重、不漏、地膜不错位，要求覆土均匀、深浅一致、镇压严实，确保出苗整齐一致。

株行距配置：采用2.2米膜宽，一膜三管十二行，播幅2.35米，株距10厘米，行距配置10厘米＋26厘米＋10厘米＋26厘米＋10厘米＋26厘米＋10厘米＋26厘米＋10厘米＋26厘米＋10厘米＋45厘米，如下图所示。

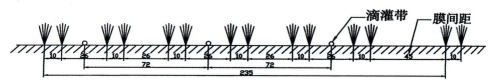

水稻膜下滴灌株行距配置（单位：厘米）

（三）管道铺设

水稻膜下滴灌地块使用的滴灌带采用滴头流量1.38 ～ 1.80升/时、滴头间距20 ～ 40厘米、管径16 ～ 20毫米的滴灌带。滴灌带通过水稻膜下滴灌播种机铺设完成。选择滴灌带时，选择的滴头流量越小、管径越粗、滴头间距越大，滴灌带（毛管）的铺设距离就越长，使用的管接件越少，管网安装人工越省，田间机械作业也就越容易，田间管理也越省力，劳动生产率越高。但滴头流量越小要求灌溉水质就越高，对过滤系统的过滤精度的要求也就越高。

完成播种后，及时铺设支管。支管铺设参照DB65/T 3056—2010《大田膜下滴灌系统施工安装规程》。

三、水肥管理

（一）灌溉

不同区域和不同土壤质地条件下灌溉制度存在较大差异。一般情况下，水稻全生育期滴灌38 ～ 45次，灌水周期2 ～ 4天，亩灌溉定额700 ～ 800米^3。

出苗至三叶：水稻播种后应及时滴出苗水，灌水2 ～ 3次，每次亩灌水定额20 ～ 26.7米^3。苗期需水量小，减少滴水次数，利于保持膜内温度，促进根系发育。

三叶至拔节：此期是水稻营养生长的关键时期，水稻灌水8 ～ 10次，每次亩灌水定额为18 ～ 20米^3。

拔节至抽穗：此期是营养生长和生殖生长并进时期，需水量大，滴水次数频繁。水稻灌水9 ～ 10次，每次亩灌水定额18 ～ 20米^3。

抽穗至扬花：此期时间短，滴水需及时。滴水5 ～ 6次，每次亩灌水定额16 ～ 20米^3。

扬花至成熟：此期滴水14 ～ 16次，每次亩灌水定额15 ～ 16米^3，水稻蜡熟完成后可停水。

（二）施肥

施肥管理应采用有机、无机相结合的原则，施好基肥、带好种肥，同时要注意施肥技术与高产优质栽培技术相结合。按水稻生育规律及时供应水肥，提高水肥利用率。

基肥：临冬翻地时施入农家肥，一次性均匀亩施厩肥（腐熟后鸡粪和牛粪3∶2混合）100 ～ 135千克、磷酸二铵10 ～ 15千克，然后深翻，犁地深度27 ～ 30厘米，犁后平整。

出苗至分蘖：此期滴肥1～2次，随水亩滴施氮肥（N）1～1.3千克、锌肥0.1～0.2千克、铁肥0.1千克、含腐植酸水溶肥2千克，促使水稻苗生长。

分蘖至拔节：可分3次滴肥，随水亩施氮肥（N）4～5千克、磷肥（P_2O_5）2～2.7千克、钾肥（K_2O）0.7～1千克、

苗期长势

水溶性硅肥1.5～2千克、硼肥0.3～0.5千克、锌肥0.1～0.2千克、铁肥0.1千克、含腐植酸水溶肥2千克，促进水稻有效分蘖，提高养分储存质量。

拔节至扬花：拔节期水稻营养生长和生殖生长都非常旺盛；弱苗滴肥应提前，旺苗和壮苗滴肥应适当延后，可滴肥2～3次，亩施肥量为氮肥（N）4～5千克、磷肥（P_2O_5）2.2～2.7千克、钾肥（K_2O）1.7～2千克和含腐植酸水溶肥4千克。

扬花至成熟：抽穗扬花期，幼穗迅速生长，是穗粒数形成的关键时期。该时期可滴肥3～4次，亩施肥量为氮肥（N）3～4千克、磷肥（P_2O_5）2～2.7千克、钾肥（K_2O）1.7～2千克和含腐植酸水溶肥2千克。

抽穗成熟期长势

四、其他配套措施

（一）病虫害防治

在新疆的气候条件以及水稻膜下滴灌栽培模式下，需防治虫害如蓟马、地老虎、蚜虫等危害发生。此外，需定期检查滴灌带，防止堵塞，保证水稻正常水分需求，防止生理青枯病。

无人机飞防

（二）适时收获

滴完最后一次水，趁稻秆尚未枯萎前将支（辅）管取下，盘放整齐准备来年再用。不进行复播再种的地块，毛管回收可在收获后、入冬前进行。当稻谷有80%以上籽粒进入黄熟期时，可采用水稻专用收割机或联合收割机收获。

适时收获

五、应用案例

2012年，新疆昌吉市滨湖镇采用水稻膜下滴灌水肥一体化技术并进行大田示范，示范地点设在滨湖镇永红村2区，示范面积33.3公顷。该技术模式采用品种为T-04，栽培模式为膜宽1.6米，一膜二管八行，密度为3万穴/亩。滨湖镇常规水田水稻平均产量为500千克/亩，膜下滴灌水稻示范田平均产量550千克/亩，高产地段704千克/亩，节水60%、省肥40%。

（新疆心连心能源化工有限公司郑继亮、王静、鄂玉联、李淦、史力超、马超，新疆维吾尔自治区耕地质量监测保护中心赖波、汤明尧，新疆生产建设兵团农业技术推广总站毕显杰）

西北绿洲灌区马铃薯膜下滴灌水肥一体化技术模式

一、技术概述

（一）技术情况

马铃薯膜下滴灌水肥一体化技术，是把工程节水与农艺节水高度集成的促进水肥耦合、相互共同作用的农业节水新技术。该技术通过管道和滴头形成滴灌，把水分、养分定时定量、均匀地浸润马铃薯根系发育生长区域，实现了马铃薯不同生育时期按需供水、供肥。与常规种植相比，应用该技术可有效提高马铃薯的单产及品质，单产提升30%以上，平均亩产达到3 500千克；同时，实现节地10%、节药20%、节肥30%、节水40%、省工50%以上，农药化肥利用率提高10%以上。该技术模式适用于甘肃、新疆、宁夏等西北绿洲灌区。

二、整地播种与管道铺设

（一）精细整地

整地作业一般在播种前15～20天进行，可采用旋耕、耙、糖或联合整地等方式进行。深耕深度为10～15厘米，耙地深度为8～15厘米。深耕整地作业后应适度镇压，以保持土壤水分。整后的土地应地表平整，土壤疏松，碎土均匀一致，一般不应有影响播种作业质量的土块。

（二）适期播种

气温稳定在5～7℃时即可播种。一般在4月上旬至5月上旬期间进行播种。

（三）滴灌带铺设

采用马铃薯起垄铺管覆膜机，一次性完成起垄、铺管、覆膜工作。一带

马铃薯机械化播种

马铃薯完成播种

双行铺设，用内镶式滴灌带，管径16毫米，滴头间距20厘米，滴头流量1.38升/时。覆膜要求用0.01毫米厚度、幅宽105厘米的地膜，覆膜要求"紧、展、严、实"，并每隔2米横压土带。

滴灌带不同放置模式试验

滴灌带不同流量试验

（四）科学增密（播种行距）

种植密度和种植垄距应根据马铃薯品种特征、目标产量、水肥条件、土地肥力、气候条件和农艺要求等确定。不同品种种植密度不同，一般要求垄距110厘米、大垄宽70厘米，垄高25厘米，小垄宽40厘米。播深12厘米，每垄2行，行距15 ~ 20厘米，株距12 ~ 15厘米。

三、水肥管理

（一）灌水

出苗后视幼苗生长情况和墒情进行滴灌，周期为20天，全生育期滴水

6 ～ 7次，亩滴水量120 ～ 150米^3，每次亩滴水量20 ～ 25米^3。

（二）施肥

马铃薯全生育期总施肥量（纯量）26千克。具体为：

马铃薯不同追肥量对比试验

出苗—现蕾期N-P$_2$O$_5$-K$_2$O-Mn配方是30-12-8-1.5，总含量50%以上；初花—终花期N-P$_2$O$_5$-K$_2$O-B配方是25-14-11-0.8，总含量50%以上；终花—成熟期N-P$_2$O$_5$-K$_2$O配方是15-15-20，总含量50%。

四、化学调控

齐苗封垄后，地上部分生长过旺时，可喷施多效唑可湿性粉剂控制地上部分徒长，促进地下块茎膨大。

五、其他配套措施

（一）病虫害防治

喷施药剂防治早、晚疫病。发病后用保护兼杀菌剂银法利或甲霜灵·锰锌可湿性粉剂等治疗，不同种类药剂交替使用，防止产生抗药性。

不同药剂防治马铃薯晚疫病试验

防治马铃薯的蛴螬、蝼蛄、小地老虎、二十八星瓢虫等虫害，可配制毒土均匀撒在土壤表面，整地时施入。防除地下害虫后，在播种前用毒死蜱·辛硫磷处理土壤。虫害发生后，喷施杀虫剂进行防控。

（二）设施回收及收获

当70%的植株茎叶枯黄后，及时收获。收获前7 ～ 10天，排尽地下管道内剩余的水，拆卸田间滴灌设施，耙除地膜。

六、应用案例

2024年，在甘肃河西灌区的张掖市山丹县霍城镇西关村建成以"智能控制水肥一体化＋科学施肥增效＋病虫害绿色防控"技术模式为主的核心示范点1个，示范面积3 000亩。主要示范推广"水肥一体化＋水溶肥＋智能配肥机"技术模式，与常规种植相比，应用该技术可有效提高马铃薯的单产及品质，大薯率提高20%以上，单产提升30%以上，平均亩产达到3 500千克；同时，实现节地10%、节药20%、节肥30%、节水40%、省工50%以上，农药化肥利用率提高10%以上。

霍城镇水肥一体化示范点标牌

科学施肥增效"三新"技术示范

（甘肃省耕地质量建设保护总站郭世乾、葛承暄、蔡澜涛）

黄土高原区马铃薯引水集水水肥一体化技术模式

一、技术概述

引水集水水肥一体化技术，通过提灌工程，将低位水源的水提灌到高处的蓄水池（窖或软体水窖），利用高低水位差，通过重力作用推动水从高处向低处流动，同时配套水肥一体化设备应用滴灌系统，实现作物生长水肥精准按需定量供给。应用该技术马铃薯平均亩产4 291.3千克，较常规种植平均亩产1 400千克亩增产2 891.3千克，增产206.5%。该技术模式适用于甘肃黄土高原"引洮工程"过境县区及同类地区。

二、整地播种与管道铺设

（一）精细整地

选择土层深厚、土质疏松、肥力中上的旱川地、梯田地、沟坝地或15°以下的缓坡地。前茬作物收获后及时深耕灭茬，覆膜前打糖收墒，达到土壤细绵、地表平整、无土块、无根茬的标准。

播前整地

（二）适期播种

土壤10厘米耕层温度稳定在7～8℃，且相对含水量达到50%～60%时即可播种。

（三）管道铺设

选用直径16毫米、壁厚0.2毫米、滴头间距25～30厘米、额定工作压力

0.1～0.3兆帕、滴头流量1.4～2.0升/时的内镶贴片式滴灌带。采用"开沟＋起垄＋施肥＋喷药＋铺设滴灌带＋播种＋覆膜覆土"一体化机械种植。垄宽60厘米、沟宽60厘米、垄高20厘米，每垄下2～3厘米铺设1条滴灌带。

（四）科学增密

马铃薯种植行距35～40厘米，株距25～30厘米，播种深度为10～12厘米，每垄种植2行。

三、水肥管理

（一）水分管理

马铃薯全生育期滴水90～120米³/亩，共6～8次，每次15米³/亩。一般从团棵期开始第一次滴灌，视土壤墒情，每10天左右滴灌一次，收获前30天停止滴水。

（二）肥料管理

基肥施用1 000千克/亩农家肥。种肥选择专用复合肥（18-12-10）30千克/亩、硫酸钾10千克/亩，在播种时混合施用。

追肥全生育期40千克/亩左右，亩滴肥4～6次。现蕾—始花期滴灌1～2次，追施氮磷钾配比为30-15-7的水溶肥2～4千克/亩；盛花期滴灌2次，追施氮磷钾配比为10-20-20的水溶肥4～6千克/亩；薯块膨大期滴灌2次，追施氮磷钾配比为10-10-30的水溶肥4～6千克/亩；淀粉积累期滴灌1～2次，追施氮磷钾配比为0-0-10的水溶肥2～4千克/亩。

四、化学调控

齐苗封垄后，地上部分生长过旺时，可喷施多效唑可湿性粉剂控制地上部

机械化作业

无人机"一喷三防"

分徒长，促进地下块茎膨大。

五、其他配套措施

（一）病虫害防治

马铃薯早、晚疫病发生时喷施保护兼杀菌剂银法利或甲霜灵·锰锌可湿性粉剂等防治。防治马铃薯的蛴螬、蝼蛄、小地老虎、二十八星瓢虫等虫害，可配制毒土均匀撒在土壤表面，整地时施入。在播种前用毒死蜱·辛硫磷处理土壤。虫害发生后，喷施杀虫剂进行防控。

（二）除草

播后15～20天封闭灭草，若草未灭净则再喷施化学除草剂除草。封垄后采用人工拔除方法除草。

（三）收获

马铃薯收获前7天采用打秧机进行杀秧。杀秧后切碎茎秆，茎秆切碎长度≤20厘米，留茬高度≤15厘米，漏打率≤6%。当马铃薯植株的大部分茎叶由绿转黄并逐渐枯萎，匍匐茎与薯块脱离，块茎表皮形成较厚的木栓层时，标志着马铃薯已经成熟，用机械及时收获。采用残膜回收机械回收残膜。

马铃薯机械化收获

六、应用案例

2024年在定西市安定区鲁家沟花岔村、大岔村、小岔口村建设引水集水水肥一体化马铃薯高产示范区1.14万亩，应用"高标准农田＋引水集水＋水肥一体化＋全程机械化＋脱毒种薯应用＋增施有机肥"的高产节水技术配套"机械深松旋耕整地＋铺膜垄作种植（黑膜、滴灌带）＋中耕培土＋高效植保（喷药机、无人机统防统治）＋杀秧＋收获＋残膜捡拾"的集成模式，实现马铃薯种植的自动化、集约化、高效化生产。

试验田全景

鲁家沟示范区

示范区平面布局

　　按照示范区建设前种植商品薯、建设后种植种薯计算对比，马铃薯亩产由1 400千克提高到3 300千克，亩均产值由1 960元提高到8 580元，扣除生产成本（示范区建成前亩均投入960元，建成后亩均投入2 990元），亩均净收益由1 000元提高到5 590元；每年还可吸纳200人就近季节性务工（务工3个月、每天每人120元），户均增收1万元以上，实现了马铃薯种植增产增效和农民增收"双赢"。

　　（甘肃省耕地质量建设保护总站郭世乾、葛承暄、蔡澜涛，帝益生态肥业股份公司刘新领、张艳民）

陕北马铃薯滴灌水肥一体化技术模式

一、技术概述

陕北人均水资源占有量低于全国和全省平均水平，十年九旱，昼夜温差大、光照充足、沙地土质疏松，是马铃薯的最佳种植区。该技术以水肥一体化为核心，实现水肥精准调控，能够大幅度地减少灌溉量、施肥量，避免了资源的浪费，节约了人力成本的投入。采用该技术，中早熟品种产量3 500千克/亩，晚熟品种产量4 000千克/亩。该技术模式适用于陕北及同类生态区域有灌溉水源的马铃薯种植区域。

二、整地播种与管道铺设

（一）精细整地

前茬作物以禾谷类、豆科作物为宜，不得连作，也不得选择茄科作物和根茎类作物。选择地势平坦、集中连片地块，清洁田园，结合机械深耕撒施或深施基肥、毒饵（每亩用50%辛硫磷乳油50克，拌炒熟的麸皮或谷子5千克，或用3%辛硫磷颗粒剂1千克拌20千克细土，撒施于土壤中），深翻30厘米以上，随即耙耱收墒。

（二）科学播种

1.选用良种

选用符合脱毒一级种以上的种薯，品种选择冀张薯12号、陇薯7号、希森6号、青薯9号、露辛达、实验一号等。

2.催芽拌种

播前15天进行晾种、催芽。种薯切块时利用顶芽优势并切成方形减少伤口面积，保证每个薯块上有1～2个芽眼，切刀用75%的酒精消毒，单块重30～45克；每10 000千克切块，用滑石粉100千克，70%甲基硫菌灵可湿性粉剂3千克，6%春雷霉素可湿性粉剂3千克拌种。

3.播种

适宜播期为4月中下旬到5月上中旬，当10厘米土壤温度稳定在10℃时即可播种。用机械一次性完成起垄、播种、铺滴灌带等工作。

（三）管道铺设

水泵宜采用潜水泵和恒压变频控制装置；施肥罐宜选用压差式施肥罐。水源一级过滤宜选用离心式和筛网式过滤器组合过滤，施肥罐出口二级过滤宜采用120～200目叠片式或筛网式过滤器。

主管埋在地下，埋深结合土壤冻层深度、地面荷载确定。主管宜采用PE和PVC塑料给水管，管径50毫米，壁厚3毫米。支管铺在地面，与田间作业方面垂直，宜采用PE管，壁厚2.0～2.5毫米，管径32毫米，管材应符合GB/T 13663.2的规定。滴灌带与畦长相同，壁厚0.2～0.4毫米，内径10～16毫米，滴水孔间距20～30厘米。

首部设施　　　　　　　　　　　　　　膜下滴灌

（四）科学增密

垄距90厘米，株距21～24厘米，播种深度10～15厘米，留苗3 000～3 500株/亩。

三、水肥管理

（一）大量元素配肥

方案一：根据不同土壤类型，确定化肥以尿素、磷酸二铵、硫酸钾为基肥，尿素、磷酸一铵、硝酸钾为追肥的配肥方案，详见下表。

配肥方案一

土壤类型	基肥（千克／亩）				追肥（千克／亩）			肥力状况
	有机肥	尿素	磷酸二铵	硫酸钾	尿素	磷酸一铵	硝酸钾	
潮土	2 000	10	24	20	15	18	35	中上
黄绵土	2 000	10	25	20	18	18	37	中等
新积土	2 000	12	25	20	20	18	40	中下

方案二：根据不同土壤类型，确定化肥以尿素、磷酸一铵、氯化钾为基肥，尿素、磷酸一铵、硝酸钾为追肥的配肥方案，详见下表。

配肥方案二

土壤类型	基肥（千克／亩）				追肥（千克／亩）			肥力状况
	有机肥	尿素	磷酸一铵	氯化钾	尿素	磷酸一铵	硝酸钾	
潮土	2 000	15	25	16	15	18	35	中上
黄绵土	2 000	15	26	16	16	18	37	中等
新积土	2 000	18	26	16	18	18	40	中下

方案三：根据不同土壤类型，确定化肥以马铃薯专用肥（高钾低氮，N-P$_2$O$_5$-K$_2$O为12-19-16）为基肥的配肥方案，详见下表。

配肥方案三

土壤类型	基肥（千克／亩）		追肥（千克／亩）			肥力状况
	有机肥	专用肥	尿素	磷酸一铵	硝酸钾	
潮土	2 000	50	22～25	16～20	35～38	中上
黄绵土	2 000	50	24～27	16～20	36～40	中等
新积土	2 000	60	24～28	16～20	36～40	中下

（二）中微量元素配肥

中微量元素采用因缺补缺施肥策略。土壤缺Mg、缺Zn、缺Fe或缺B，用0.1%～0.3%的硫酸镁、硫酸锌、硫酸亚铁或硼砂根外喷施，一般在苗期和开花期喷雾两次，每亩用溶液50～70千克。

（三）灌溉施肥

追肥根据不同生育阶段的需肥规律，将配肥方案一至三确定的用量通过滴灌或喷灌的方式施入，因水施肥、以水促肥，从而达到马铃薯水肥一体化应用，灌溉次数、用水量、施肥量参考下表。

各生育阶段灌溉施肥方案

生育阶段	尿素（千克／亩）	磷酸一铵（千克／亩）	硝酸钾（千克／亩）	滴灌		喷灌	
				灌水量（米³／亩）	次数	灌水量（米³／亩）	次数
出苗—现蕾	6 ～ 10	10 ～ 12		40 ～ 50	2 ～ 3	60 ～ 70	3 ～ 4
现蕾—盛花	10 ～ 12	6 ～ 8	22 ～ 28	50 ～ 60	4 ～ 5	100 ～ 120	5 ～ 6
盛花—成熟	4 ～ 6		10 ～ 12	15 ～ 20	1 ～ 2	40 ～ 50	1 ～ 2
合计	20 ～ 28	16 ～ 20	32 ～ 40	105 ～ 130	7 ～ 10	200 ～ 240	9 ～ 12

四、化学调控

如有旺长趋势的田块，选用适宜的生长调节剂，兑水后在马铃薯地上部茎蔓封垄前进行喷施，严格按照使用说明书规定剂量使用。

五、其他配套措施

（一）病虫害防治

马铃薯二十八星瓢虫、蚜虫等虫害可选用2.5%溴氰菊酯乳油、4.5%高效氯氰菊酯乳油、50%抗蚜威可湿性粉剂、10%吡虫啉可湿性粉剂进行喷雾防治；马铃薯早疫病、马铃薯晚疫病等病害可选择70%丙森锌可湿性粉剂、80%代森锰锌可湿性粉剂、50%烯酰吗啉可湿性粉剂、25%嘧菌酯悬浮剂、68.75%氟菌·霜霉威悬浮剂、70%甲基硫菌灵可湿性粉剂等交替使用防治。

（二）适时收获

1.收获期确定

9—10月，马铃薯地上部大部分枯黄，达到生理成熟。叶色变黄转枯，块

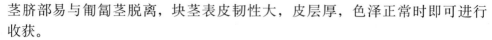

茎脐部易与匍匐茎脱离，块茎表皮韧性大，皮层厚，色泽正常时即可进行收获。

2.杀秧收获

提前7天用杀秧机将薯秧割除，收获时选择晴天进行，利用收获机进行收获，收获后块茎避免暴晒、雨淋和霜冻。

六、应用案例

2023年，在靖边县东坑镇建立1 300亩智能水肥一体化示范区。示范区比普通滴灌节约人工75%，节水37%，节肥21%，节约电费58%。示范区马铃薯平均亩产3 300千克，比周边大田增产595千克，亩投入减少142.5元，亩合计增收951.7元。1 300亩马铃薯实现纯效益255.14万元。

（陕西省农业技术推广总站刘英、李晓荣，榆林市农业技术推广服务中心马丽娜）

河西灌区大豆玉米带状复合种植水肥药一体化技术模式

一、技术概述

该技术以大豆玉米带状复合种植和水肥一体化技术为核心，采用2～4行玉米搭配3～4行大豆的带状布局，构建"两协同、一调控"的资源利用和株型调控理论，通过缩短株距增加密度、一体化灌水施肥、化控抗倒、绿色防控等措施，以确保两种作物都能获得充足的光照，充分利用边行效应实现作物合理共生。该技术既保证了玉米的产量，又增收了一季大豆，同时提高了作物的品质，实现双丰收，可实现玉米600千克以上、大豆50千克以上目标亩产量，亩节本增效80元，单方水效益2～3元。该技术模式适用于甘肃河西灌区。

二、整地播种与管道铺设

（一）精细整地

播前整地，耙、耕、耱深松机械一体化作业，达到耕层土壤松、细、匀、平。

（二）适期播种

玉米的播种期为4月上旬至中旬，大豆的播种期为4月中旬至5月上旬。

（三）管道铺设

滴灌带按不同模式铺设。"2＋3"模式：2行玉米＋3行大豆，玉米行铺设1条滴灌带，大豆行铺设1条滴灌带。"4＋4"模式：4行玉米＋4行大豆，玉米行、大豆行各铺设2条滴灌带。

大豆玉米一体化播种机

机械化覆膜

机械化铺设

（四）科学增密（播种行距）

玉米行距与穴距分别为40～60厘米、10～20厘米，大豆穴距为8～20厘米。

三、水肥管理

基肥亩施农家肥2 000～2 500千克，同时一次性机械分带施足大豆玉米专用缓（控）释肥。玉米亩施氮肥（N）5.5～7.5千克、磷肥（P_2O_5）4.5～6.0千克、钾肥（K_2O）1.5～2.5千克、10%农用硫酸锌2.0千克或20%硫酸锌1.0千克；大豆亩施氮肥（N）1.5～2.0千克、磷肥（P_2O_5）2.0～2.5千克、钾肥（K_2O）0.5～1.0千克。

追肥采用水肥一体化分次施入。玉米全生育期，追肥3～4次，亩施氮肥（N）10～15千克、磷肥（P_2O_5）4.5～6.0千克、钾肥（K_2O）1.5～2.5千克；同时，在拔节期至灌浆期增加喷施0.25%磷酸二氢钾2～3次，生长中后期喷施叶面肥1～2次。大豆于初花期和结荚期喷施硼肥或钼肥15～20克兑水15千克进行追肥。

水肥一体化滴灌

田间长势

玉米全生育期滴灌水7次，特殊干旱年份加灌1次。灌溉定额为175～210米³/亩，出苗期至拔节期灌水1次，每次20～25米³/亩；拔节期至大喇叭口期灌水1次，每次25～30米³/亩；大喇叭口期至抽穗期灌水2次，每次25～30米³/亩；抽穗期至灌浆期灌水2次，每次25～30米³/亩；灌浆期至成熟期灌水1次，每次25～30米³/亩。

大豆全生育期一般滴水6～7次，总灌水量180～210米³/亩，每次灌水量一般在10～30米³/亩。具体灌水次数和灌水量根据大豆的生长阶段和土壤墒情进行调整。在大豆的苗期、分枝期、初花期、盛花期、结荚期和鼓粒期都需要进行灌水。

四、化学调控

玉米化学控旺：7～10叶展开时，喷施矮壮素、胺鲜·乙烯利等控制玉米株高。

大豆化学控旺：根据长势在3叶期、5叶期或初花期每亩用5%的烯效唑可湿性粉剂20～50克（苗期剂量可小至20克），兑水30～50千克喷施茎叶控旺。

无人机化学药剂喷洒

五、其他配套措施

(一) 病虫害防控

玉米防治病虫：注意玉米螟、斜纹夜蛾、玉米纹枯病等病虫防治。采用物理、生物与化学防治相结合，利用智能LED集成波段杀虫灯和性诱剂等诱杀害虫；在玉米苗后3～4叶期、玉米大喇叭口期至抽雄期、大豆结荚期至鼓粒期，根据病虫预测或发生情况，选用相应的杀菌剂、杀虫剂、增效剂，根据玉米、大豆生长情况增加必要的植物生长调节剂、微肥等，结合无人机统防病虫害3次。无人机每亩用药液量1.5～2升。

黄板理化诱导

杀虫灯理化诱导

性诱导器理化诱导

大豆防治病虫：注意锈病、根腐病、斜纹夜蛾、高隆象、黑潜蝇及点蜂缘蝽等，与玉米病虫害统一预防。

（二）草害防控

玉米杂草防除：播后芽前用96％精异丙甲草胺乳油100毫升/亩进行封闭除草；苗后3 ~ 5叶期，根据当地草情，在当地植保技术人员指导下，选择对大豆没有药害的玉米茎叶除草剂进行定向喷雾。后期对于难防杂草，人工进行拔除。

机械化化学除草

大豆杂草防除：播后芽前用96％精异丙甲草胺乳油85毫升/亩进行封闭除草；在大豆2 ~ 3个三出复叶期、杂草3 ~ 4叶期，根据当地草情，在当地植保技术人员指导下，选择对玉米没有药害的大豆茎叶除草剂。后期对于难防杂草，人工进行拔除。

（三）机械收获

选用与播种行距偏差不超过5厘米的当地常用3行玉米收获机，选用割台幅宽与大豆条带幅宽相匹配的大豆收获机；两种作物熟期相同的区域，玉米、大豆收获机可以一前一后同步跟随作业；两种作物熟期不同的区域，玉米、大豆按照熟期先后分别进行收获作业。

六、应用案例

凉州区武南镇下中畦村高标准农田示范点内，建成1 000亩大豆玉米带状复合种植示范园，制定了适宜本地的大豆玉米带状复合种植技术方案。主要种植品种铁豆82、中黄30、丰豆8号、豫豆14，主推技术模式采用"2＋3模式"（2行玉米＋3行大豆）或"4＋4模式"（4行玉米＋4行大豆），同时建成50亩大豆新品种试验示范田、50亩玉米新品种试验示范田、880亩垄膜滴灌示范田。通过配套适宜品种、病虫害防治、水肥调控等技术最大限度发挥带状复合种植模式的潜力，实现了玉米亩产600千克以上、大豆亩产55千克以上，有效促进了玉米、大豆生产水平和种植收益提高。

（甘肃省耕地质量建设保护总站郭世乾、葛承暄、蔡澜涛）

黄土高原东部谷子滴灌水肥一体化技术模式

一、技术概述

谷子滴灌水肥一体化技术集成了谷子栽培和滴灌水肥一体化技术。该技术可解决谷子生产中因春旱而导致的无法播种、难保全苗的问题，以及漫灌费水费工、中耕追肥费工费时的问题。应用谷子滴灌水肥一体化技术，较旱地亩增产20%左右，节肥20%左右，为提升谷子产区综合生产能力发挥积极的促进作用，也可为谷子的标准化、规模化、现代化生产提供技术保障。该技术模式适用于地势平坦、地面平整，具备完好的滴灌设施，灌水方便，土层深厚，耕层结构良好的土壤。

二、整地播种与管道铺设

（一）精细整地

秋季进行深耕30厘米以上，春季进行旋耕、耙耱保墒，做到上虚下实，无坷垃，表土平整。结合整地，亩施腐熟有机肥1 000千克以上。

（二）适期播种

根据地域特点、生产条件和谷子的品种特性，选择适宜的播期，保证耕作层地表5厘米以下土壤温度稳定在10℃以上即可播种。春播谷子一般在5月上旬至中旬播种。采用谷子精量播种机，一次性完成播种、施肥、覆膜（地膜覆盖地区）、铺设滴灌带、镇压。亩留苗3.5万株以上。

（三）管道铺设

播种前完成地上主、支管的铺设，然后连接滴灌带，进行试水，如有堵漏，及时修复或更换，同时调整减压阀压力，使滴灌带处于正常工作压力范围内。根据地上支管连接处出水口压力、滴灌带质量、滴灌带性能指标，以及滴水垄向的地形、地貌、坡度、坡向，确定滴灌带铺设长度，滴灌带铺设长度一般为80～120米，以保证滴头灌水均匀。

深耕整地

施有机肥

铺设管道

机械播种

播种效果

封闭除草

三、水肥管理

（一）肥料施用

采用测土配方施肥技术，根据目标产量和土壤养分状况，确定施肥量。全部的磷钾肥和50%～60%的氮肥采用种肥同播的方法作基肥施入，40%～50%氮肥通过水肥一体化方法作追肥施入。

（二）滴水出苗

播种时墒情不足，即0～20厘米土壤相对含水量低于50%时，在播后2～3天，滴灌补一次出苗水（此次滴灌不加任何肥料），亩灌水量20米³左右，以保证顺利出苗。

（三）灌溉施肥制度

不考虑降雨因素，谷子生育期内

滴水出苗

一般需滴灌3次。第一次在谷子拔节期，第二次在谷子孕穗期，第三次在谷子灌浆期，每次亩滴灌水量20～30米³。实际生产过程中，根据不同生育时期的降雨量和土壤墒情，因地制宜选择灌溉时期和灌水量。

（四）无人机喷肥

在谷子拔节、孕穗、灌浆等关键生育时期，根据谷子生长情况，通过无人机适量喷施叶面肥、作物生长调节剂等，促进谷子生长。

田间长势　　　　　　　　　　　　　　无人机喷防

四、化学调控

如果谷子出现旺长趋势，可在拔节期叶面喷施多效唑控旺防倒。

五、其他配套措施

（一）病虫草害防治

白发病采用甲霜灵可湿性粉剂拌种防治；谷瘟病采用喷施春雷霉素防治。地下害虫采用辛硫磷乳油拌土撒施防治；粟灰螟、玉米螟等害虫喷施氯虫苯甲酰胺悬浮剂防治，成虫采用频振灯诱杀。喷施谷友可湿性粉剂进行苗前封闭除草；喷施2甲4氯钠可湿性粉剂进行苗后除草。

（二）机械收获

谷子颖壳变黄、谷穗断青、籽粒变硬，即可收获。采用谷子联合收割机一次性收获，及时晾晒、入库。

（三）秸秆还田

结合联合收获，一次性秸秆粉碎还田。

拌种防病　　　　　　　　虫害防控　　　　　　　　机收还田

六、应用效果和案例

2024年，在榆次区东阳镇山西农业大学试验示范基地，试验示范谷子滴灌水肥一体化技术20亩，品种为晋谷21，播种时间4月28日，亩播种量0.2千克，亩留苗均控制在3.6万株左右。亩施氮肥（N）4千克、磷肥（P_2O_5）4千克、钾肥（K_2O）2千克，通过水肥一体化追氮肥（N）3千克。谷子滴灌水肥一体化技术试验示范田亩投入滴灌带185元，亩投入主管、蝶阀、小阀门、打孔器等材料55元（按两年使用期平均）。谷子滴灌水肥一体化技术试验示范田谷子亩产463千克，比雨养露地谷子亩产248千克增产215千克，按照谷子单价4元/千克计，除去滴灌材料投入，每亩净增收620元。

（山西农业大学卢成达，山西省耕地质量监测保护中心陈海鹏）

西北绿洲灌区油葵水肥
一体化技术模式

一、技术概述

油葵是西北地区重要油料作物之一，该技术集成优良品种、合理密植、精量播种、干播湿出、水肥一体化等关键技术，实现百亩攻关目标：籽粒产量≥340千克/亩；千亩创建目标：≥300千克/亩；万亩示范目标：≥270千克/亩，均增产达8%～10%及以上。该技术模式适用于新疆和甘肃河西走廊地区。

二、整地播种与管道铺设

（一）精细整地

1.深施基肥

在秋翻前，瘠薄地每亩均匀撒施尿素15～20千克、过磷酸钙30～35千克、硫酸钾7～10千克以及充分发酵的农家肥800～1 200千克，提升土壤肥力，优化土壤的团粒结构，为油葵生长提供充足养分。

2.秋翻

在土壤即将上冻之际进行秋翻，深度控制在25～28厘米。每4～6年进行一次深度为45～55厘米的深松作业，深松有助于增强土壤通气性与透水性，促进油葵根系在土壤中更好地伸展与发育。

3.整地

优先选用重型圆盘耙搭配激光平地仪进行整地操作，确保土地平整度达到更高标准。整地方式：完成犁地后迅速开展耙地作业以保墒，先沿地块

整地待播

对角线方向耙地2遍，接着均匀喷施48%氟乐灵乳油实施封闭除草，之后再纵向耙地1遍。整地要求：整地需达到"平、碎、净、齐、实"的高标准，重点关注"实"字，虚土层厚度务必控制在3厘米以内，避免因土壤过于疏松致使播种时出现种子悬空或种孔偏差等问题。

（二）适期播种

1.种子处理

精选油葵种子，去除瘪粒、病粒与杂质，保证种子纯度与净度在98%以上。播种前将种子晾晒2～3天，然后用种衣剂进行包衣处理，预防地下害虫与苗期病害。

2.播种时间

当5厘米土壤温度稳定在8～10℃时即可播种，一般在4月中旬至5月上旬进行，具体时间依据当地气候条件灵活调整，确保油葵在适宜的温度与光照条件下生长发育。

3.播种量与深度

采用精量播种机播种，每亩播种量为400～500克。播种深度保持在1～2厘米，采用干播湿出方式，播种过深易导致出苗困难、幼苗细弱，过浅则种子易落干，影响出苗率。

4.播种方式

采用宽窄行种植模式，宽行60～70厘米，窄行40～50厘米，株距25～30厘米，这种种植方式有利于通风透光、田间管理与机械化作业。

精量点播

（三）管道铺设

滴灌带随播种同时铺设，滴灌带铺设在窄行中间，滴灌带的铺设根据地形、水源合理规划。滴灌带单侧布置长度不超过60米，滴水器间距30厘米左右，滴孔朝上，采用一带二行滴水模式。播种后迅速连接滴灌支管与毛管，仔细检查毛管有无喷水或滴漏情况；确认毛管三通和地面副管连接完好，所有连接部位均无渗漏现象。保证主副管无泄漏，滴灌系统水压平稳。

三、水肥一体化

除基肥外，全生育期适时滴水、滴肥，结合滴水滴施尿素13 ~ 25千克/亩、专用滴灌肥28 ~ 40千克/亩（总含量≥50%以上）、硫酸钾10 ~ 15千克/亩、硼肥1 ~ 2千克/亩、微肥2 ~ 4千克/亩，分4 ~ 6次施入，滴肥应在油葵生长中期以前进行。全生育期滴水7 ~ 9次。

（一）滴水出苗

1.滴水出苗

播种完成后48小时内必须滴水。首次滴水，每亩滴水量25 ~ 30米³，盐碱含量较高的油葵田亩滴水量35米³，同时随水滴施腐植酸肥料或生物菌剂，确保种孔不出现明水。

2.滴水后管理

若有缺苗状况，需及时补种。播种出苗后遇雨，应及时开展1 ~ 2次中耕作业，遵循先浅后深原则，深度15 ~ 18厘米，尽可能增加中耕宽度，避免拉沟、拉膜、埋苗现象。以此快速散墒，提升地温，防止油葵烂种、烂根。

（二）现蕾期管理

现蕾期是油葵生长的关键时期，对水分需求逐渐增加。此时应根据土壤墒情和天气状况，每7 ~ 10天滴水一次，亩滴水量30 ~ 40米³，保持土壤含水量在田间持水量的65% ~ 85%。结合滴水滴施尿素5 ~ 10千克/亩、专用滴灌肥8 ~ 10千克/亩、硫酸钾3 ~ 5千克/亩、硼肥0.5千克/亩，促进花芽分化和花器官发育。

（三）开花期和盛花期管理

油葵开花期对水分极为敏感，需保证充足供水。每5 ~ 7天滴水一次，亩滴水量40 ~ 50米³，维持土壤含水量在田间持水量的70% ~ 80%。追施磷酸二氢钾3 ~ 5千克/亩，可采用叶面喷施和随水滴施相结合的方式，增强油葵的抗逆性，提高开花质量和结实率。盛花期，根据植株生长情况，结合滴水滴施尿素5 ~ 10千克/亩、专用滴灌肥10 ~ 15千克/亩、硫酸钾3 ~ 5千克/亩、硼肥0.5千克/亩、微肥1 ~ 2千克/亩，防止植株早衰。

（四）灌浆期管理

灌浆期是油葵籽实充实的重要阶段，仍需保证一定的水分供应。每

7 ～ 10天滴水一次，亩滴水量30 ～ 40米^3，保持土壤含水量在田间持水量的60% ～ 70%。后期适当减少滴水量，防止贪青晚熟。结合滴水滴施尿素3 ～ 5千克/亩、专用滴灌肥10 ～ 15千克/亩、硫酸钾5 ～ 8千克/亩、硼肥0.5千克/亩、微肥1 ～ 2千克/亩；同时，可叶面喷施磷酸二氢钾和氨基酸叶面肥等，每隔7 ～ 10天喷施一次，连喷2 ～ 3次，提高油葵的千粒重和含油率。

（五）成熟期管理

油葵进入成熟期后，应逐渐减少水分供应，一般在收获前10 ～ 15天停止滴水，以便于收获和晾晒。此阶段不再追施肥料，重点是促进油葵籽实的后熟和干燥，提高含油率和品质。

滴水出苗

现蕾期

向日葵开花

向日葵成熟

四、其他配套措施

（一）病虫害防治

田间管理的早期，植株高度不高的时候，如发现有菌核病可用拖拉机带大型喷雾装置喷洒药液，喷洒400倍液的50%乙烯菌核利，连续喷两次，时间间隔7～10天；若有霜霉病植株，则喷洒300～500倍液的40%乙膦铝可湿性粉剂或者400～500倍液的58%甲霜灵·锰锌可湿性粉剂。苗期防治蚜虫，拖拉机进行农药喷雾，可用50%抗蚜威可湿性粉剂2 000～3 000倍液或者70%灭蚜松可湿性粉剂1 000倍液喷雾，严重地块可用4 000～6 000倍液1.8%阿维菌素喷雾。

褐斑病调查防治

病害防治＋无人机喷施叶面肥

（二）适时采收

当油葵舌状花脱落，茎秆上部以及花盘背面变黄，果皮变硬时进行机械收获，提前或延迟收获均影响出油率。籽粒到晒场后及时摊开晾晒，以免发热变质，干籽粒水分含量≤12%时即可装袋。

机械收获

五、应用案例

2023年新疆阿勒泰地区阿勒泰市切尔克齐乡克依干库独克村种植户杨开心种植的油葵新品种新葵25，采用了膜下滴灌、精量点播、密植栽培、水肥一体化、病虫害绿色防控及全程机械化等多项配套高产高效栽培技术，测产结果330.65千克/亩。

（新疆维吾尔自治区耕地质量监测保护中心王飞、吕姣姣、闫翠侠，新疆农垦科学院作物研究所柳延涛，塔城地区农业技术推广中心李亚莉）

西北绿洲灌区棉花水肥一体化技术模式

一、技术概述

棉花是国家重要战略物资，以"优质、高产、高效、绿色、可持续"为目标，在水肥一体化基础上集成精量播种、合理密植、干播湿出等关键技术，实现百亩攻关籽棉产量600千克/亩、千亩示范550千克/亩、万亩示范500千克/亩，增产达8%～10%。该技术适宜于新疆和甘肃河西走廊地区种植。

二、整地播种与管道铺设

（一）精细整地

1.深施基肥

秋翻前亩施磷酸二铵20～25千克、硫酸钾5～8千克、腐熟农家肥1～3吨，增加土壤有机质含量，改善土壤结构。

2.秋翻

北疆地区棉田上冻前及时秋翻，深耕28～30厘米，有条件的地块3～5年深松一次，深度50～60厘米，有利于改善土壤耕层结构，打破犁底层，提高土壤蓄水保墒能力，促进根系生长。

秋翻

秋施农家肥

3.整地

使用分流式平地机开展整地作业。犁地后应尽快耙地封塘，便于保障后期播种质量。首先对角整地1遍，随后喷施33%二甲戊灵乳油进行土壤封闭，再直耙1遍。整地要求：整地质量达到"平、碎、净、齐、实"标准，尤其要突出一个"实"字，虚土层不得超过5厘米，防止土壤过于疏松造成播种时种孔错位。

分流式整地机整地

平土框平地

（二）适期播种

1.播种机械

采用适宜干播湿出的棉花播种机械，播种机穴播器鸭嘴为"十"字形小尖嘴，长度2.6～2.8厘米。

2.铺膜质量

选用厚度0.015毫米、幅宽2.05米地膜，铺膜达到"严、平、直、紧、实"五字标准，地膜采光面大且平展。

3.播种时间

适期播种，当5厘米地温连续3天稳定达到12℃时即可播种，参考北疆地区最佳播期一般在4月10—20日，南疆地区在4月5—15日。

4.播种方式

提倡使用北斗导航自动驾驶机械进行作业，采用侧封土方式。播种深度不宜过深，一般为1厘米左右。做到浅播种、匀下籽，一穴一粒，空穴

机械播种

北斗导航精量播种

播种、滴灌带浅埋和镇压同步完成

率小于2%。

5.其他要求

播种机导带管、导带滑轮等附件设备定位要准确，防止播种机穴播器鸭嘴扎破滴灌带。

（三）管道铺设与科学增密

采用一膜六行三管模式，行距66厘米＋10厘米或64厘米＋12厘米，株距9～10厘米，亩保苗1.2万～1.5万株。滴灌带铺设在窄行中间，通过滴灌浸润使土壤墒情均匀一致，保障出苗整齐，有效缩小中行、边行的苗情差异。

三、水肥管理

（一）滴水出苗

1.滴水准备

播种后及时连接滴灌支管和毛管，认真检查毛管有无喷漏。毛管三通和地面副管之间是否连接完整，所有连接处有无渗漏。确保主副管无泄漏，滴灌系统水压稳定。

2.滴水时间及滴水量

播种后48小时内务必开始滴水，4月22日前结束滴水出苗工作。第一次滴水，亩滴水量15～20米^3，盐碱含量较高棉田亩滴水量20米^3，并随水滴施腐植酸肥料1～3千克/亩，种孔不能出现明水。5～7天后滴第二次水，亩滴水量10～15米^3。

3.滴水后管理

缺苗地块须及时进行补种。播种出苗后遇雨要及时开展1～2次中耕作业，先浅后深，深度15厘米左右，尽量增加中耕宽度，不拉沟、不拉膜、不埋苗。做到快速散墒，提高地温，防止棉花烂种、烂根。

（二）蕾期滴水滴肥

坚持促进壮苗早发、头水前移原则，滴水 1 ~ 2 次。在 5 月 20 日前滴头水，滴水带肥促苗，滴水量 15 ~ 20 米³/亩，追施尿素 2 ~ 3 千克/亩、高磷低钾肥 1 ~ 2 千克/亩；10 ~ 12 天后进行第二次滴水，滴水量 25 ~ 30 米³/亩，追施尿素 2 ~ 3 千克/亩、高磷低钾肥 2 ~ 3 千克/亩。长势较旺棉田头水适当推迟，滴水量 20 ~ 25 米³/亩，施用高磷低钾肥 3 ~ 5 千克/亩。头水滴水量要到位，确保浸润深度达到 40 厘米，增强主根发育，促进根系下扎，施肥量根据棉田长势长相适当增加磷钾肥用量。

（三）花铃期滴水施肥

花铃期是棉花水肥需求高峰期，棉田见花后加大水肥投入，滴水 5 ~ 6 次，滴水周期缩短至 6 ~ 7 天，每次滴水量 30 ~ 35 米³/亩；施肥以中氮磷高钾为原则，每次施尿素 3 ~ 5 千克/亩、磷钾肥 3 ~ 5 千克/亩。

（四）吐絮期滴水施肥

吐絮初期滴水施肥有防止早衰、促进棉铃膨大、增加铃重的作用，单次滴水量不宜过大，以 20 米³/亩左右为宜，随水滴施尿素 7 千克/亩、低磷高钾水溶肥 5 ~ 8 千克/亩。根据棉铃发育情况应当在 8 月 15 日停止施肥，8 月 25 日前后停止滴水。长势偏旺棉田提前停水，土壤保水较差的地块或遇高温天气可适当推迟停水时间。

滴水出苗

水肥一体化管理

四、化学调控

（一）子叶期化控

在子叶平展时进行化控，亩用缩节胺 1 ~ 1.5 克，促进生根，化控时同步防治蓟马。采用牵引式或自走式打药机械作业，亩兑水量30千克，全田均匀喷雾。

（二）苗期化控

喷施缩节胺1～2次，第一次在2～4叶期，亩用量0.8～1克；若主茎节间长度大于7厘米或主茎高度大于株宽时适时进行第二次化控，亩用缩节胺1～1.5克。化控时同步防治蓟马，如遇连续干热天气，适当增加蓟马防治次数。

（三）蕾期化控

分别在6～7叶期、10～11叶期进行两次化控，每次亩喷施缩节胺1～2克，有效控制节间长度，防止棉花旺长。

（四）花铃期化控

一是花铃期化控。开花到打顶前化控1～2次，第一次在12～13叶期，亩用缩节胺2～3克；长势过旺棉田适时进行第二次化控，亩用缩节胺2～3克。二是打顶后化控。打顶后需要进行两次化控。第一次在打顶后5～7天进行，亩用缩节胺5～7克；第二次在打顶后8～10天进行，亩用缩节胺8～12克。

子叶期化控　　　　　　　　　　　　　　苗期化控

五、其他配套措施

（一）病虫害防治

一是苗期喷施地边保护带，减少虫源基数，防止棉蚜、棉叶螨迁移危害棉田。加强中心蚜株、螨株调查，如发现中心蚜株、螨株，围点打片，严禁全田施药。棉蚜蔓延时选择50%氟啶虫胺腈水分散粒剂、22.4%螺虫乙酯悬浮剂等药剂防治；棉叶螨发生时选用20%哒螨灵可湿性粉剂、30%乙唑螨腈悬浮剂等药剂防治；蓟马可选用60克/升乙基多杀菌素悬浮剂、25%噻虫嗪水分散粒剂等药剂进行防治。二是蕾期重点防治棉蚜、盲蝽、棉铃虫和枯黄萎病。棉蚜、盲蝽蔓延可以选择50%氟啶虫胺腈水分散粒剂、25%噻虫嗪水分散粒剂、22.4%螺虫乙酯悬浮剂等药剂交替喷施，进行防治。棉铃虫坚持系统调查和监测，控制一代发生量，充分利用玉米诱集带、性诱剂、杀虫灯等诱杀害虫；科学合理用药，打在卵高峰、治在三龄前，控制二、三代密度。三是花铃期加强对棉蚜、棉铃虫、棉叶螨、蓟马的防治。棉铃虫优先选用核型多角体病毒生物农药，化学农药可选用0.5%甲维盐乳油、15%茚虫威悬浮剂等药剂轮换防治。棉蚜、蓟马、棉叶螨用药同上，注意交替用药。

喷叶面肥杀虫剂（大型机械）　　　　　喷叶面肥杀虫剂（无人机）

（二）适时打顶

以枝到不等时、时到不等枝为原则，北疆地区打顶工作在7月5日前结束，南疆地区7月10日前结束，打顶后平均保留果枝7～8台，棉株自然高度控制在75～90厘米。打顶方式可采用人工打顶或化学封顶，如果7月5日前（南疆地区7月10日）单株果枝达到10台以上、亩有效果枝达到11万～12万台的棉田，可采用化学打（封）顶；单株果枝少于9台、亩有效果枝不到10万台的棉田要采用人工打顶。

（三）化学脱叶

棉田吐絮率达到30%～40%时喷施脱叶剂，脱叶剂喷施7天内日平均温度应保持在18℃以上、夜间最低温度不低于12℃，确保脱叶效果。喷施脱叶剂应在9月10日前结束。喷施脱叶剂时使用有分禾器的吊杆式喷雾机，确保打匀打透。脱叶剂可使用54%噻敌、80%噻本隆等药剂加乙烯利进行脱叶催熟。

若遇天气变化或脱叶效果较差地块，间隔5～7天进行第二次喷施作业。严禁使用无人机开展脱叶剂喷施作业。

适时打顶

人工打顶

化学脱叶

机械式吊杆脱叶剂喷施

（四）适时机采

停水后及时拆除、回收滴灌设施，清除杂草、挂枝残膜及障碍物，为采棉机进地做好准备。棉花脱叶率达到90%以上，吐絮率达到95%以上，及时进行采收。采棉机采收作业速度控制在3.5～5千米/时。及时检测棉花的采净率、回潮率及含杂情况，回潮率＞12%时不应继续采收。要求采净率93%以上，遗留棉3%～5%，撞落棉1%～2%，含杂率10%以下，籽棉含水率≤12%。

机采收获

（五）清除残膜

棉花收获后，采用残膜回收机一次性完成秸秆还田、起膜、上膜、清杂、脱膜、残膜打卷或装箱等全套作业程序。当季农田地膜回收率85%以上、秸秆粉碎长度＜10厘米。残膜回收时应尽量降低含杂率，方便回收利用。残膜要集中处理，不能堆放在田边路旁，防止二次污染。完成残膜清理后，要及时秋翻。

秸秆粉碎还田

清理残膜

六、应用案例

2024年巴楚县多来提巴格乡恰江村的百亩棉花高产示范棉田，通过集成应用膜下滴灌、水肥一体化、精量播种、全程机械化作业等技术，亩产达653千克。

百亩棉花高产示范棉田

（新疆维吾尔自治区耕地质量监测保护中心汤明尧、吕姣姣、闫翠侠，新疆维吾尔自治区农业技术推广总站蒍军、牛康康）

渭北旱塬苹果集雨补灌
水肥一体化技术模式

一、技术概述

　　针对渭北旱塬苹果园水利设施建设滞后、灌溉条件差、春夏季苹果需水高峰期普遍缺水，导致苹果减产、降质的产业突出问题，研发出多种集雨面土壤固化剂、柔塑水窖等雨水集流收集设施，发明了涌泉根灌、陶瓷根灌等高效微灌技术，提出了微灌条件下苹果节水补灌灌溉制度，建立了渭北旱塬苹果集雨补灌水肥一体化技术模式，使苹果园水分利用效率提高15%，产量增加10%以上，解决了自然降水与农作物需水供需错位问题，实现降水资源时空配置，缓解苹果园干旱缺水，实现增产增效，具有良好的经济、社会和生态效益。该技术适宜于渭北旱塬苹果园。

二、水肥一体化系统

　　苹果园集雨补灌水肥一体化技术模式水源一般采用果园周边沟道径流，或者使用集雨面收集的降雨，储存在大型敞口防蒸发蓄水池、镀锌波纹钢蓄水罐或者软体水窖中。为解决提水耗能问题，一般配置光伏阵列、光伏提水泵等设施。水肥一体化首部由过滤器、施肥器、阀门、压力表、水表、输配水管网、

滴灌管（带）

挖沟埋管

灌水器等组成。过滤器宜采用筛网或叠片过滤器，目数大于120目。施肥器宜采用比例施肥器、文丘里施肥器、小型直流电泵驱动施肥器等施肥设备，大面积果园须采用自动化水肥一体机。

三、管道铺设

小面积果园输配水管道使用干管、支管和毛管三级管网结构。干管管径Φ40或Φ32的PVC-U管或PE管，支管管径Φ32或Φ25的PVC-U管或PE管。干管根据地形布设，支管垂直于等高线布设，毛管平行于等高线布设。苹果园微灌工程地形变幅较大时，宜选用压力补偿式灌水器。水质较差的宜选用涌泉根灌灌水器，控制面积较小的宜选用微孔陶瓷灌水器。塑料灌水器流量为2～8升/时，微孔陶瓷灌水器流量不大于0.3升/时，每棵树至少配置2个灌水器。

首部泵房　　　　　　　　　　　　　　　　　支管

四、水肥管理

1.苹果园所在区域有设计耗水强度、计划湿润层、土壤湿润比等基础设计参数的，灌水定额、灌水周期、一次灌水延续时间、灌水器工作水头偏差率和允许流量偏差率等按照GB/T 50485执行。

（1）设计耗水强度宜由当地试验资料确定，一般取5.0～6.0毫米/天。

（2）深度0～1米的土壤水分上下限范围宜为田间持水量的55%～90%。

（3）计划湿润层宜根据不同树龄、不同品种的果树确定，宜选取20～80厘米。

（4）土壤湿润比。滴灌和涌泉灌应为25%～40%，地下滴灌和涌泉根灌应为30%～45%，微喷灌应为40%～60%。

（5）灌溉水利用系数。滴灌应大于0.9，涌泉灌和微喷灌应大于0.85，地下滴灌、涌泉根灌和微孔陶瓷根灌应大于0.92。

2.没有设计耗水强度、计划湿润层、土壤湿润比等基础设计参数的,根据苹果树的需水规律,采用节水灌溉技术。灌水次数和灌水定额按下表的规定取值。

灌水次数和灌水定额

灌溉方式	多年平均降雨量350～500毫米地区		多年平均降雨量500～650 毫米地区		主要灌水时间
	灌水次数	灌水定额（升／株）	灌水次数	灌水定额（升／株）	
滴灌	3～5	60	2～3	60	开花坐果期前1次 开花坐果期0～1次 果实膨大期1～3次
涌泉灌	3～5	70	2～3	70	开花坐果期前1次 开花坐果期0～1次 果实膨大期1～3次
地下滴灌	3～4	50	2～3	50	开花坐果期前1次 果实膨大期1～3次
涌泉根灌	2～3	50	2	50	开花坐果期前1次 果实膨大期1～3次
微孔陶瓷根灌	—	—	—	—	自开花结果期到果实膨大期连续灌溉

3.根据施肥的特点、作物的养分需求规律选择杂质少、易溶于水、相互混合产生沉淀极少及腐蚀性小的肥料。配肥时根据土壤肥力、作物生长状况等确定肥料量,严禁随意加大肥料用量使肥水浓度增高,防止烧根现象出现。土壤特别干旱时适当加大配水量。根据苹果需水需肥特点,按不同灌溉方式特点,随水施入,施肥制度如下表所示。

苹果施肥制度

施肥时期	施肥时间	施肥量	养分总含量
萌芽期至花芽分化前	4月初至5月上旬	N：全生育期总量的50%； P：全生育期总量的30%； K：全生育期总量的10%	
花芽分化期前	5月中旬至6月下旬	N：全生育期总量的20%； P：全生育期总量的40%； K：全生育期总量的15%	每生产100千克苹果,需纯氮0.7～1千克,纯磷0.35～0.5千克,纯钾0.7～1千克
花芽分化中后及第二次膨大期	6月底至9月上中旬	N：全生育期总量的30%； P：全生育期总量的10%； K：全生育期总量的60%	

（续）

施肥时期	施肥时间	施肥量	养分总含量
果实采收前	9月中下旬	N：0 P：全生育期总量的20%； K：全生育期总量的15%	每生产100千克苹果，需纯氮0.7～1千克，纯磷0.35～0.5千克，纯钾0.7～1千克

五、其他措施

应与绿肥间作、生草、地布、地膜覆盖等农艺措施相结合。地膜厚度、材质等应符合GB 13735的规定。

六、应用案例

宝鸡市扶风县新红锋基地于2021年建设集雨补灌水肥一体化项目，实施面积1 100亩，种植作物为苹果。水源为集雨水。主要建设内容大型敞口防蒸发蓄水池一座、输配水管网12 000米。项目总投资310万元。结合苹果膜下滴灌、地下滴灌技术对果树进行补灌。经测产，在该技术条件下，2023年苹果亩产3 200千克，当地其他果园平均亩产2 700千克，亩增产500千克，增产率为18.5%，苹果价格以10元/千克计算，亩增收近5 000元。

（西北农林科技大学赵西宁、蔡耀辉，陕西省农业技术推广总站刘英）

陇东苹果滴灌水肥一体化技术模式

一、技术概述

苹果滴灌水肥一体化技术在应用滴灌水肥一体化技术的基础上，结合气象站数据、土壤水分、溶液 pH 电导率检测等，进行自动智能灌溉施肥。通过实施滴灌水肥一体化技术，可实现目标嘎拉苹果每亩产量 3 000 千克，富士苹果每亩产量 2 500 千克。与苹果传统种植方法相比，每亩可增产 10%～14%，同时节水 40%～50%、节肥 30%～60%、节省 10～15 个劳力。还可降低空气湿度，减轻病害；改善土壤结构，提高地温，克服板结。

二、整地播种与管道铺设

（一）精细整地

应对果园进行精细整地，包括深耕、细碎土壤、清除杂草和石块等。同时，应根据果园的实际情况进行土壤改良，以提高土壤的肥力和通透性。

（二）管道铺设

选用微喷头进行灌溉施肥。灌水器每小时流量为 2 升左右，直径 16 毫米。滴灌管在地面一般顺行布置。

苹果树滴灌设备　　　　　　　　　　　　苹果树滴灌设备

（三）果树株行距

平地一般株距宜选择1米、1.5 ～ 2米，行距3.5米、4米，每亩栽培198棵、83 ～ 111棵。山地丘陵，株距可适当调整为1.8 ～ 2米，行距4米。

三、水肥管理

（一）水分管理

苹果年灌溉量750 ～ 1 200米^3/公顷。果树生长前期维持在田间持水量的70% ～ 80%，后期维持在田间持水量的60% ～ 70%。萌芽前后水分充足时，萌芽整齐，枝叶生长旺盛，花器官发育良好，有利于坐果。

果园蓄水池

果园软体水窖

（二）肥料管理

果树的施肥量需依据土壤肥力、土壤水分、树体长势、留果量等因素。一般平均每生产100千克果需追N 0.6 ～ 0.8千克、P_2O_5 0.3 ～ 0.5千克、K_2O 0.9 ～ 1.2千克。推荐使用有机无机水溶肥综合配施或果园施有机基肥加水肥一体化的模式进行。一般灌溉水中养分浓度含量为N 110 ～ 140毫克/升、P_2O_5 40 ～ 60毫克/升、K_2O 130 ～ 200毫克/升、CaO 120 ～ 140 毫克/升、MgO 50 ～ 60毫克/升。

（三）水肥一体化灌溉施肥时期及频率

果树灌溉施肥应依据少量多次和养分平衡原则，根据苹果各个生长时期需肥特点进行施肥。

花前肥约在3月下旬至4月初进行，以萌芽后到开花前施肥最好，以氮为主、磷钾为辅，施完全年1/2以上的氮肥用量。坐果肥约在5月下旬至6月上旬果树春梢停长后进行，以磷、氮、钾均匀施入。果实膨大肥一般在7月下旬至8月下旬，以钾肥为主、氮磷为辅。基肥也可采用简易水肥一体化施肥方法进行。在果树秋梢停长以后，进行第一次施肥，间隔20～30天。年灌溉施肥次数一般为6～15次。

水肥一体化云控制中心

苹果大数据服务中心

四、化学调控

生产中对幼树和生长偏旺树，可叶面喷施生长延缓剂，"控旺促花"效果理想。也可从幼旺树谢花后15天开始，每间隔20天连续喷施矮壮素，既能抑制新梢生长，又可促使节间变短和花芽分化。在花芽生理分化期，喷施调环酸钙也可起到控旺促花效果。

五、其他配套措施

腐烂病防治措施：重施有机肥、健壮树势，强化喷施干枝药。清除越冬病虫害，降低病虫基数。科学防冻，提高果树的抗逆性。

苹果小叶病、黄叶病防治措施：小叶病树，在3月上旬对1～2年生枝喷施有机硅，结合秋施有机肥，幼树用量减半。黄叶病树，喷施优质螯合铁液，结合秋施有机肥；结果大树施用硫酸亚铁，幼树用量减半。

物理方法防虫害有剪枝、人工防治、诱虫灯等措施。人工防治是采用胶带裹树，从树根开始往上裹1米左右，防止害虫上树，定期重新裹胶带，防止胶带影响果树生长，预防果树生长胶带被破坏。化学方法防治虫害主要措施是喷药。此外，及时清理园地，破坏害虫的生长环境，抑制其繁殖。

果园树盘覆盖防草布或杂草，不用除草剂，提高土壤保肥和保水能力，增强果树的抗旱能力。

六、应用案例

2020年，甘肃宁县在米桥镇与太昌镇成功推广实施滴灌水肥一体化技术模式，建立了矮化自根砧密植苹果基地，总面积达2 100亩。

现代矮砧苹果栽培示范基地

"宁县模式"苹果产业示范基地

截至2024年，该基地的嘎拉苹果品种亩均产量达到3 000千克，富士苹果品种亩均产量达到2 500千克。相较于传统灌溉施肥方式，果树树势健壮，叶片浓绿，果实色泽鲜艳、口感脆甜，每亩地年节省总投入400 ~ 800元，同时减少了化肥农药的使用量。果园土壤结构得到改善，地温提高，通透性增强，为果树的持续高产稳产奠定了坚实基础。

（甘肃省耕地质量建设保护总站郭世乾、葛承暄、蔡澜涛）

西北绿洲灌区葡萄滴灌
水肥一体化技术模式

一、技术概述

西北绿洲灌区葡萄滴灌水肥一体化技术模式是根据优质葡萄生长发育的需求，对西北地区葡萄园水分和养分进行综合调控和一体化管理的技术模式，主要是将肥料溶解在灌溉水中，通过滴灌系统将其输送至葡萄根部，同时进行灌溉和施肥，适时、适量地满足葡萄不同生育期对养分和水分的需求，并通过以水促肥、以肥调水，实现水肥耦合，具有显著的节水、节肥、省工、高效、环保等优点。

二、整地、定植与管道铺设

（一）整地

栽植前进行土地平整，使地势整体坡度<3‰。

（二）定植

选择无病虫害、不带病毒的健康苗木，处理后按照株距在定植沟内挖深度30厘米左右、直径30厘米左右的定植穴，将苗木根系舒展于定植穴底部，使苗木与地面呈45°倾斜，方向保持一致，填土压实。嫁接苗定植时嫁接口离地面5厘米左右；自根苗茎基部隐芽（1～2个芽）埋入土中。营养钵苗定植穴略大于营养钵，去除营养钵后带土栽入定植穴中，填土压实。定植后12小时内浇透水。苗木完成定植后每5～7天滴水一次，滴水量30～40米^3/亩。

（三）管道铺设

干、支管等输配水管道宜沿地势较高位置布置，支管宜垂直于作物种植行布置，毛管宜顺种植行布置滴灌带。建议每沟铺设滴灌带3条，立柱一侧1根，距树体20厘米；另一侧2根，第一根距树体20厘米，第二根距树体40厘米，使用同规格的滴灌带。选用单翼迷宫式滴灌带，滴孔间距20～30厘米，滴头流量2.6～3升/时，滴灌带末端承受压力大于0.18兆帕。

（四）栽植密度

可根据栽培模式及当地气候等条件，调整株行距。一般株距为0.6～1.5米，行距为3～4米，栽植密度为140～270株/亩。

管道铺设　　　　　　　　　　　　　　栽植密度

三、水肥管理

施肥结合灌水进行，实施水肥一体化管理。萌芽期、花期、果实膨大期保证充足的水分，成熟期应控制灌水量，防治裂果，灌水量可根据土壤、气候条件进行调整。根据树龄、产量、质量目标及各生育期需肥种类和需肥量进行施肥。前期根据树体发芽情况适当施用氮肥，花后到转色期以磷、钾肥为主，转色期后以钾肥为主。坐果后、采收前补充钙肥，详见滴灌葡萄园水肥运筹表。

水肥一体化

滴灌葡萄园水肥运筹表

生长期	灌水量 (米³/亩)	追肥 (千克/亩)						基肥 (千克/亩)		
		氮肥	磷肥	钾肥	钙肥	硼肥	锌肥	有机肥	磷、钾肥	氮肥
萌芽水	50~60									
花前水	25~30	3~5	3~5	2~3		1~1.5	1			
花后水	25~30	3~5	3~5	3~4		1~1.5	1			
幼果膨大1水	20~25	3~5	4~5	4~5	1~2					
幼果膨大2水	35~40	3~5	4~5	4~5	2~3					
浆果膨大1水	35~40	1~2	5~6	4~5	2~3					
浆果膨大2水	30~35		3~5	4~5						
转色期	25~30		2~3	4~5						
成熟前	15~20			4~5	3~5					
冬灌	50~70							3~5	30~40	5~8
合计	310~380	10~17	24~34	29~37	8~13	2~3	2	3~5	30~40	5~8

四、化学调控

（一）定植前苗木处理

苗木在清水中浸泡12小时后，剪除霉变须根，将主根短剪至10厘米左右，并剪除嫁接口塑料膜；浸沾由适量ABT生根粉＋50%多菌灵＋3‰磷酸二氢钾充分混合的稠粥状泥浆，使其主根挂满泥浆，放于阴凉处，覆盖湿草帘待用。处理工作全程须在遮阴潮湿的环境下进行。

（二）果穗处理

一是拉穗，即开花前7～10天，果穗生长8～10厘米、小穗散开时，用赤霉素进行拉穗处理。二是膨大处理，即花后12～15天，用15～20毫克/千克水溶性赤霉素溶液＋2～5毫克/千克氯吡脲溶液喷洒或浸蘸果穗，进行膨大处理。

喷施植物生长调节剂　　　　　　葡萄疏粒　　　　　　　　葡萄蘸穗

五、其他配套措施

（一）病虫害防治

主要病害为霜霉病、白粉病、灰霉病、穗轴褐枯病等，主要虫害为葡萄斑叶蝉、白星花金龟、绿盲蝽、蚧壳虫等。要坚持"预防为主、综合防治"原则，在优先采用农业防治的基础上，协调运用物理防治、生物防治、化学防治来控制病虫害的发生。一是加强栽培管理，增强树势，提高抗性，减少田间及树体病原菌基数。二是根据不同的病虫害喷施生物药剂，保护和利用自然天敌，以达到有效控制主要有害生物的发生和危害，把有害生物控制在允许的范围以内。

（二）果实采收

1.采收注意事项

采收前20天不可喷施药剂，并于采收前15天停水，可增加含糖量，减少裂果。雨天不采收，避开露水和暴晒采收。

2.采收方法

将果穗从穗柄基部剪下，剔除病果、畸形果、小果、烂果。采收应轻拿轻放，尽量不触碰果粒和果粉，保留3～5厘米果柄，放于果筐时果穗之间不留缝隙，采收的果实避免暴晒。

采收　　　　　　　　　装箱　　　　　　　　　收购

六、应用案例

新疆生产建设兵团第五师双河市天益诚种植专业合作社2024年种植夏黑葡萄种植面积约1.7万亩，推广应用水肥一体化高效节水、测土配方施肥技术，执行标准化生产，并配备数字施肥机和数字球阀等智能灌溉设备，建设整合以节水灌溉、遥感监测、决策预警等围绕数字农业管理的应用系统，实现作物生长环境及其生长状态相关数据的实时采集，实现农业数字化，总产量达3.3万吨，单价平均6.98元/千克，年产值2.3亿元左右。与传统的灌溉施肥方法相比可节水20%以上，节肥20%～40%，节省人工50%～70%。葡萄外观、营养品质明显提高，经济效益可观。该技术在一定程度上实现了控温、控湿，减轻了作物病害，减少了农药的投入量，生态效益突出。

夏黑葡萄推广应用水肥一体化技术

（新疆生产建设兵团农业技术推广总站毕显杰、余璐、方紫妍，第五师农业发展服务中心王素勤，第五师81团农业和林业草原中心张丽，双河市天益诚种植专业合作社邢正国）

西北绿洲灌区露地甜瓜
水肥一体化技术模式

一、技术概述

甜瓜是西北地区极具特色的经济作物，是西北地区发展农村经济的支柱产业之一。2020年以来，西北地区甜瓜年种植面积超过100万亩，产量超过350万吨，也是西北地区外销的重要农产品。但西北地区甜瓜生产存在的种植过程中水、肥施用不规范，存在过量或盲目施用，而且形成了"高投入—高产量—低品质—低价格—低效益"的恶性循环，造成资源浪费和生态环境破坏。针对上述问题，围绕"膜下滴灌"栽培模式，通

西北地区甜瓜种植

过有机肥化肥混合深施、高效节水与水肥耦合技术，集成露地甜瓜水肥高效利用技术体系。该技术模式在西北甜瓜各产区均适宜推广应用，产量可达到2 000～3 000千克/亩，化肥利用率提高10%～15%，增产5%左右。该技术模式适宜于绿洲灌区壤土或沙壤土甜瓜种植。

二、整地播种与管道铺设

（一）精细整地

1.耕地选择

以壤土或沙壤土为宜，排水良好，地势平坦，坡降小于0.3%，土层厚，土壤条件均匀，土壤含盐量0.5%以下，pH 7～8，土壤有机质含量1%以上，碱解氮含量50毫克/千克以上，速效钾含量140毫克/千克以上，有效磷含量15毫克/千克以上；不宜连作种植甜瓜，轮作期不少于3年；不可与葫芦科其

他作物及茄科作物连作或邻作，前茬以粮食、豆类或葱蒜类作物为宜。

2. 整地

春季土壤合墒后，采用铧式犁、旋耕机、镇压器等土壤耕作机械对耕层土壤进行翻垡、松碎、平整、镇压等，翻耕深度20～30厘米，土壤耕整作业后，要求土壤表面平坦、土块细碎、无残枝等各类杂物。

3. 施基肥

采用有机肥深施机侧深施缓（控）释肥，或将有机肥与化肥按一定比例混合深施，一个作业流程完成开沟、施肥和沟土回填的机械化复式作业。开施肥沟30厘米深、30厘米宽，沟心距200～250厘米（根据不同栽培品种特性调整）。每亩混合深施优质腐熟有机肥3～4米^3，并施入氮、磷、钾复合肥30～45千克。

土壤整理和施基肥

（二）适期移栽

春季移栽时，需10厘米地温稳定在13～15℃，甘肃省河西走廊、新疆（吐鲁番市、哈密市和喀什地区）甜瓜产区3月上中旬移栽、新疆（昌吉回族自治州、阿勒泰地区等）甜瓜产区4月中下旬至5月上旬移栽。移栽可采用铺管铺膜坐水移栽复式作业机，一个作业流程完成旋耕、铺滴灌带（毛管）、铺地膜及膜边覆土、钵苗膜上移栽、根底注水（保苗水）、种植穴覆土及镇压的机械化复式作业。在种植带上铺设两根毛管（毛管滴头间距30厘米），两根毛管间距25～30厘米。移栽完毕，采用小拱棚覆膜机进行小拱棚支架栽插、覆棚膜和膜边覆土，形成简易保护设施。移栽和小拱棚架设完成后，将毛管接入主管，用滴灌设备滴定根水一次，滴水量在10～15米³/亩，以保证秧苗移栽成活率。移栽后蹲苗25～30天。

人工移栽

铺管铺膜坐水移栽

（三）管道铺设

管网布置应使管道总长度短，少穿越其他障碍物。输配水管道沿地势较高位置布置，毛管上级管路垂直于作物种植行布置，毛管顺作物种植行布置。管道的纵坡应力求平顺。移动式管道应根据作物种植方向、机耕等要求铺设，避免横穿道路。支管以上各级管道的首端宜设控制阀，在地埋管道的阀门处应设阀门井。在管道起伏的高处、顺坡管道上端阀门的下游、逆止阀的上游，均应设进、排气阀。在干、支管的末端应设冲洗排水阀。

机械一体化铺设滴灌带、地膜

拱棚覆膜

（四）科学增密

膜下滴灌平畦双行种植，于两根滴灌带两边移栽瓜苗，根据地力和种植品种合理控制株距40～45厘米，行距260～310厘米。

膜下滴灌平畦双行种植

三、水肥管理

采用水肥一体化智能管控系统，该系统由农业物联网、土壤水分传感器、电磁阀、水肥一体机等智能灌溉装备组成。瓜苗定植后，在距瓜苗10厘米处埋设土壤水分传感器，传感器探头埋深20厘米。苗期土壤含水量控制在田间持水量55%～60%，伸蔓期土壤含水量控制在田间持水量65%～70%，坐果期土壤含水量控制在田间持水量60%～65%，膨果期土壤含水量控制在田间持水量75%～80%，采收前7～10天停止滴水。土壤水分数据实时传输到大数据管理平台，当土壤含水量低于控水下限值时，主控中心通过物联网调控电磁阀进行智能灌溉，直至土壤含水量达到控水值范围停止灌溉。

追肥：甜瓜苗期一般不用追肥，伸蔓期结合滴灌追施1次平衡型水溶肥（20-20-20＋微量元素）5千克/亩；开花—坐果期结合滴灌追施2次高磷型水溶肥（16-20-14＋微量元素）共5千克/亩；坐果后15天左右结合滴灌追施1次高氮型水溶肥（24-14-12＋微量元素）5千克/亩；果实膨大期结合滴灌追施2次高钾型水溶肥（20-5-25＋微量元素），每次5千克/亩。

水肥一体化智能管控系统

土壤水分传感器

施肥装置

四、其他配套措施

（一）田间管理

1.中耕除草
在甜瓜伸蔓前用小型拖拉机配套中耕除草机翻耕瓜畦间土壤，以提升土壤透水透气性和蓄水保墒能力，并去除瓜畦间杂草。

2. 整枝

瓜苗5～6片真叶时整枝，采用单蔓或双蔓整枝，后期侧蔓生长过旺，可进行数次侧蔓清除。

3. 疏果

摘除根瓜和畸形瓜，果实拳头大小时进行垫瓜和套瓜，选留节位适合、果型标准的1～2个果（可根据品种特性留果）。

甜瓜田间管理

（二）病虫害防治

主要病害为细菌性果斑病、白粉病、霜霉病、枯萎病、病毒病和蔓枯病和猝倒病。主要虫害有蚜虫、叶螨、潜叶蝇和烟粉虱。遵循GB/T 23416.3进行病虫害防治，化学农药使用按GB 4285和GB/T 8321.1～8321.9执行。甜瓜生长前期可采用喷杆喷雾机进入田间喷施杀菌剂和杀虫剂。喷杆喷雾机应安装ST110-01、ST110-015、ST110-02等型号的低量扇形雾喷头，喷雾压力0.2～0.4兆帕，喷雾高度应距离地面50厘米。中后期封行后，可采用植保无人机进行喷雾作业，应安装ST110-01、ST110-015型号的低量扇形雾喷头或低量离心雾化喷头，无人机飞行高度3.0～4.0米，飞行速度2～3米/秒，杀虫剂喷施药液量0.8～1.0升/亩，杀菌剂喷施药液量2.0升/亩。

依据商品瓜要求，果实糖度达到14%以上时进行采收。

无人机飞防　　　　　　生物防治　　　　　　物理防治

五、应用案例

在新疆吐鲁番市高昌区三堡乡进行推广示范，土壤类型为灌耕棕漠土，种植品种西州密17号，示范区基施复合肥（17-17-17）35千克/亩，配施腐熟有机肥3米^3，其余氮、磷、钾肥分生育期追施，磷肥在花期至坐果期追施，氮肥从伸蔓期至果实膨大期追施（分5次滴施），钾肥坐果后滴施（分3次滴施）。全生育期N、P_2O_5、K_2O用量分别为12千克/亩、10千克/亩、10千克/亩。常规施肥：从伸蔓期至成熟期全生育期追施水溶肥，全生育期N、P_2O_5、K_2O用量分别为15千克/亩、12千克/亩、8千克/亩。示范产量为2 600千克/亩，对照产量为2 400千克/亩，增产8.3%，中心折光糖提高0.6%。

（新疆维吾尔自治区耕地质量监测保护中心高庆伟、汤明尧、王婷、贾珂珂，新疆农业科学院哈密瓜研究中心胡国智）

甘肃露天夏菜水肥一体化技术模式

一、技术概述

该技术是将灌溉与施肥结合，根据作物需水需肥规律，通过滴灌和喷灌系统精准供应，实现水肥同步管理，提高水肥利用效率，减少劳动力投入和肥料流失，同时改善土壤环境，降低病虫害发生概率，提升蔬菜品质和产量。该技术模式适宜于光照充足、地势平坦、灌溉条件好，能够大面积种植露天夏菜的沙壤土地区。

二、整地播种与管道铺设

（一）精细整地

播种前深翻土壤25～30厘米，打破犁底层，疏松土壤，增加土壤通气性和透水性，促进根系下扎。要确保土地平整，无明显的大土块和坑洼，田面高差控制在5厘米以内，为后续滴灌系统的铺设和均匀灌溉奠定基础。覆膜时用覆膜机将地膜平铺在种植行上，机器自动完成开沟、铺膜、压膜等操作。

机械化整地、覆膜

（二）品种选择与种子处理

依据甘肃当地的气候特点（光照充足、昼夜温差大、夏季降水相对集中等）、市场需求以及种植茬口，选择适宜的蔬菜品种。

播种前对种子进行处理，以提高发芽率和减少病虫害发生。处理方法包括晒种（将种子在阳光下晾晒1～2天，促进种子后熟和提高发芽势）、温汤浸种（将种子用55℃温水浸种15～20分钟，不断搅拌，然后用清水冲洗干净，可有效防治炭疽病和细菌性斑点病等种传病害）、药剂拌种（如用福美双拌种防治甘蓝黑腐病和霜霉病，用药量一般为种子重量的0.3%～0.4%）。

（三）适期播种

根据不同蔬菜品种的适宜播种期和生长周期，选择合适的时间进行播种。对于一些喜温凉的蔬菜，可在春季或秋季气温适宜时播种；对于耐热性较强的蔬菜，则可在夏季播种。播种前要确保土壤墒情适宜，如土壤过干，可通过滴灌系统提前少量滴水，使土壤湿润至播种深度（一般为2～3厘米）。

对于直播的蔬菜，可采用点播或条播的方式。点播时，按照预定的株行距在种植行上用点播器或小铲子挖穴，每穴播种2～3粒种子，然后覆盖1～2厘米厚的细土；条播则是在种植行上开浅沟（沟深2～3厘米），将种子均匀撒入沟内，然后覆土填平。播种后，通过滴灌系统进行适量滴水，使种子与土壤紧密接触，保持土壤湿润，促进种子发芽出苗。滴水量要适中，避免土壤板结和种子冲失，一般滴灌时间为20～30分钟，以土壤表面湿润但不积水为宜。

对于需要育苗移栽的蔬菜，首先要在育苗床上培育适龄壮苗。育苗土应选择疏松、肥沃、无病虫害的土壤，并加入适量的有机肥和杀菌剂进行消毒处理。根据蔬菜品种的不同，确定合适的播种量和播种密度，保持育苗床温度、湿度适宜，及时进行间苗、施肥和病虫害防治。当幼苗长到3～4片真叶时，选择晴天傍晚或阴天进行移栽。移栽前一天，对育苗床进行适量浇水，使土壤湿润，便于起苗，减少根系损伤。移栽时，按照预先设计好的株行距在滴灌带两侧挖穴，穴深和穴宽要略大于幼苗根系，将幼苗放入穴内，使根系舒展，然后填土至幼苗根部，轻轻提苗，使根系与土壤紧密结合，最后浇足定根水。定根水要浇透，可通过滴灌系统滴灌30～40分钟，确保幼苗根系周围的土壤充分湿润，提高移栽成活率。

夏菜育苗

夏菜移栽

（四）管道铺设

支管选用PE管材，管径一般为32～63毫米，根据干管的布置和种植区域的划分，将支管垂直于干管铺设在田间。支管的铺设方式有地埋式和地面式两种，地埋式支管可减少田间障碍物，便于农事操作，但施工成本相对较高；地面式支管安装方便，成本较低，但需要注意防护，避免机械损伤和老化。支管与干管的连接采用三通、四通等管件连接，连接处要密封牢固，并确保支管铺设水平，无明显高低起伏，支管的间距根据种植蔬菜的行距和滴灌带的布置方式确定，一般为2～4米，在支管上每隔一定距离（一般为3～5米）设置一个旁通阀，用于连接毛管。

毛管一般采用滴灌带或滴灌管，管径为16毫米左右，滴头间距根据蔬菜种植株距进行选择，一般为20～50厘米，确保每株蔬菜都能得到均匀的水分和养分供应。毛管的铺设可采用单行铺设（适用于单行种植的蔬菜，毛管铺设在种植行一侧距植株根部10～15厘米处）或双行铺设（适用于双行种植的蔬菜，可在两行中间铺设一条毛管，或在两行两侧各铺设一条毛管，采用双侧滴灌）。毛管铺设时要保持平、直、紧，避免扭曲、打结和拉伸，在毛管的起始端和末端用细铁丝或专用固定卡固定在支管上，防止毛管移动或脱落，同时要注意保护滴头，避免碰撞和损坏。

机械化铺设

（五）科学增密（播种行距）

根据水肥一体化技术特点和蔬菜品种特性适当增加种植密度，如甘蓝行距40～50厘米、株距30～40厘米，较传统种植增加10%～15%的株数，通过合理密植充分利用光照、水分和养分资源，提高单位面积产量，但要注意保持良好的通风透光条件，防止病虫害发生。

三、水肥管理

（一）灌溉

灌溉时根据蔬菜不同生长阶段的需水规律和土壤墒情，通过滴灌系统进行精准灌溉。

高原夏菜滴灌适宜土壤水分指标表

生育期	适宜土壤水分 （占田间持水量的百分比）	生育期
播种期	60%～70%	需要一定墒情保证种子发芽，水分过多会导致通气性差使种子腐烂，过少种子难以萌发
幼苗期	60%	植株小需水少，保持土壤湿润。水分过多会降低土壤温度影响根系生长，适当水分胁迫可促根系下扎
莲座期	70%～80%	叶片生长迅速，莲座期是关键时期。需水量增加，缺水会抑制叶片生长，影响产量品质，充足水分使叶片厚实嫩绿
结球期/结果期	75%～85%	形成产品器官重要阶段，水分不足导致球叶松散等问题；对茄果类蔬菜，缺水会引起落花落果、果实生长缓慢等
成熟期	60%～70%	生长基本完成，需水量减少，防止水分过多引发病害，保证收获前品质稳定

幼苗期，植株较小，需水量相对较少，保持土壤湿润即可，一般每隔3～5天滴灌一次，每次滴水量为5～8米³/亩，避免土壤过湿导致根系缺氧或发生病害；莲座期和结果期，蔬菜生长旺盛，需水量增大，应适当增加灌水量和灌溉频率，每隔3～5天滴灌一次，每次滴水量为8～12米³/亩，使土壤湿润深度达到30～40厘米，以满足植株生长对水分的需求，但也要注意防止土壤湿度过大，引发根部病害和植株徒长。

在灌溉过程中，要密切关注天气变化，如遇降雨，应根据降雨量及时调整滴灌时间和水量，避免田间积水。同时，定期检查滴灌系统的运行情况，包括滴头是否堵塞、管道是否漏水等，如有问题及时维修和清理，确保滴灌系统正常运行，均匀供水。

（二）施肥

依据蔬菜的需肥特点和生长阶段，在基肥充足的基础上，结合滴灌进行追肥，以满足蔬菜不同生长时期对养分的需求，实现精准施肥，提高肥料利用率。

苗期以氮肥为主，适量配合磷、钾肥，促进幼苗根系发育和茎叶生长，一般每隔7～10天随滴灌追施一次氮肥，如尿素2～3千克/亩；莲座期和结果期，植株对磷、钾肥的需求量增加，应适当增加磷、钾肥的施用量，并补充中微量元素肥料硼、钙、锌等，防止蔬菜出现生理性病害，提高果实品质和产量。此阶段每隔5～7天追肥一次，每次追施氮磷钾复合肥5～8千克/亩，并根据蔬菜生长状况，适时喷施叶面肥，如0.2%～0.3%的磷酸二氢钾溶液、

0.1%～0.2%的硼砂溶液等。

以西兰花/花椰菜（每亩目标产量2 000千克）、甘蓝（每亩目标产量4 000千克）、莴笋（每亩目标产量4 000千克）、芹菜（每亩目标产量4 000千克）为例。西兰花/花椰菜在播种前施足基肥，一般每亩施纯氮（N）3～4千克、纯磷（P_2O_5）4～5千克、纯钾（K_2O）4～6千克。幼苗期一般每亩施纯氮（N）0.5～1千克、纯磷（P_2O_5）0.3～0.5千克、纯钾（K_2O）0.4～0.6千克。莲座期每亩施纯氮（N）4～6千克、纯磷（P_2O_5）2～3千克、纯钾（K_2O）3～4千克。花球形成期对养分的需求达到高峰，每亩施纯氮（N）3～5千克、纯磷（P_2O_5）1～2千克、纯钾（K_2O）3～5千克。

甘蓝基肥每亩施纯氮（N）4～5千克、纯磷（P_2O_5）3～4千克、纯钾（K_2O）4～5千克。幼苗期每亩施纯氮（N）1.5～2千克、纯磷（P_2O_5）0.4～0.6千克、纯钾（K_2O）0.5～0.7千克。莲座期是甘蓝叶片生长旺盛的时期，大量的氮肥可以使叶片快速生长，莲座期每亩施纯氮（N）6～8千克、纯磷（P_2O_5）3～4千克、纯钾（K_2O）4～5千克。结球期每亩施纯氮（N）4～6千克、纯磷（P_2O_5）2～3千克、纯钾（K_2O）3～4千克。

莴笋基肥每亩施纯氮（N）10～12千克、纯磷（P_2O_5）4～6千克、纯钾（K_2O）10～14千克。幼苗生长较弱，可每亩追施尿素5～8千克，即纯氮2.3～3.7千克，同时可叶面喷施0.2%～0.3%的磷酸二氢钾溶液1～2次，补充少量磷钾肥。莲座期未封垄前，每亩追施氮磷钾复合肥30～35千克，纯氮（N）9～10.5千克、纯磷（P_2O_5）3～5千克、纯钾（K_2O）4.5～7千克。肉质茎形成期封垄后，一般每亩可追施纯氮（N）3.7～5.5千克、纯磷（P_2O_5）2～4千克、纯钾（K_2O）5～7.5千克。

芹菜基肥每亩施氮（N）10～15千克，纯磷（P_2O_5）5～8千克，纯钾（K_2O）8～13千克。幼苗期对肥料需求相对较少，可不单独追肥，依靠基肥中的养分供应即可。若幼苗生长较弱，可每亩追施尿素3～5千克，即纯氮（N）1.4～2.3千克，以促进幼苗生长。旺盛生长期需要多次追肥，一般每隔1～2周追肥一次，共追肥3～4次。每次每亩可追施纯氮（N）3.2～4.6千克、纯钾（K_2O）4～5千克。磷肥可在基肥中一次性施足，一般不再单独追施，但如果土壤中有效磷含量较低，可在第一次追肥时每亩添加磷酸二铵3～5千克，补充磷元素。

施肥时，要将肥料充分溶解后倒入施肥器，通过滴灌系统随水施入，确保肥料均匀地分布在灌溉水中，避免出现局部浓度过高导致烧根现象。同时，要遵循"少量多次、薄肥勤施"的原则，根据蔬菜生长情况和土壤肥力状况，及时调整施肥量和施肥频率，避免肥料浪费和土壤污染。

水肥一体化滴灌

田间长势

四、化学调控

在夏菜定植后，可用萘乙酸等生根剂随水滴灌或进行灌根，浓度一般为50～100毫克/升，促进根系快速生长，增强根系吸收水肥能力。对于生长过旺的夏菜，可在生长旺盛期用15%多效唑可湿性粉剂1 000～1 500倍液进行叶面喷施，抑制茎叶徒长，促进生殖生长，提高坐果率。

在夏菜结果期，可追施磷酸二氢钾等叶面肥，浓度为0.2%～0.3%，

无人机喷洒

能促进果实膨大，提高果实品质和产量。也可喷施赤霉素等植物生长调节剂，促进果实发育，提高坐果率。对于叶菜类，可在生长后期喷施氯化钙等钙肥，浓度为0.2%～0.3%，提高叶片的钙含量，改善品质，延长保鲜期。

五、其他配套措施

病虫害防控

猝倒病：用75%百菌清可湿性粉剂600倍液等喷雾防治，每7～10天喷1次，连喷2～3次。立枯病：可在播种前用40%拌种双粉剂按种子重量0.2%拌种，发病初期用20%甲基立枯磷乳油1 200倍液喷淋。霜霉病：可选用72%霜脲锰锌可湿性粉剂600～800倍液等喷雾，每7～10天喷1次，连喷2～3次。白粉病：用15%粉锈宁可湿性粉剂1 000～1 500倍液等喷雾，每7～10

天喷1次，连喷2～3次。炭疽病：用25％咪鲜胺乳油1 000～1 500倍液等喷雾，每7～10天喷1次，连喷2～3次。软腐病：用72％农用链霉素可溶性粉剂3 000～4 000倍液等喷雾或灌根。

蚜虫：可用防虫网防虫，或用10％吡虫啉可湿性粉剂1 000倍液等喷雾防治。地老虎：可黑光灯诱杀成虫，用50％辛硫磷乳油1 000倍液灌根。菜青虫：可释放天敌，用Bt乳剂500～800倍液等喷雾。小菜蛾：用性诱剂诱杀成虫，药剂可选5％氯虫苯甲酰胺悬浮剂1 000～1 500倍液等喷雾。斜纹夜蛾：用糖醋液诱杀成虫，在低龄幼虫期用2.5％高效氯氟氰菊酯乳油2 000倍液等喷雾。烟粉虱：用防虫网，悬挂黄板诱杀，药剂可用25％噻虫嗪水分散粒剂2 000～3 000倍液等喷雾。

机械化喷施农药

六、应用案例

甘肃省榆中县重点推广以"水肥一体化＋水溶肥"为主的"三新"集成模式。在马坡乡河湾村和甘肃红玉生态农业发展有限公司建立3 000亩水肥一体化技术模式核心样板区，结合高原夏菜种植实际，在机械深施"有机肥＋配方肥"基础上，采用膜下滴灌水肥一体化和喷灌水肥一体化两种技术模式。膜下滴灌水肥一体化核心示范面积2 700亩，带动周边示范面积45 000亩；喷灌水肥一体化技术模式核心示范面积300亩，带动周边示范面积5 000亩。增产增收效益显著。

（河南心连心化学工业集团股份有限公司宁帅旗、郭辉、韩玉文、户可欣，甘肃省耕地质量建设保护总站郭世乾、葛承暄、蔡澜涛）

水肥一体化

设备选用与肥料选择

水肥一体化设备选用

一、过滤设备选用原则与使用方法

（一）产品性能优劣选用原则

在水肥一体化过滤设备选用时应将产品性能优劣作为一项重要评判标准，根据GB/T 26114—2024《液体过滤用过滤器 通用技术规范》和SL 470—2010《灌溉用过滤器基本参数及技术条件》中的规定作如下选用。

1.离心过滤器

（1）外观和工艺。金属壳体的离心过滤器，外壁应做防锈处理；焊缝及其热影响区表面应无裂纹、气孔、弧坑和肉眼可见的夹渣等缺陷；防锈层应完整、无损伤，与母材结合紧密、牢固。过滤器壳盖与过滤器壳体之间连接应密闭、无渗漏。 对于同一制造厂商生产的型号相同的过滤器，壳体的安装尺寸相对于制造厂商声明值的允许误差：当安装尺寸不大于400毫米时，允许误差为±2毫米；当安装尺寸大于400毫米时，允许误差为±3毫米。

（2）耐水压和密封性能。金属壳体的离心过滤器，逐步将压力加大到额定压力的1.5倍，保压5分钟，过滤器应无损坏和永久性变形，过滤器壳体、壳盖、壳盖密封垫和排污阀应无泄漏。

（3）过滤性能。在制造厂商声明的流量范围内测量离心过滤器清洁压降，试验用水应经过预过滤，预过滤设备的过滤目数应大于测试过滤器过滤目数的1.5倍，测得的离心过滤器清洁压降不应大于制造厂商声明值的1.10倍。将过滤器置于水温为60℃±2℃的恒温水槽中，并将过滤器内的压力加大到额定压力，保持该压力15分钟。过滤器应能承受该压力，无泄漏。

2.砂石过滤器

（1）外观和工艺。同离心过滤器要求。

（2）耐水压和密封性能。应保证逐步将压力加大到额定压力的1.5倍，保压5分钟，过滤器壳体、壳盖、壳盖密封垫和排污阀应无泄漏，过滤器应无损坏和永久性变形。

（3）过滤性能。砂石过滤器过滤帽组件应进行反冲洗检验，采用最大反冲洗流量，一次冲洗3分钟，反复冲洗10次，过滤帽组件不应扭曲变形，滤帽不应松动。在制造厂商声明的流量范围内测量砂石过滤器清洁压降，试验用水应经过预过滤，预过滤设备的过滤目数应大于测试过滤器过滤目数的1.5倍，测得的砂石过滤器清洁压降不应大于制造厂商声明值的1.10倍。

3.叠片过滤器

（1）外观和工艺。塑料材质叠片过滤器壳体表面应色泽均匀，内外壁应平整，无裂纹、明显的凹陷、沟纹等，浇口及溢边应平整。

（2）耐水压和密封性能。对公称尺寸不大于150毫米的叠片过滤器应保证在试验水温为60℃ ±2℃的情况下，将过滤器内的压力加大到额定压力，并保持该压力15分钟。过滤器应能承受该压力，并无泄漏，试验结束后，其内部零件应无损坏或永久变形。将封住孔眼的过滤器元件装在过滤器壳体内，关闭过滤器壳盖；打开过滤器出口，在进口加压，并逐渐将压力加大到额定压力，保持该压力5分钟。过滤器出口的泄漏流应保持稳定或衰减，且泄漏流量不大于最大过滤流量的0.1%。

（3）过滤性能。在制造厂商声明的流量范围内测量清洁压降，试验用水应经过预过滤，预过滤设备的过滤目数应大于测试过滤器过滤目数的1.5倍，测得的清洁压降不应大于制造厂商声明值的1.10倍。

4.网式过滤器

（1）外观和工艺。塑料材质网式过滤器壳体表面应色泽均匀，内外壁应平整，无裂纹、明显的凹陷、沟纹等，浇口及溢边应平整。网式过滤器应连接可靠，无损伤，滤网网格应均匀、平整、光洁。

（2）耐水压和密封性能。试验用网式过滤器应完整，部件齐全。对装有排污阀的过滤器，于试验前，在排污阀进口施加0.75倍额定压力，开关排污阀100次。随后，对金属网式过滤器逐步将压力加大到额定压力的25倍，保压15分钟，过滤器应无损坏和永久性变形，过滤器壳盖密封垫和排污阀应无泄漏；对塑料壳体过滤器逐步将压力加大到额定压力的2.5倍，保压15分钟，过滤器应无损坏和永久性变形，过滤器壳体、过滤器壳盖密封垫和排污阀应无泄漏。对公称尺寸不大于150毫米的网式过滤器应保证于在试验水温为60℃ ±2℃的情况下，将过滤器内的压力加大到额定压力，并保持该压力15分钟。过滤器应能承受该压力，并无泄漏，试验结束后，其内部零件应无损坏或永久变形。

（3）过滤性能。同叠片过滤器。

5.自清洁过滤器

（1）外观工艺根据过滤器类型满足相关要求。

（2）耐水压和密封性能根据过滤器类型满足相关要求。

（3）过滤性能。由压差传感器启动的机构，实现冲洗的压力差相对于制造厂商声明的压力差不应大于10%。按运行时间启动的自清洗过滤器两次启动的间隔时间相对于预先设置值的偏差不应大于10%。测量的流经过滤器的水量相对于预设水量的偏差不应大于10%。

（二）适"水"生产选用原则

1.泵前过滤

选择适合的泵前过滤器是保证农业灌溉顺利进行的前提。首先，需要根据水质情况选择过滤器的类型。一般来说，水中含有大量的悬浮物、沙子、泥土、锈蚀物等固体颗粒，推荐使用离心过滤器和砂石过滤器，两者可组合使用，离心过滤器在前、砂石过滤器在后。其次，根据过滤器流量选择过滤器的尺寸。一般来说，小型农田可以选择直径50毫米的离心或砂石过滤器，大型农田可以选择直径200 ～ 250毫米的离心和全自动砂石组合过滤器。

2.灌溉管道系统

在灌溉系统前过滤时，应依据选用灌水设备的过滤精度和过流量需求，选择适宜类型和适宜规格的过滤器。对于喷头喷孔较大的喷灌系统，过滤精度要求相对较低，一般来说，滤网目数在60 ～ 80目即可，能过滤较大的杂质颗粒，防止堵塞喷头。如果是微喷头等喷孔很小的喷头，过滤精度要求较高，滤网目数可能需要达到120 ～ 200目，因为这种喷头很容易被微小的杂质堵塞，从而影响喷灌的均匀度和效果。滴灌系统需要较高精度的过滤器，因为滴头的流道很窄，很容易被杂质堵塞。一般要求过滤精度达到120目以上。如果水中藻类、微生物较多或者含有细沙等，最好采用精度为150 ～ 200目的过滤器，确保去除更微小的杂质，保证滴灌系统稳定运行。

灌溉系统的规模和灌溉强度决定了过流量需求，根据过流量需求选择过滤器尺寸，过流量（流量要求）是过滤器选型中非常重要的参数。过流量决定了过滤器的处理能力，选择时需要保证过滤器能够处理足够的水流量，以避免堵塞或效率低下。首先需要计算系统中所需的最大过流量，根据所需流量，选择具有相应流量处理能力的过滤器，过滤器规格的流量范围通常会在产品说明中标明。另外，过滤器的压降与流量有关系，如果流量较大，可能会导致较大的压力损失，影响系统效率。因此，选择过滤器时需要考虑压降是否在可接受范围内。最后，针对过流量较大的情况，可以选择多层次的过滤系统，例如前置粗滤+精滤的组合，或者使用串联过滤器，以分担不同过滤阶段的负担。

根据水肥一体化设备的过滤精度和过流量需求，灌溉系统目前滴灌和喷灌多采用滤网式过滤器和叠片式过滤器，为满足滴灌和喷灌高频次清洁需求，也可采用自清洁过滤器，对水肥一体机混肥后的水进行二次过滤。

（三）安装与使用技巧

1.安装位置的选择

过滤器要安装在灌溉水源（如井水、河水、水库水等）与灌水设备（如滴灌头、喷头等）之间，确保进入灌溉设备的水经过过滤。例如，在一个以井水为灌溉水源的滴灌系统中，过滤器应安装在水泵之后、滴灌管道之前，这样可以防止井水中的泥沙、铁锈等杂质进入滴灌系统，堵塞滴头。

安装位置要便于操作人员进行维护和检查。最好选择在开阔、平坦的地方，避免安装在狭窄的角落或者难以到达的位置。例如，在温室大棚内安装过滤器时，可将其安装在过道旁的支架上，这样在需要清洗或更换过滤器部件时，工作人员可以方便进行操作，而不需要费力地搬动设备或弯腰在狭小空间作业。要避免安装在阳光直射、雨淋或者温度变化剧烈的地方。阳光直射可能会加速过滤器外壳和内部部件的老化，雨淋可能会导致电气元件损坏（如果有电机等控制部件），温度变化过大可能会影响过滤器的性能和使用寿命。对于一些塑料材质的过滤器，长期暴露在高温下可能会导致变形，影响其正常工作。

2.安装方式与连接

过滤器的进出口要与灌溉管道正确连接。一般采用法兰连接、螺纹连接或者快速接头连接。在连接时，要确保管道接口平整、无损坏，并且密封良好。例如，使用法兰连接时，要在法兰盘之间放置合适的密封垫片，然后用螺栓均匀拧紧，防止漏水。如果是快速接头连接，要确保接头插入到位，并且锁定装置牢固。根据过滤器的类型确定安装方式。大多数过滤器（如滤网式、叠片式）可以水平安装，但有些过滤器（如砂石过滤器）可能需要垂直安装，以保证过滤效果。砂石过滤器垂直安装可以使水流均匀地通过砂层，避免出现水流没有充分过滤就通过砂石过滤器。如果砂石过滤器安装倾斜，会导致砂层分布不均匀，部分区域过滤效果下降，影响整个灌溉系统的水质。安装过滤器时要确保其稳定、牢固。对于较大型的过滤器，需要使用支架或基座进行支撑。支架的高度要合适，既要保证过滤器进出口管道连接方便，又要避免过滤器底部受潮。例如，在户外安装一个大型的离心式过滤器，要使用混凝土基座来固定，并且在基座和过滤器之间安装减震垫，以减少设备运行时的震动，同时防止过滤器倾倒。

3.注意事项

在使用过滤器之前，要仔细检查过滤器的外观是否有损坏，如外壳是否有裂缝、进出口管道连接是否牢固等。检查密封件是否安装正确，如有损坏或老化应及时更换。检查滤网式过滤器的滤网是否安装到位，叠片式过滤器的叠片是否组装正确。

新安装的过滤器在使用前要进行冲洗，以清除过滤器内部可能残留的杂质、灰尘等。对于砂石过滤器，可以先将砂层浸泡一段时间，然后缓慢通水，让水流带出砂层中的细小颗粒和杂质。滤网式和叠片式过滤器可以直接通水冲洗，冲洗时要注意观察流出的水的质量，直到水变清澈为止。

开启灌溉系统的水泵，逐渐调整压力和流量，观察过滤器的运行情况。检查过滤器的进出口压力差，正常情况下，压力差应该在一定范围内。如果压力差过大，可能表示过滤器堵塞或者管道连接有问题。同时，要确保过滤器的实际流量能够满足灌溉系统的需求。例如，在调试滴灌系统时，要根据滴灌头的数量和流量要求，调整过滤器的流量，使每个滴灌头都能得到足够的水量。

根据灌溉水源的水质和过滤器的使用情况，定期清洗过滤器。对于水质较差、含有较多杂质的水源，清洗频率要更高。例如，滤网式过滤器的滤网可能需要每周清洗一次，清洗时可以将滤网取出，用清水冲洗或用软毛刷轻轻刷洗，去除滤网表面的杂质。叠片式过滤器可以通过松开叠片，用清水冲洗叠片表面的污垢。

定期检查过滤器的部件是否有磨损。如砂滤器的砂层经过长时间使用后可能会有部分砂粒流失，需要及时补充。滤网式过滤器的滤网可能会出现破损，要及时更换。检查过滤器的阀门、密封件等部件是否正常工作，如有泄漏要及时修复或更换。

在使用过程中，要记录过滤器的运行时间、压力差、清洗次数等数据。这些数据可以帮助用户更好地掌握过滤器的性能和状态，预测过滤器可能出现的问题。例如，如果发现过滤器的压力差逐渐增大，且清洗后恢复不明显，可能表示过滤器的过滤能力下降，需要进一步检查或更换部件。

4.故障排除技巧

压力异常：如果过滤器进出口压力差过大，可能是过滤器堵塞。此时要停止灌溉系统，打开过滤器进行检查和清洗。如果压力差过小，可能是管道泄漏或者过滤器内部部件损坏，如滤网破裂等。要检查管道连接是否紧密，对过滤器内部部件进行检查和更换。优先考虑维护方便性，选择易于清洗、更换或维护的过滤器，特别是在需要频繁更换或清洁的环境中。

流量不足：可能是由于过滤器堵塞、水泵故障或者管道堵塞等原因引起。首先检查过滤器是否堵塞，清洗后如果流量仍然不足，检查水泵的运行情况，如水泵叶轮是否损坏、转速是否正常等。同时，检查灌溉管道是否有堵塞现象，如管道内是否有异物堆积。

水质不达标：如果经过过滤后的水质仍然不符合灌溉设备的要求，可能是过滤器过滤精度不够或者过滤器损坏。检查过滤器的过滤精度是否符合要求，如滤网目数是否正确。如果是过滤器损坏，要及时更换损坏的部件，如损坏的滤网、叠片等。

二、施肥设备选用原则与使用方法

（一）产品性能优劣选用原则

在施肥设备选用时应将产品性能优劣作为一项重要评判标准，根据行业标准 SL550—2012《灌溉用施肥装置基本参数及技术条件》和 NY/T 4369—2023《水肥一体机性能测试方法》中的规定进行如下选用。

1. 压差施肥罐

（1）耐水压和密封性能。金属壳体的压差施肥罐，应能保证试验压力逐步增加到 1.5 倍最大工作压力，保压 5 分钟，施肥罐应无损坏、永久变形和渗漏。塑料壳体的压差施肥罐，应能保证将试验压力逐步增加到 2.5 倍额定工作压力，保压 60 分钟，施肥罐应无损坏、永久变形和渗漏。

（2）吸肥性能。将测定的肥料液体注入流量与压差关系曲线与制造厂商提供的曲线比较，任一压差点的肥料液体注入流量与制造厂商声明值的偏差不应大于 10%。

2. 文丘里施肥器

（1）耐水压和密封性能。文丘里施肥器应能保证将试验压力逐步增加到 2.5 倍最大工作压力，保压 60 分钟；在试验水温为 60℃ ±2℃情况下，将试验压力增加到最大工作压力，保压 5 分钟；对施肥器施加试验压力为 0.07 兆帕的负压，保压 5 分钟。施肥器应无损坏、永久变形和渗漏。

（2）吸肥性能。将测定的曲线与制造厂商提供的曲线进行对比，每次测得的吸肥量与制造厂商声明值的偏差均不应大于 10%。

（3）水力性能。每个进口压力下测定的临界压差不应大于制造厂商声明值的 1.05 倍。

3. 比例施肥器

（1）耐水压和密封性能。在施肥泵进口施加 2.5 倍最大工作压力，保压 60 分钟。施肥泵及其所有零部件，应无损坏、永久变形和渗漏。比例式施肥泵运行 1 000 小时后，仍能满足上述要求。

（2）吸肥性能。按照比例式施肥泵分别在制造厂商规定的比例式施肥泵出口流量范围的上下限之间的 4 个或 4 个以上流量下运行。测量每个施肥泵出口流量下的注入流量，并计算施肥泵的实际混合比。并按制造厂商声明的最小混合比、最大混合比以及某一适当混合比测试，测出的混合比相对于制造厂商声明值的偏差不应大于 15%。

4.施肥机

（1）水力性能。

①最大输出流量。依次开启恒压水源和水肥一体机，调整进出水球阀的开合度，当球阀从全开到压力显示数变为0.2兆帕且偏差不大于5%，稳定5分钟后，每隔1分钟记录1次，连续不间断记录5次，取5次测试结果平均值为最大输出流量，测试结果与厂家出厂给定的最大吸肥量误差应在10%以内。

②额定输出压力。开启恒压水源，调整主管路进出水球阀使主管路输出压力显示数为0.2兆帕且偏差不大于5%，调节水肥一体机进水管路和出水管路的球阀，当出水流量计显示数达到水肥一体机灌溉主泵额定流量且偏差不大于2%。稳定5分钟后，每隔1分钟同时记录进水管路压力表和出水管路压力表的显示数，连续记录5次，取5次测试结果平均值为额定输出压力，测试结果与厂家出厂给定的最大吸肥量误差应在10%以内。

（2）吸肥性能。最大吸肥量是评判吸肥性能的重要指标。具体操作如下：把供肥管路球阀调至最大开度，稳定5分钟后开始记录出水压力显示数，每隔1分钟记录1次，连续记录3次最大吸肥量，测试结果与厂家出厂给定的最大吸肥量误差应在10%以内。

（3）EC与pH调控均匀度及准确度。

①EC。选定2.0毫西/厘米作为水肥一体机EC调控准确度以及均匀度的测试点。开机，设定机器的EC目标测试值为2.0毫西/厘米，当水肥一体机达到额定工况5分钟后，在取样阀处接取肥水混合液，每隔2分钟取样1次，连续取样5次，用EC计测量样品EC，测试结果与厂家出厂给定的最大吸肥量误差应在5%以内。

②pH。选定6.0作为pH调控均匀度和准确度的测试点。开机，设定机器的pH为6.0，当调整水肥一体机达到额定工况5分钟后，在取样阀处接取肥水混合液，每隔2分钟取样1次，连续取样5次，用pH计测量样品pH，测试结果与厂家出厂给定的最大吸肥量误差应在5%以内。

（二）适"肥"生产选用原则

1.压差施肥罐

选择适合自己使用的施肥罐是保证农业生产顺利进行的前提。首先，需要根据农作物种类和用量选择施肥罐的容量，一般来说，小型农田可以选择200升以下的施肥罐，大型农田则需要使用1000升以上的施肥罐。其次，需要根据农田地形和使用环境选择施肥罐的材质，常用的材质有玻璃钢、不锈钢、塑料等。

2.文丘里施肥器

在选择文丘里施肥器时，除应考虑管件型号的适配性外，还应根据现场因素，如农作物、土壤类型、灌溉制度中的一种或多种选用匹配于现场因素的灌水器，再通过灌水器具有的确定的特征参数计算灌溉系统的工作流量。工作流量计算公式为

$$Q_1 = qL/d$$

其中，L为灌水器的铺设长度、q为灌水器的滴头的体流量、d为相邻的滴头之间的间距。

最后，通过文丘里施肥器厂家提供的出口流量（0.1兆帕时）与工作流量的相对大小，确定文丘里施肥器灌溉系统工作流量（滴灌带同时出水流量）应大于文丘里施肥器出口流量。

3.比例施肥器

比例施肥器的安装应用，必须以使用环境需要的流量及稀释比例范围为标准，选择适用的型号。

比例施肥器的最大允许流量范围必须大于或等于最大灌溉区域流量需求。既能满足最大灌溉区域的流量需求，又能满足最小流量需求的区域。

4.施肥机

在选择施肥机时，农民需要考虑多种因素，以确保施肥的有效性和经济性。

（1）肥料浓度(吸肥量)要求。不同的作物对肥料浓度的要求不同，需要根据种植作物的特性来选择施肥机。如果作物对EC（电导率）和酸碱度的要求较高，如设施大棚场景中，施肥机的调控能力就显得尤为重要，这就要求施肥机具备精准的浓度调节和实时监测功能，通常吸肥量较小，便于快速精准调节，以满足作物的生长需求。当在大田作物环境中使用时，选择大吸肥量的施肥机更有利于在短期内实现大面积的施肥，从而提高施肥效率。

（2）施肥机通道数量的选择。施肥机的通道数量通常与所需施用的肥料种类密切相关。一般来说，如果只使用一种肥料，也不需要调节酸度，则可以选择单通道施肥机。若需要施用两种肥料，同时还需要调酸（例如加酸以控制pH），则建议选择一个三通道施肥机。在多种作物的生产环境下，如果需要施用四种肥料并进行酸度调节，那么五通道施肥机将是更为合适的选择。此外，对于大田场景而言，通道数量还能决定吸肥效率的高低，通道数量越多，单位时间内可控制的亩数也就越大。

（3）自动化控制。选择施肥机时，考虑是否需要自动化控制，是否能实现实时监测和调整肥料浓度、流量等参数。自动化系统对于大规模种植或对施肥要求严格的作物尤为重要。

（4）经济因素。施肥机的价格差异较大，选择时要根据自身的经济状况和预期的投资回报进行合理评估。通常，自动化程度越高价格越贵，但如果能够提高效率和降低人力成本，可能会在长期内实现更高的回报。

（三）安装与使用技巧

1.压差施肥罐

（1）安装。压差式施肥罐一般由两根蛇皮管分别与施肥罐的进、出口连接，然后再与主管道相连接，在主管道上两条细管连接点之间设置一个截止阀以产生一个较小的压力差（1～2米），从而使一部分水流流入施肥罐（长管进、短管出），进水管直达罐底并将化肥溶解，当施肥罐中液体充满后，肥料溶液就会从出水口进入主管道，将肥料带到作物根区。

（2）施肥罐的使用。

①施肥前需要进行罐内清洗，将罐内残留物清除干净。

②施肥时需要控制好施肥的量，避免水肥不均、过度施肥造成浪费和环境污染。应该按照所灌溉施肥面积，计算好施肥的数量。称好每个轮灌区的肥料。

③用两根各配一个阀门的管子将旁通管与主管接通，为便于移动，每根管子上可配用快速接头，方便使用。

④液体肥可直接倒入施肥罐；固体肥料先溶解，再过滤，然后注入施肥罐。需要5倍以上的水量以确保所有肥料被用完。

⑤注完肥料溶液后，扣紧罐盖。

⑥检查旁通管的进出口阀均关闭而截止阀打开，然后打开主管道截止阀。

⑦打开旁通管进出口阀，然后慢慢地关闭截止阀，同时注意观察压力表到所需的压差（1～3米）。

⑧在水流较快时10～20分钟，较慢时30～40分钟肥料就会流完。施肥完成后关闭施肥罐的进出口阀门。

⑨在施下一罐肥时，先打开排水阀排掉罐内积水。打开罐底的排水开关前，应先打开真空排除阀或球阀，否则水排不出去。

（3）施肥罐使用时注意事项。

①当罐体较小时（小于100升），固体肥料最好溶解后倒入肥料罐，否则可能会堵塞罐体，特别在压力较低时可能会出现。

②有些肥料可能含有一些杂质，倒入施肥罐前先溶解过滤，滤网100～200目。如直接加入固体肥料，必须在肥料罐出口处安装一个1/2筛网式过滤器，或者将肥料罐安装在主管道的过滤器之前。

③一般滴灌系统施肥时间20～30分钟，微喷灌10～15分钟，对喷灌系统无要求。如有些滴灌系统轮灌区较多，而施肥要求在尽量短的时间完成，可

考虑测定滴头处电导率的变化来判断清洗的时间。因为残留的肥液存留在管道和滴头处，极易滋生藻类、青苔等低等植物，堵塞滴头。在灌溉水硬度较大时，残存肥液在滴头处形成沉淀，造成堵塞。及时冲洗基本可以防止发生堵塞。

④肥料罐需要的压差由入水口和出水口间的截止阀获得。因为灌溉时间通常多于施肥时间，不施肥时截止阀要全开。经常性地调节阀门可能会导致每次施肥的压力差不一致（特别当压力表量程太大时，判断不准），从而使施肥时间把握不准确。为了获得一个恒定的压力差，可以不用截止阀，代之以流量表（水表）。水流流经水表时会造成一个微小压差，这个压差可供施肥罐用。当不施肥时，关闭施肥罐两端的细管，主管上的压差仍然存在。在这种情况下，不管施肥与否，主管上的压力都是均衡的。

2.文丘里施肥器

（1）文丘里施肥器安装。文丘里施肥器与滴灌系统或灌区入口处的供水管控制阀门并联安装，使用时将控制阀门关小，造成控制阀门前后有一定的压差，使水流经过安装文丘里施肥器的喉管，利用水流通过文丘里管产生的真空吸力，将肥料溶液从敞口的肥料桶中均匀吸入管道系统进行施肥。

（2）文丘里施肥器使用说明。

①施肥时，应缓慢地打开文丘里施肥器的调节阀，通过阀门的打开程度控制吸肥的快慢。施肥器软管末端必须完全伸进肥液罐内。

②施肥结束后，应当继续灌溉一段时间，冲洗管道。灌溉结束后，将施肥调节阀门完全关闭。

③对于安装有文丘里施肥器的灌溉系统，必须在其后安装过滤装置，一般配套使用的主要有叠片式过滤器或网式过滤器。以免施肥中未溶解的化肥流入灌溉系统堵塞末端的灌水器。

④施肥结束后，将文丘里施肥器的施肥罐内积水倒出，以备下次使用。

（3）文丘里施肥器不吸肥的几种原因。

①压力不足。文丘施肥器施肥需要一定的压力才能开始工作，当压力不足时，即使调节调压阀也不能达到吸肥的效果。

②轮灌区较小。当轮灌区较小时，田间毛管出水量较小，文丘里施肥器在刚开启时会正常进行施肥，但随着毛管中的压力不断升高，最终使文丘里施肥器前后的压力差小于产生负压的压力，导致不能进行正常吸肥。

③文丘里喉管处堵塞。

（4）适用环境。主要适用于小面积种植场所，如温室大棚。

3.比例施肥器

（1）比例施肥器的安装。

①施肥泵的进水口需要与管线的进水口一致。

②将施肥泵的固定支架固定在墙上或者其他设施上。

③在施肥泵进水口之前安装过滤器（目数不低于120目）。

④分别在施肥泵的进水口和出水口安装阀门。

⑤将施肥泵的吸液管挶直放到盛放溶液的容器内，确保吸液管不贴住容器壁和容器底。

单个施肥器的安装方式：

比例施肥器的安装简单，只需要并入灌溉管网即可，但是为了施肥器的持久正常工作，必须按照以下步骤进行：

①比例施肥器的出水端推荐安装流量计（水表），能监测比例施肥的总工作流量，适时对易损件（密封圈）进行更换。

②比例施肥器的进水端必须前置安装过滤器，过滤水中杂质，如颗粒物等，减少磨损延长寿命。

比例施肥器的出水端必须安装止回阀（单向阀）让水流只能从施肥器的进水端往出水端方向流动，防止水流回流，导致肥料稀释浓度不准确。

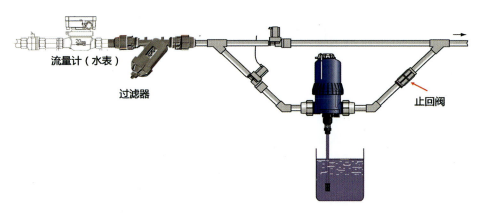

流量计（水表）

过滤器

止回阀

单个施肥器安装

两个施肥器的安装方式：

考虑到实际的应用情况，可能需要2种以上的营养液进行稀释混合使用，那么就需要两组以上的比例施肥器进行工作。有两种安装方式可供选择，即串联和并联形式，两种方式各有利弊，需要根据实际情况进行选择。

串联方式：两个比例施肥器"首尾相接"。该方式的优点在于连接方便，安装更为容易，但存在诸多缺点，具体如下：

①需要考虑压力损失问题，水流连续通过两个比例施肥器，由于施肥器是

通过水力驱动马达的，会有部分压力损失，且因为串联，压力损失是双倍的。小面积灌溉区域可以忽略。

②如果A、B两组以上的肥料溶液容易产生反应生成沉淀，会堵塞第二个。

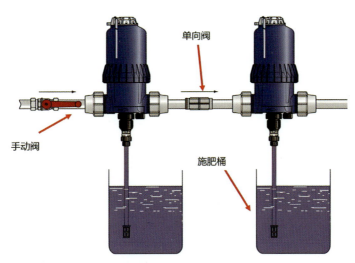

两个施肥器串联方式安装

并联方式：两台施肥器并联接入管道，能同时使用或者单独使用。优点是两台施肥器可以同时使用或单独使用，互不影响；两组以上的肥料溶液均

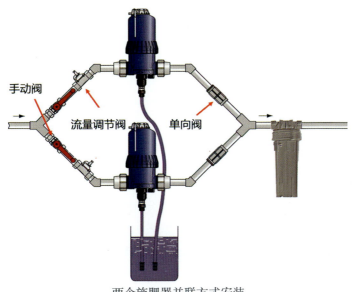

两个施肥器并联方式安装

是稀释后到达单向阀至混合罐一段中进行混合，极大降低后期维护成本。缺点是安装烦琐，需要保证进水端到每台比例施肥器的距离相等，需要采用"中置分流方式"，让两台施肥器均能获得尽可能一致的水流才能保证稀释比例正确。

（2）比例施肥器的使用。

①取出施肥泵刻度上部的U形调节锁。

②调节施肥泵上的刻度达到预设值（刻度值的含义是吸入药液与进水口水量的比值，如：2%指的是水量与肥液比是100∶2）。

③调节完毕后将U形调节锁锁上扣紧。

④调节比例时，不可取出刻度筒下部的U形调节锁。

⑤有的型号是固定比例的，因此没有U形调节锁，也不需要调节。

⑥有的型号是可调比例的，没有U形调节锁，这些型号的施肥泵对于比例的调节是通过旋转调节器来完成的。

⑦在施肥泵启动之初，需要按下施肥泵顶部的排气阀进行排气，直到有少量水从排气阀溢出后迅速关上排气阀。

⑧在施肥泵使用结束前，把容器内的药液换成清水，让施肥泵继续工作一段时间，使得施肥泵内部得到充分清洗，用清水将施肥泵外表擦拭干净。

4.施肥机

（1）施肥机的安装。

环境要求：

①设备安装环境应满足使用环境要求。

②设备安装位置的选择要方便后期的人员操作和维护。

③设备安装请置于坚固的水平面上。放置后检测设备水平度，可通过调节设备的地脚支撑来调节设备的水平度，调节水平为0°后方可进行后续的安装调试工作。

④安装位置应避免后期使用肥液喷溅到设备电控箱，电控箱上的触摸屏表面有水会造成触摸功能故障。

管网连接：

①设备的进水口应安装于主管路的下游，出水口安装于主管路的上游，实现肥料的充分混合。

②管网内的压力不大于4兆帕，并保证管网压力相对稳定，水压波动时需采用变频水泵或稳压阀等设备，否则会影响设备的吸肥量。

③设备进水口前应根据使用的灌溉水源安装相应的过滤器，保证进入设备的水质，减少设备故障率。

④吸肥口前安装相应的过滤器，保证进入设备的水肥无杂质。

供电连接：

①使用电源电缆应满足安装环境下的国家相关标准。

②扩展的输入端口和扩展的输出端口的电缆，根据安装环境选择控制电缆并满足国家相关标准。

③扩展传感器的电缆，屏蔽电缆的屏蔽网可靠接地，根据安装环境选择屏蔽电缆并满足国家相关标准。

④控制电路、屏蔽电缆与电源电缆布线分开。

⑤普通电缆铺设时需要穿管，直埋铺设时选择铠装电缆。电缆铺设可参考国家相关标准。

接地要求：

为了避免设备遇见非正常电压、雷电等的损坏，以及操作人员的自身安全请务必正确接地。

①设备电控箱内设有接地端子，且为黄绿端子。将电源线的接地线连至此处。

②设备可单独与接地网连接。

③确保接地良好，接地电阻在4欧姆以下。

肥料罐安装要求：

①在保证肥料罐检修的空间要求下，尽量靠近设备安装。

②肥料罐的安装应不低于设备的吸肥口高度。

③肥料罐安装位置应避免强光照射。

④肥料罐的肥料出口管不要安装于肥料罐的底部，安装在底部会增加吸肥管路清理的工作难度。

⑤肥料罐应有独立的清洗口，应定期对罐内进行清洗。

（2）施肥机的使用。在电源和肥料准备好后，就可以开始水肥一体化作业了。此时，还需要对施肥量进行设置。依据灌溉水量和施肥量，计算确定水肥施入比例。比如水肥施入比例为200：1，即灌溉200米^3/时的水量对应1米^3/时的肥液。如果灌溉主管的供水量为30米^3/时，则对应的吸肥量应为150升/时。

因此，先启动施肥机加压泵，然后打开施肥机吸肥通道调节球阀，这时施肥机开始施肥作业。观察施肥机上的旋子流量计读数，调节吸肥通道调节球阀的开度来增加或减小旋子流量计的数值，直到达到设定值。

施肥机调整设置好以后，就可以通过手机App进行远程施肥机开关控制。根据作业的情况，可以随时开启施肥和停止施肥作业，灵活满足水肥一体化作业需求。

三、灌溉设备选用要求与方法

主要包括喷灌设备与滴灌设备，结合《喷灌工程设计规范》与《微灌工程技术标准》两项国家标准，围绕两类灌溉设备从质量选用要求、适地选型指标和系统布置方法3个方面进行选择。

（一）设备质量选用要求

1.喷灌

（1）喷灌均匀系数。定喷式喷灌系统喷灌均匀系数不应低于0.75，行喷式喷灌系统不应低于0.85，通常通过控制喷头组合间距、喷洒水量分布和工作压力的方式调整喷灌均匀系数，其中喷头组合间距根据设计风速调整，任何喷头的实际工作压力不得低于设计喷头工作压力的90%，同一条支管上任意两个喷头之间的工作压力差应在设计喷头工作压力的20%以内。

（2）喷灌雾化指标。喷灌雾化指标通常指喷头工作压力水头与喷头主喷嘴直径的比值，雾化程度好的喷头可以将水细化成微小的水滴，减少对作物的冲击力，适合灌溉幼苗、花卉等脆弱的植物。对于不同的灌溉对象，需要选择合适雾化程度的喷头。蔬菜及花卉的喷灌雾化指标应达到4 000 ~ 5 000，粮食作物、经济作物及果树的雾化指标应达到3 000 ~ 4 000。

2.滴灌

（1）灌水器变异系数。灌水器变异系数通常是指25个灌水器流量标准偏差与平均流量的比值。灌水器平均流量相对于额定流量的偏差应不大于7%，灌水器制造偏差系数应不大于7%。

（2）灌水器设计流量偏差率。灌水器设计流量偏差率通常是指灌水器实际最大和最小流量的差值与灌水器设计流量的比值。微灌系统灌水器设计允许流量偏差率应不大于20%。

（3）耐水压。滴灌带（管）经过常温（23℃ ±3℃）与高温（40℃ ±3℃）静水压测试后灌水器实际流量与灌水器原始流量的偏差应不大于 ±10%。

（4）耐拉拔。滴灌带（管）应能承受拉拔试验而不出现扯碎或拉裂现象，且灌水器流量相对于试验前流量的变化量应不大于 ±10%，两条标记线之间的距离相对于试验前的距离变化量应不大于5%。

（二）设备适"地"选型要求

适"地"选型指标是指针对工程实际情况，综合考虑环境、作物、土壤等因素，提出有利于工程建设与建后使用的设备选型依据。在实际选用设备的过程中除了要准确核验上述要求是否达标外，还应针对以下指标进行确认。

1. 喷灌

（1）灌溉设计保证率。灌溉设计保证率通常是指在干旱期作物缺水情况下，由灌溉设施供水抗旱的保证程度，通常用灌溉用水得到保证的年数占总年数的百分比来表示。以地下水为水源的喷灌工程其灌溉设计保证率不应低于90%，其他情况下喷灌工程灌溉设计保证率不应低于85%。

（2）喷灌强度。喷灌强度通常用单位时间内喷洒在单位面积上的水深来表示，单位一般是毫米/时。定喷式喷灌系统的设计喷灌强度不得大于土壤的允许喷灌强度，不同土壤类型、地形坡度对喷灌强度有不同的耐受限度。沙土的允许喷灌强度为20毫米/时，沙壤土的允许喷灌强度为15毫米/时，壤土的允许喷灌强度为12毫米/时，黏壤土的允许喷灌强度为10毫米/时，黏土的允许喷灌强度为8毫米/时。

对于有坡面的地块，当地面坡度大于5%时，允许喷灌强度进行折减；当地面坡度为5%～8%时，允许喷灌强度可降低20%；当地面坡度为9%～12%时，允许喷灌强度可降低40%；当地面坡度为13%～20%时，允许喷灌强度可降低60%；当地面坡度大于20%时，允许喷灌强度可降低75%。允许喷灌强度的降低，旨在确保水分既能充分湿润土壤又不会因强度过大形成地表径流，保证灌溉效果和土壤的良好状态。

（3）射程与覆盖范围。喷头的射程通常有额定射程和有效射程之分。额定射程是指在无风情况下，喷头能将水喷射到的最远距离；有效射程则是考虑风速等外界因素影响，能满足一定均匀度要求的喷射距离。产品说明书一般会明确标注这两个射程数值，同时会给出喷头的覆盖角度，常见的覆盖角度有90°、180°、360°等，通过射程和覆盖角度就能大致计算出单个喷头的覆盖范围。例如，一个额定射程为20米、覆盖角度为360°的喷头，其理论覆盖范围就是以喷头为圆心、半径为20米的圆形区域。

（4）地形条件。根据地块的地形地貌条件，适"地"筛选喷灌设备，对于大面积平坦地形，优先考虑中心支轴式喷灌机或平移式喷灌机，能高效均匀灌溉大面积区域。农户自用以价低投入为参照的情况下，优先考虑卷盘式喷灌机；对于存在地形起伏的地块，如山地等，选择可调节角度和射程的喷头，或小型灵活的喷灌机组，确保不同坡度的区域都能被灌溉到。对于不规则地形，也可推荐卷盘式喷灌机，方便操作，适应复杂地形。

（5）其他。除上述考虑因素外，还应结合灌溉需求、作物类型制定合理的灌溉制度，结合水源水泵型号与轮灌面积确定管网布置方式；在设备选型方面选择材质好、工艺精、质量检验严格的设备；对于小区域或非专业用户，可选择操作简单、移动安装方便的设备，对于大面积灌溉和高精度要求，可选择自

动化程度较高的喷灌系统。

2.滴灌

（1）地形与地貌。针对大面积的平坦农田，如种植小麦、玉米等大田作物的区域，普通的内镶式滴灌带是一个很好的选择。这种滴灌带价格相对较低，铺设方便，能够在地势平坦的条件下实现较为均匀的灌溉。它的滴头间距可以根据作物的株距进行选择，例如在种植棉花时，可选用滴头间距为30～40厘米的滴灌带，使水滴精准地滴落在每一株作物的根部附近。

此外，单翼迷宫式滴灌带也常用于平坦地形。其滴头通过迷宫式流道设计，能有效控制水滴的流量和滴落位置。对于像蔬菜种植这样对灌溉精度要求较高的场景，单翼迷宫式滴灌带可以将水均匀地输送到蔬菜根部，而且它的成本较低，适合在大面积平坦的蔬菜基地使用。

针对存在一定起伏或坡地的农田，可以使用压力补偿滴灌带，这种滴灌带的滴头带有压力补偿装置，能够根据地形的高低变化自动调节出水压力。比如在山坡上，高处的滴头和低处的滴头由于重力势能的差异会产生压力差，但压力补偿滴灌带可以保证在不同高度位置的滴头都能以相对稳定的流量滴水。这种滴灌带造价相对较高，但灌溉效果较好。

此外，也可以选择普通滴灌带与调压设备的组合使用，对于梯田等地形起伏地区，通过在支管上安装毛管压力调节器可以实现不同高程毛管进水压力一致的效果，配合内镶贴片式滴灌带或单翼迷宫式滴灌带可以在提升灌水均匀度的前提下减少资金投入。毛管压力调节器分为单进单出和单进双出两种类型，单进双出类型配合铺设距离200米的小流量滴灌带，可以实现横跨400米的滴灌带铺设距离。

（2）流量。内镶贴片式滴灌带的流量规格主要有0.45升/时、0.6升/时、0.85升/时、1.38升/时、2.0升/时和3.0升/时等，单翼迷宫式滴灌带的流量规格多为2升/时及3升/时，滴灌带间距通常有20厘米、25厘米和30厘米三种。

滴灌带的流量选择与土壤质地、作物类型都有密切关系。对于沙质土壤，土壤颗粒较大，孔隙度高，保水能力差，水分渗透速度快。因此，在沙质土壤中使用滴灌带时，需要选择流量相对较大的滴灌带，以保证有足够的水量能够在短时间内渗透到作物根系周围。一般来说，滴灌带流量可以选择每小时2.5～4升。对于壤质土壤，质地适中，孔隙比例协调，保水和透水性能较好，对于这种土壤，滴灌带流量可以适中选择，通常在每小时1～2.5升的范围内。对于黏质土壤，土壤颗粒细小，孔隙小，保水能力强，但透水性能差，在这种土壤中，应选择流量较小的滴灌带，防止土壤积水。滴灌带流量一般可控制在每小时0.45～1升。

（3）流态指数。滴灌系统中的流态指数是用于描述滴头流量与压力之间关系的一个参数。它反映了滴头流量对压力变化的敏感程度。一般来说，流量不随压力的变化而发生明显变化时，对滴灌系统的稳定性是有利的，此时对应的流态指数也是相对较低的，因此，在压力波动的情况下，滴头流量的变化幅度相对较小，能够在一定程度上保证灌溉的均匀性。在滴灌带选型时，应尽可能选择流态指数较低的产品，以此来提升滴灌系统的灌水均匀性，内镶贴片式滴灌带的流态指数一般在0.46～0.52范围内，性能较好的内镶贴片式滴灌带流态指数能降低至0.44，单翼迷宫式滴灌带的流态指数一般在0.5以上。滴灌带流态指数的降低意味着滴灌带灌水均匀性的提升，也意味着滴灌带铺设距离的增长。

（三）灌溉系统布置方法

灌溉系统布置方法是指结合农田地块的实际地形、水源等情况，针对灌溉面积进行管网布置，并通过水力计算选定水泵型号和管径尺寸的方法。灌溉系统布置方法主要分为以下几个步骤：

1.资料收集

针对农田的基本信息进行资料收集，通常包括地形地貌资料、土壤质地、气象资料、作物信息和水源条件等。

（1）地形地貌资料。灌溉区域内的地形地貌条件对喷灌、滴灌系统的布置方式尤为重要。从灌溉面积角度来说，不论是喷灌系统还是滴灌系统，大面积灌溉都需要制定轮灌制度，需要了解灌溉面积与水泵流量之间的关系，确定轮灌面积；从地形起伏角度来说，地形是否平坦会影响喷灌、滴灌的设备选型，如对于喷灌系统，地形坡度会影响喷头的射程和喷洒均匀度，喷头朝上坡方向的射程会减小，下坡方向射程会增大。通过精确测量坡度，可以确定喷头的安装角度和位置，以保证灌溉均匀。对于滴灌系统，地形坡度影响滴灌管（带）的铺设方式和压力补偿要求。如果高差过大，可能需要在滴灌系统中设置减压或增压装置，防止低处积水或高处缺水。从地块形状来说，灌溉区域是否规则会影响喷头和滴灌带的布置形式，对于不规则形状的区域，需要特别注意边界部分的灌溉覆盖情况，避免出现灌溉死角。同时，还要了解区域内是否有障碍物，如建筑物、树木、石头等，这些会干扰喷滴灌系统的布局，需要在设计时合理避开或采用特殊的布置方式。

（2）土壤质地。灌溉系统布置要充分考虑土壤中水分的入渗情况，对于喷灌系统，这会影响喷头喷灌强度的选择；对于滴灌系统，会影响滴头流量的选择。不同的土壤类型需要匹配不同的喷滴灌设备，才能实现灌溉效益最大化。

（3）气象资料。气象资料主要涉及作物的蒸发蒸腾量，对于喷灌系统应着重关注灌溉区域的风速和风向。对于作物蒸发蒸腾量，应根据当地灌溉试验资

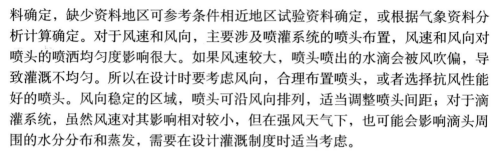

料确定，缺少资料地区可参考条件相近地区试验资料确定，或根据气象资料分析计算确定。对于风速和风向，主要涉及喷灌系统的喷头布置，风速和风向对喷头的喷洒均匀度影响很大。如果风速较大，喷头喷出的水滴会被风吹偏，导致灌溉不均匀。所以在设计时要考虑风向，合理布置喷头，或者选择抗风性能好的喷头。风向稳定的区域，喷头可沿风向排列，适当调整喷头间距；对于滴灌系统，虽然风速对其影响相对较小，但在强风天气下，也可能会影响滴头周围的水分分布和蒸发，需要在设计灌溉制度时适当考虑。

（4）作物信息。作物信息的获取主要是为了了解作物的需水特性与种植模式。不同作物的根系分布、需水量、需水规律和生长周期等都不同，同一作物的不同品种对水分的需求也有差异，了解这些特性有助于确定喷头或滴头的流量、间距和灌溉制度。关于种植模式，作物的种植模式（行距、株距）和种植密度决定了喷头或滴头的布置方式，在喷灌系统中可以根据玉米的行间距布置喷头，在滴灌系统中可以根据株距确定滴头间距，以确保每株作物都能得到有效的灌溉。

（5）水源条件。水源条件主要考虑两个方面的因素，一是水源来源，二是水源流量和压力。对于水源来源，主要是确定水源是地表水（如河水、湖水、水库水）还是地下水（如井水），以及水源的位置与灌溉区域的距离。地表水可能含有较多杂质，需要更复杂的过滤处理；地下水水质相对稳定，但可能存在矿物质含量高、水温较低等问题。水源位置影响输水管道的长度和铺设难度，距离灌溉区域较远时，需要考虑管道的压力损失和建设成本。对于水源流量和压力，水源流量决定了能够同时灌溉的面积大小，如果流量不足，可能需要修建蓄水池或采用轮灌的方式。水源压力影响是否需要增压设备，若压力过低，无法满足系统的工作压力要求，则需要配置增压泵。同时，要了解水源压力的稳定性，不稳定的压力可能会影响喷头或滴头的流量均匀性。部分灌区已经配置了水泵，则需要了解水泵的流量参数与扬程参数，以确定轮灌面积与轮灌制度。

2.灌溉制度相关参数计算

灌水定额是根据农田地块土壤特征（土壤容重、湿润层深度、湿润比等），结合作物需水特性需要满足的灌水量。灌水量的确定是计算单次灌水时长、灌水周期以及轮灌组数计算的基本依据。

3.灌溉系统灌水方式及喷滴头选型

根据地形特点与作物种植需求，结合不同灌溉方式的特点和适用性，选取合适的喷灌或滴灌方式。结合具体的灌水方式，根据地块内土壤类型、作物需水特性等确定喷头或滴头类型。如地块形状不规则，地块分散，但出水桩分布合理，则考虑使用卷盘喷灌机的灌水方式，基于土壤类型为壤土，选用较小的喷灌强度以防形成地面积水，根据作物类型确定相应的雾化指标等。如地块平坦，面积较大，出水桩分布较少，可考虑采用滴灌的布置形式，土壤类型为沙土，则考虑使用流量规格较大的滴头，再结合作物的种植模式选定一管两行或一管四行等布置形式，结合滴灌带铺设距离，调整主管、支管的骨架布置形式。

4.灌溉系统管网布置

（1）布置原则。喷滴灌工程布置应符合工程总体设计的要求，满足各用水单位的需要且管理方便。布置管道应以管道总长度最短为原则，降低工程造价。针对丘陵山区的喷灌布置，应使支管沿等高线布置；在可能的条件下，支管宜垂直主风向。喷滴灌管道的纵剖面应力求平顺，减少折点，有起伏时应避免产生负压。对刚性连接的硬质管道，应设伸缩装置；在地埋管道的阀门处应建阀门井；在管道起伏的低处及管道末端应设泄水装置。固定管道应根据地形、地基、直径、材质、气候条件、地面荷载和机耕要求等确定其敷设坡度、深度以及对管基的处理。对于移动式喷灌管道，应根据作物种植方向、机耕等要求铺设，应避免横穿道路。高寒地区应根据需要对管道设置专用防冻措施。

（2）管网布置方法与形式。灌溉系统管网布置方法主要包括两个部分。

①根据灌溉期、作物月平均耗水强度峰值、作物补充灌溉强度等，制定出作物的灌溉制度，作为管网设计的主参数。

②根据作物的种植方向，确定毛管的铺设方向，同时确定干管铺设方向，最后根据地块面积及地块形状制定管网系统框架。

管网布置形式包括喷灌系统和滴灌系统两种。

①喷灌。管道式喷灌系统的总体布置主要是两个内容：一是确定水源工程的位置或根据现有水源工程进行喷灌地块的合理划分；二是进行骨干管道的初步布置。

当水源工程位置或喷灌地块位置可选择时，应尽量使水源工程设置于喷灌地块的中央，以利于缩短管线，减小管径．减少投资，降低运行费用。

根据喷灌区面积的大小、地形复杂的程度，管道系统可以分为两级(干管、支管)、三级(干管、分干管、支管)或四级(总干管、干管、分干管、支管)。

喷灌管道的布置形式主要有以下几种：

树枝状布置。这是目前我国喷灌系统管道布置中应用最普遍的一种形式。这种布置形式管线总长度比较短，水力计算比较简单，适用于土地分散、地形起伏的地区。但管道利用率低，当运行中某一处管道出现故障时，常会影响到几条甚至全系统的运行。

环状布置。这种布置在给水工程中应用较普遍，是由各级管道连接成的很多闭环组成的。它最大的优点是如果某一水流方向的管道出了故障，可由另一方向管道继续供水，使发生故障的那段管道之外的其他管道正常运行。这种布置形式管道利用率高，且形成多路供水，流量分散，可减小管径，但管线总长度比较大，是否经济需要经过分析比较确定，适用于地块连片的固定管网。

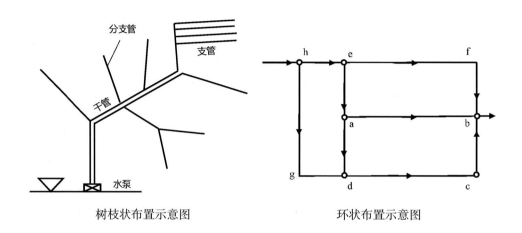

树枝状布置示意图　　　　　　　　环状布置示意图

鱼骨状布置。这种布置适用于山丘区的脊梁地形。一般骨干管道分为干管和分干管两级，干管沿山脊线布置，分干管在干管两侧顺坡布置。

②滴灌。滴灌管网各级布置相对关系主要为：

作物种植方向是干管、分干管、支管、毛管布置方向的主导因素。

干、分干、支（含辅管）、毛管四级依次成正交，即干管与分干、分干与支管（含辅管）、支管（含辅管）与毛管相互垂直。

尽量使分干管在干管两侧布置并力求对称，以节省投资，方便轮灌设计和运行；支管在分干管两侧布置并力求对称；毛管在支管两侧布置。因为毛管铺设走向要与作物种植方向同向，所

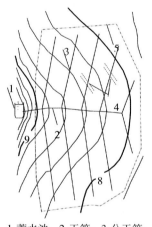

1.蓄水池；2.干管；3.分干管；
4.支管；5.灌区范围。
鱼骨状布置示意图

以，支管（含辅管）与作物种植方向垂直，分干管布设方向与作物种植方向则平行。

大田滴灌系统的位置形式基本上是"树枝状"。一般以干管为"纲"呈

"丰"字形和梳子形。

根据大面积的生产实践和大量的工程设计探索，对大田滴灌工程归纳了一个实用的管网系统布置方法，即"抓两头，攻中间"。

"两头"即管网的起端和终端——干管和毛管。

"中间"即内部结构，分干管和支管。

"抓两头"，即首先要从干管和毛管开始，因为它们处于系统之首、尾，是边界，加上水流方向和作物种植方向的要求和制约，自身位置就基本被锁定了，整个管网系统就被"框"定。所以，它们是管网系统的制约者。

"攻中间"，即是分干管与支管的布置。它们牵涉的因素多且相互制约，既受首、尾——干管和毛管所制约，自身"弹性"又很大，它们的布置要平衡系统流量和压力的变化，要有利于系统轮灌运行方式及运行压力，使操作简便、安全运行、投资合理等。

5. 管网选型及水力计算

（1）各级管道的流量分配。结合管网布置形式与喷滴头流量规格确定灌溉区域的轮灌方案，在轮灌方案确定之后，各级各段管道在整个轮灌过程中所通过的流量均已知，这时应进行管道水力计算和选择管径。由于每一条管道，以及同一条管道的不同管段在轮灌过程中流量有变化，这时一般应取各管或管段中通过的最大流量为该管或管段的设计流量。

（2）管材选择。管材的选择应根据当地的具体情况如地质、地形、气候、运输、供应以及环境和工作压力等条件，结合各种管材的特性及使用条件进行选择。

针对喷灌，一般情况下，对于地埋的固定管道，应优先选用不会锈蚀的钢筋混凝土管、塑料管和石棉水泥管等，也可用铸铁管和镀锌钢管；对于地面的移动管道，则应采用带有快速接头的薄壁铝或铝合金管、薄壁镀锌钢管和专用的塑料管等。

针对滴灌，一般情况下，大田输配水管路材质选取PE管或PVC硬管材质，PE管使用寿命较长（10～15年），承压能力较强（0.4兆帕），PVC的使用寿命次之，两种硬管的铺设均会影响机械化作业。目前考虑到方便运输、方便铺设，多采用软袋的方式供水，但目前部分软带的承压能力只能做到0.2兆帕左右，距离PE管的承压能力还有差距。

（3）管网水力计算。选择喷灌滴灌系统干支管管径时，需要先确定系统的流量需求，喷灌系统依据喷头流量与同时工作喷头数量计算，滴灌系统则根据滴头流量和同时工作滴头数确定，干支管流量依系统布局而定，干管流量通常为支管流量总和；接着参考0.5～1.5米/秒的经济流速范围，利用流量与流速关系公式估算管径；之后进行水头损失核算，通过达西公式计算沿程水头损失，借助局部阻力系数公式算出局部水头损失，二者相加得到总水头损失，若超出系统允许范围则调整管径。

根据系统所需的流量和总水头选择水泵的类型（如离心泵、潜水泵）和型号。水泵的流量要满足滴灌系统最大流量需求，扬程要大于系统总水头。

玉米与小麦水肥一体化设备
典型应用推荐

一、过滤设备典型应用推荐

  过滤设备是水肥一体化灌溉系统的重要组成部分，主要用于去除水源中的杂质、沉淀物及细小颗粒，防止堵塞滴灌管道、喷头等关键设备，确保系统的高效运行，根据不同的需求和水质特点，选择合适的过滤设备可以有效减少系统维护成本、提高作物生长效率。推荐的过滤器如离心过滤器、砂石过滤器、网式过滤器、叠片过滤器、自清洗过滤器等，均可以根据具体需求进行组合使用，以下是玉米与小麦水肥一体化设备中常见过滤器的典型应用推荐。

玉米与小麦水肥一体化设备中常见过滤器的典型应用推荐

应用领域	典型应用	推荐过滤器类型与应用
水源预处理	去除水源中的大颗粒杂质、悬浮物	砂石过滤器：用于去除水中的大颗粒杂质（如沙子、泥土等），常用于水源预处理，保护后续精密过滤设备
		离心过滤器：在短时间内处理大量的灌溉用水，非常适合大型灌溉系统
		砂石滤器与离心过滤器组合：适用于一些水质浑浊、泥沙含量高的灌溉系统，离心过滤器作为第一道过滤工序，快速去除水中的大颗粒泥沙和杂质，砂滤器作为第二道工序，可以进一步过滤水中的悬浮固体和部分有机物
灌溉管道系统	防止喷头或灌水器堵塞、降低灌溉系统的维护成本	网式过滤器：利用一层或多层金属滤网来拦截水中的杂质，尤其适用于水中有大量大粒径不溶物的情况，常用于喷灌系统前，帮助清除较大的颗粒物，减少喷头堵塞
		叠片过滤器：利用许多带有沟槽的塑料叠片拦截水中的细小颗粒、悬浮物，适用于精细的水肥一体化灌溉系统
		自清洗过滤器：在有效拦截不溶物的前提下通过滤网旋转、反冲洗等机制实现自动清洁滤芯，保证肥料的均匀输送，适用于需要连续运行的水肥一体化系统，减少人工维护

（续）

应用领域	典型应用	推荐过滤器类型与应用
系统水质监测与维护	实时监测水质，确保过滤器工作正常，防止系统故障	压力传感器和流量计结合过滤器系统：通过压力变化和流量检测，判断过滤器是否需要清洗或更换，有效防止堵塞和效率降低

　　选择适合小麦和玉米灌溉的过滤器尺寸，主要取决于灌溉系统的流量需求、水质情况，以及过滤精度。不同的过滤器规格和尺寸适用于不同的灌溉系统规模和水质。根据不同的灌溉面积，可以合理推算所需的过滤器尺寸和类型。灌溉系统的流量需求与灌溉面积、作物种类、土壤类型、气候条件等因素密切相关。通常，玉米和小麦的灌溉需要根据作物的面积和需水量来确定流量。以下是根据不同灌溉面积和流量需求，推荐的过滤器尺寸和类型的汇总表。

不同灌溉面积和流量需求下推荐的过滤器尺寸和类型

灌溉面积	推荐流量需求	推荐过滤器类型	过滤器尺寸／规格
1～10亩	0.5～5米³/时	叠片过滤器	1"～2"
		网式过滤器	1"～2"
		自清洗过滤器	2"
10～50亩	5～20米³/时	离心过滤器	2"～4"
		自清洗过滤器	2"～4"
50～100亩	20～50米³/时	砂石过滤器	4"～6"
		离心过滤器	4"～6"
		自清洗过滤器	4"～6"
100～300亩	50～100米³/时	砂石过滤器	6"～8"
		自清洗过滤器	6"～8"
300亩以上	100米³/时以上	砂石过滤器	8"～12"
		自清洗过滤器	8"～12"

二、施肥设备典型应用推荐

根据小麦与玉米单次每亩施肥量：以高亩产量为原则，养分搭配为纯氮每亩15千克，纯磷8千克，纯钾6千克。假设以尿素、P_2O_5和K_2O分别作为氮肥、磷肥和钾肥为例进行计算，折合总施肥重量约为60千克。按照小麦与玉米全生育期至少施肥2次计算，单次最大施肥重量为30千克/亩。

在压差施肥罐选用方面，考虑到肥料的溶解性，建议肥料量为罐体的1/2左右，根据小麦玉米单次最大施肥重量为30千克/亩和压差施肥罐常见规格50升、100升、200升、300升、500升、600升、800升、1000升，制定了一次性施入施肥罐选择方案。此外，为降低成本，也可以通过两次添加方式实现施肥，从而降低对施肥罐的容积规格的需求。两种施入方式施肥罐选择方案具体参考下表。

小麦玉米应用压差施肥罐型号选用推荐表

单次施肥面积（亩）	施肥量（千克）	一次性施入选择方案 容积规格（升）	两次施入选择方案 容积规格（升）
1	30	50	50
2	60	100	
3～4	90	200	100
	120		
5～6	150	300	200
	180		
7～9	210		200
	240	500	
	270		300
10～11	300		300
	330	600	
	360		300
12～15	390		
	420	800	500
	450		
	480		
16～20	510		500
	540	1000	
	570		
	600		600

（续）

单次施肥面积 （亩）	施肥量 （千克）	一次性施入选择方案 容积规格（升）	两次施入选择方案 容积规格（升）
21 ~ 24	630 ~ 720		600
25 ~ 30	750 ~ 900	—	800
31 ~ 40	930 ~ 1 200		1 000

文丘里施肥器在满足单次系统灌溉流量大于文丘里工作流量原则的前提下，可按照下表进行选择。

小麦玉米应用文丘里施肥器型号选用推荐表

系统流量（米³／时）	规格（进出口直径）	系统压力要求
0.5 ~ 2	25毫米	
2 ~ 5	32毫米	
5 ~ 15	40毫米	进口压力>0.3兆帕
10 ~ 30	50毫米	
25 ~ 50	60毫米	

比例施肥器一般用于用于低能耗系统中，其施肥量大小由通过比例施肥器的流量决定，小麦玉米采用比例施肥器时，可按照下表进行选择。

小麦玉米应用比例施肥器型号选用推荐表

单次施肥面积 （亩）	系统流量（米³／时）	系统压力（兆帕）	施肥比例（%）	吸肥量范围（升／时）
0 ~ 5	0.010 ~ 3.5	0.02 ~ 0.8	1 ~ 10	0 ~ 350
5 ~ 10	0.2 ~ 5	0.1 ~ 0.8	0.2 ~ 2	0 ~ 100
10 ~ 20	0.5 ~ 10	0.1 ~ 0.8	0.2 ~ 2	0 ~ 200
20 ~ 50	2 ~ 25	0.1 ~ 0.8	1 ~ 5.5	0 ~ 1 375

施肥机一般用于中大型灌溉施肥规模，通常根据最大吸肥量与通道数量进行选择，小麦玉米采用施肥机时，滴灌带按照铺设间距50厘米、滴头间距30厘米、滴头流量1升／时计算，每亩灌溉流量约为5米³／时，每次每亩灌溉流量

按照20米³计算，根据灌溉面积、系统流量与小麦玉米每亩单次施肥量，并基于施肥时间占总灌溉时间的1/3的施肥原则，确定了施肥桶体积、最大吸肥量及通道数量，小麦玉米应用施肥机型号可按照下表进行选择。

小麦玉米应用施肥机型号选用推荐表

总面积（亩）	系统流量（米³／时）	每个轮灌组面积（亩）	施肥量（千克）	施肥机选型参数		
				施肥桶体积（升）	最大吸肥量（升／时）	通道数量（个）
100	50	10	300	500	375	1
	25	5	150		375	1
200	25	5	150	500	375	1
	50	10	300		375	1
300	50	10	300	500	375	1
	75	15	450	1 000	750	1
	100	20	600		750	1
400	50	10	300	500	375	1
	75	15	450	1 000	750	1
	100	20	600		750	1
500	75	15	450	1 000	750	1
	100	20	600		750	1
	150	30	900		750	2
600	75	15	450	1 000	750	1
	100	20	600		750	1
	150	30	900		750	2
800	100	20	600	1 000	750	2
	150	30	900		750	2
	200	40	1 200		750	2
1 000	150	30	900	1 000	750	2
	200	40	1 200		750	2

三、灌溉设备典型应用推荐

根据小麦和玉米在喷灌和滴灌上的应用情况，基于管网设计与计算方法，结合灌水定额、每日耗水量等指标，分别提出小麦玉米在喷灌和滴灌水肥一体化系统布设的参数。

应用实际情况设定为：小麦和玉米的设计灌水定额为30毫米，作物的设计耗水强度为5毫米/天，喷灌系统每天工作时间12小时，根据不同土壤类型（黏土、壤土、沙土），选定不同喷头规格，以适配不同喷灌强度与雾化指标要求，推荐出典型应用的喷灌组合间距、喷洒时间、喷头数量及轮灌组数。

小麦玉米不同土壤类型喷灌系统布设参数推荐

土壤类型	喷头压力（千帕）	喷头流量（米³/时）	射程（米）	喷嘴直径（毫米）	设计射程（米）	喷头间距组合（米）	喷灌强度（毫米/时）	雾化指标	喷洒时间（小时）	轮灌组数	喷头数量
黏土	350	10.30	31.20	12.00	23	33	8	2 917	3.57	3	50
壤土	350	3.72	18.50	6.35	14	20	9	5 512	3.48	3	48
沙土	350	28.70	40.40	20.00	30	43	14	1 750	2.15	6	30

应用实际情况设定为：小麦和玉米的最大设计灌水定额为30毫米，作物的设计耗水强度为5毫米/天，每天工作时间12小时，根据不同土壤类型（黏土、壤土、沙土），选定不同规格滴头，根据典型滴灌带铺设间距、滴头间距等参数，推荐滴灌系统灌水周期、轮灌组数及轮灌组单次灌水时长。

小麦玉米不同土壤类型滴灌系统布设参数推荐

土壤类型	灌水周期（天）	滴头流量（升/时）	滴头间距（厘米）	滴灌带间距（厘米）	一次灌水时间（小时）	轮灌组数
黏土	5	0.45	30	60	11	5
				80	15	4
	5	0.60	30	60	8	7
				80	11	5
	5	0.85	30	60	6	10
				80	8	8
	5	1.00	30	60	5	12
				80	7	9
壤土	5	1.50	30	60	3	18
				80	4	14
	5	2.00	30	60	3	24
				80	3	18

（续）

土壤类型	灌水周期（天）	滴头流量（升／时）	滴头间距（厘米）	滴灌带间距（厘米）	一次灌水时间（小时）	轮灌组数
沙土	5	2.50	30	60	2	30
				80	3	23
	5	3.00	30	60	2	36
				80	2	27

（中国农业科学院农业环境与可持续发展研究所王建东、王海涛、仇学峰、王帅杰，全国农业技术推广服务中心陈广锋、沈欣、许纪元、刘晴宇，淄博数字农业农村研究院李芳、吕成哲）

水肥一体化肥料的选择

有收无收在于水，收多收少在于肥。向作物提供充足与均衡的养分是作物生长获得稳定产量的重要措施。在水肥一体化条件下，施肥的科学性、便利性、灵活性都得到极大提高。因此，选择适宜的肥料，在适宜的时间以水肥一体化的方式施入肥料，目的就是满足不同地区自然环境特点下不同作物生长需求、不同生长阶段干物质积累与产量形成需求，实现高产优质、增产增效。

一、肥料的选择

在实施水肥一体化过程中，如何选择肥料非常重要。某些肥料可以改变水的pH，如硝酸铵、硫酸铵、磷酸一铵、磷酸二氢钾、磷酸等，可降低水的pH，而磷酸氢二钾则会提高水的pH。当水源中同时含有碳酸根和钙镁离子时可能引起碳酸钙、碳酸镁的沉淀，造成滴头堵塞。为了合理运用滴灌施肥技术，必须了解化肥的物理化学性质。水肥一体化施用的化肥，应符合下列基本要求：①高可溶性；②溶解的肥液一般为中性，碱性土壤可调整至微酸性，酸性土壤可调节至微碱性；③没有钙、镁、碳酸氢盐或其他可能形成不可溶盐的离子；④金属微量元素应为螯合物形式；⑤含杂质少，不会对过滤系统造成很大负担。

二、可施用的氮磷钾肥料、原则和方法

凡是可溶于水的固态肥或液态肥都可用于微灌水肥一体化。氮肥包括尿素、硝酸铵、硝酸钙、硝酸钾以及各种含氮溶液；磷肥常用的有磷酸、磷酸一铵、磷酸二铵和磷酸二氢钾等；钾肥包括氯化钾、硫酸钾、硝酸钾和硫代硫酸钾等。

可供水肥一体化施用的氮磷钾肥

供氮原料	供磷原料	供钾原料
尿素	磷酸	硝酸钾
尿素硝铵溶液	磷酸二氢钾	硫酸钾
硫酸铵	磷酸氢二钾	氯化钾
硝酸铵	磷酸氢二铵	柠檬酸钾
硝酸铵钙	磷酸二氢铵	硅酸钾
液氨（氨水）	磷酸脲	氢氧化钾
磷酸一铵	聚磷酸铵	硫代硫酸钾
磷酸二铵		腐植酸钾
硝酸钙		
硝酸镁		
硝酸铵		

植物生长需要大量氮素，从土壤中吸收的氮素形态为铵态氮、硝态氮、酰胺态氮，这几种氮源均为速效氮，酰胺态氮在土壤中经过微生物转化为铵态氮或硝态氮后为作物生长提供氮营养。

常见氮肥品种及特性分析

类别	名称	分子式	氮含量（N，%）	特性
酰胺态	尿素	$CO(NH_2)_2$	46	1.中性，有机化合物，施入土壤后以分子态存在于土壤中，并与土壤胶粒发生氢键吸附 2.在土壤中受脲酶作用而转化成碳酸铵，形成铵态氮，其水解产物同铵态氮 3.吸湿性强，水溶性好
铵态氮	液氨	NH_3	82.3	1.易溶于水，可被作物直接吸收利用 2. NH_4^+ 在土壤中不易被淋失，肥效比 NO_3^- 长 3. NH_4^+ 遇碱性物质会分解出，深施覆土，有利于提高肥效 4.在通气良好的土壤中，NH_4^+ 可通过硝化作用迅速转化为 NO_3^-
	氨水	$NH_3 \cdot H_2O$	12.4 ~ 16.5	
	硫酸铵	$(NH_4)_2SO_4$	20 ~ 21	
	氯化铵	$(NH_4)Cl$		

（续）

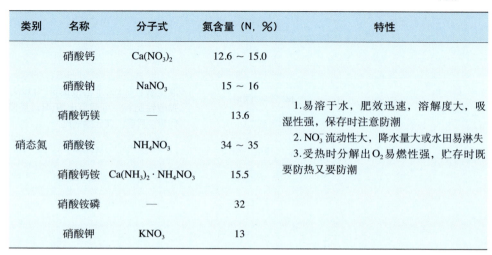

类别	名称	分子式	氮含量（N，%）	特性
	硝酸钙	Ca(NO$_3$)$_2$	12.6 ~ 15.0	
	硝酸钠	NaNO$_3$	15 ~ 16	
	硝酸钙镁	—	13.6	1.易溶于水，肥效迅速，溶解度大，吸湿性强，保存时注意防潮
硝态氮	硝酸铵	NH$_4$NO$_3$	34 ~ 35	2.NO$_3^-$流动性大，降水量大或水田易淋失
	硝酸钙铵	Ca(NH$_3$)$_2$·NH$_4$NO$_3$	15.5	3.受热时分解出O$_2$易燃性强，贮存时既要防热又要防潮
	硝酸铵磷	—	32	
	硝酸钾	KNO$_3$	13	

　　磷对植物的生长和发育至关重要，作物主要从土壤中吸收以H$_2$PO$_4^-$或HPO$_4^{2-}$形式存在的磷酸根离子，大多数作物吸收H$_2$PO$_4^-$比吸收HPO$_4^{2-}$快。土壤不同pH对磷酸盐形态影响不同。作物对正磷酸盐吸收主要以H$_2$PO$_4^-$为主，以HPO$_4^{2-}$为次，PO$_4^{3-}$较难吸收。因此，当土壤pH为6.0 ~ 7.5时，磷素利用效率最高。滴灌施肥中的供磷原料主要有磷酸二氢铵（一铵）、磷酸一氢铵（二铵）、磷酸二氢钾、磷酸、聚磷酸、聚磷酸铵等。农用级别的磷酸一铵、二铵杂质含量较高，一般不能直接用作水溶肥生产原料，要用工业级磷酸一铵、二铵或磷酸二氢钾等。不同磷素原料其养分含量及特性见下表。

磷肥的品种及特性分析

名称	分子式	养分含量			特征与用途
		P$_2$O$_5$	N	K$_2$O	
热法磷酸	85% H$_3$PO$_4$	61.5			单质磷滴灌，强酸性清洗滴头，调节土壤酸碱度
磷酸一铵（MAP）	NH$_4$H$_2$PO$_4$	61	12		白色结晶粉末，溶解性好，直接作为单质磷、氮元素滴施，是水溶肥N、P、K的主要复配料
磷酸二铵（DAP）	(NH$_4$)$_2$HPO$_4$	53	20.8		白色结晶粉末，溶解性好，有一定吸湿性。直接作为单质磷、氮元素滴施，是水溶肥N、P、K的主要复配料，碱性

（续）

名称	分子式	养分含量			特征与用途
		P_2O_5	N	K_2O	
磷酸脲（UP）	$CO(NH_2)_2 \cdot H_3PO_4$	44	17.4		无色透明晶体，易溶于水，水溶液呈酸性，1%水溶液的pH为1.89。强酸性肥料，可调节土壤pH，直接作为单质磷、氮元素滴施
磷酸二氢钾（MKP）	KH_2PO_4	51.5		34	白色结晶粉末，易溶于水，呈酸性，一般作叶面喷施，促花坐果
聚磷酸铵（APP）水溶级	$(NH_4)_{(n+2)}P_nO_{(3n+1)}$	30	15		无毒无味，吸湿性，热稳定性高，可直接作为单质磷、氮滴灌。液体复配料使用较多
聚合磷钾	$K_{(n+2)}P_nO_{(3n+1)}$	60		20	白色晶体粉末，属强酸性肥料，能清洗滴头，调节碱性和盐性土壤酸碱度，促花坐果
焦磷酸钾	KP_2O_7	42		56	白色粉末或块状固体，易溶于水，水溶液呈碱性，1%水溶液pH10.2，一般作为叶面喷施，促花坐果，使用不广泛
硝酸铵磷		10	30（硝态氮16%，铵态氮14%）		白色固体颗粒，新型全水溶性氮、磷复合肥，植物易吸收、见效快。硝酸铵高塔造粒改性产品，提供硝态氮和铵态氮

　　钾是各种重要反应的酶的活化剂，作物从土壤中吸收的钾全部是K^+，钾肥均为水溶性，但也含有某些不溶性成分。主要钾肥品种有氯化钾、硫酸钾、磷酸二氢钾、钾石盐、钾镁盐、光卤石、硝酸钾、窑灰钾肥等。水溶性肥料生产所需的钾肥主要包括硝酸钾、硫酸钾、氯化钾、磷酸二氢钾、氢氧化钾等。

钾肥的品种及其特性分析

名称	分子式	养分含量			特征与用途
		K_2O	N	P_2O_5	
硝酸钾	KNO_3	45.5	13		溶于水，肥效迅速，溶解度大，吸湿性强，严格防潮

（续）

名称	分子式	养分含量			特征与用途
		K$_2$O	N	P$_2$O$_5$	
硫酸钾	KSO$_4$	50			吸湿性远小于氯化钾，不易结块，施用时分散性好，易溶于水，但溶解速率较慢
氯化钾	KCl	60			吸湿性不大，通常不易结块，化学中性、生理酸性肥料
磷酸二氢钾	KH$_2$PO$_4$	34		51.5	白色结晶粉末，易溶于水，1%溶液pH 4.5，呈酸性，一般作叶面喷施，促花坐果
氢氧化钾	KOH	71			白色结晶粉末，易溶于水，呈酸性，一般作叶面喷施，促花坐果

　　在规模化生产中，生产经营者选择适宜当地作物和土壤特性、成本低、肥效高、性价比高的施肥策略是合理的选择。如西北地区土壤总体为中性或偏碱性，大部分pH7.0～8.5，在肥料的选择上，中性和酸性肥料是种植者首要选择；其次，选择有效成分含量高的原料，如工业级磷酸一铵，运输安全并易获得的氮肥尿素，氯化钾或硫酸钾等钾肥，进行多方案组合，基本可以满足作物全生育期的大量元素施肥需求。综合西北地区小麦、玉米、棉花三大作物需肥规律，下表列出了该区域在水肥一体化条件下几种主要肥料施用原则及数量。

水肥一体化大量元素肥料施用建议参数表

序号	肥料种类	肥料酸碱性	使用时间	单次用量	使用方法
1	矿源黄腐酸（钾）	微碱	出苗启动肥、苗肥、花前肥	1～2千克/亩	作出苗追肥使用，增加土壤通透性，增强幼苗根系吸收能力
2	磷酸二铵	中性	耕地前	10～15千克/亩	有效总含量≥64%，作底肥用
3	尿素	中性	出苗启动肥、苗肥、生长阶段	5～10千克/亩	减少基肥的施用比例，增加追肥施用比例，避免"一炮轰"

（续）

序号	肥料种类	肥料酸碱性	使用时间	单次用量	使用方法
4	磷酸一铵（磷酸二氢铵）	酸性	生长阶段，随水滴施	3～5千克/亩	推荐使用有效成分≥72%或≥73%正规厂家产品，其他含量不建议使用，杂质含量较高，易堵塞灌水器。各主要作物全生育期推荐用量：棉花10～15千克/亩，小麦5～10千克/亩，玉米10～15千克/亩
5	磷酸二氢钾	中性	生长阶段、孕穗灌浆期	5～10千克/亩	推荐使用有效成分≥84%。各主要作物全生育期推荐用量：棉花10～15千克/亩，小麦8～12千克/亩，玉米10～15千克/亩
6	氯化钾	中性	生长阶段，随水滴施	2～5千克/亩	推荐使用有效成分≥60%正规厂家产品。各主要作物全生育期推荐用量：棉花10～15千克/亩，小麦8～12千克/亩，玉米10～15千克/亩
7	硫酸钾	生理酸性	生长阶段，随水滴施	3～5千克/亩	推荐使用有效成分≥50%正规厂家产品。各主要作物全生育期推荐用量：棉花10～15千克/亩，小麦8～12千克/亩，玉米10～15千克/亩
8	复合水溶肥	高氮型26-10-15	出苗启动肥、苗肥	40～50千克/亩	推荐使用有效成分≥50%
9	复合水溶肥	高氮型30-5-5	生长阶段	10～15千克/亩	推荐使用有效成分≥50%
10	复合水溶肥	高氮钾型20-5-20	成熟前	20～25千克/亩	推荐使用有效成分≥50%
11	复合水溶肥	平衡型20-20-20	生长阶段，随水滴施	3～5千克/亩	滴灌肥液浓度不高于0.5%
12	复合水溶肥	高氮型30-10-10	生长阶段，随水滴施	3～5千克/亩	滴灌肥液浓度不高于0.5%
13	复合水溶肥	高磷型9-30-15	生长阶段，随水滴施	3～5千克/亩	滴灌肥液浓度不高于0.5%

（续）

序号	肥料种类	肥料酸碱性	使用时间	单次用量	使用方法
14	复合水溶肥	高钾型 9-15-30	生长阶段，随水滴施	3～5千克/亩	滴灌肥液浓度不高于0.5%

三、水肥一体化中施用的中微量元素

作物正常生长发育，除了氮、磷、钾三大元素外，还需要补充钙、镁、硫三种中量元素，铜、锌、铁、锰、硼、钼、镍等微量元素。作物只能吸收溶于水的离子态或螯合态的中微量元素，不溶于水的含微量元素的各种盐类和氧化物不能被植物吸收，以离子态施入土壤的中微量元素极易与土壤中的碳酸根、磷酸根、硅酸根等结合成为难溶性的盐，金属螯合物则可防止这一现象的发生。因此，以离子态存在的中微量元素肥料，一般推荐通过叶面喷施的方式施用，螯合态中微量元素肥料可以通过水肥一体随水施用。中微量元素肥料原料成分含量及其特性分析见下表。

中微量元素肥料及其特性

原料类别	原料名称	分子式	养分含量（%）	特性
钙肥	硝酸钙	$Ca(NO_3)_2$	17	白色结晶，极易溶于水，吸湿性强，极易潮解
	氯化钙	$CaCl_2$	36	白色粉末或结晶，吸湿性强，易溶于水，水溶液呈中性，属于生理酸性肥料
	硝酸铵钙	$Ca(NO_3)_2 \cdot NH_4NO_3$	19	属中性肥料，生理酸性小，溶于水后呈弱酸性
	EDTA螯合钙	$C_{10}H_{12}N_2O_8CaNa_2 \cdot 2H_2O$	10	白色结晶粉末，易溶于水，钙元素以螯合态存在
镁肥	六水合硝酸镁	$Mg(NO_3)_2(H_{12}MgN_2O_{12})$	15.5	无色单斜晶体，极易溶于水、甲醇及乙醇
	六水合氯化镁	$MgC_{12}(MgCl_2 \cdot 6H_2O)$	40～50	无色结晶体，呈柱状或针状，有苦味，易溶于水和乙醇
	硫酸镁	$MgSO_4$	9.9	白色结晶，易溶于水，稍有吸湿性，水溶液为中性，属生理酸性肥料
	螯合镁	EDTA-Mg	6.0	白色结晶粉末，易溶于水，镁元素以螯合态存在

（续）

原料类别	原料名称	分子式	养分含量（％）	特性
铁肥	硫酸亚铁	$FeSO_4 \cdot 7H_2O$	19～20	淡绿色结晶，易溶于水，10%水溶液呈酸性
		$FeSO_4 \cdot H_2O$	33	
	硫酸亚铁铵	$(NH_4)_2SO_4 \cdot FeSO_4 \cdot 6H_2O$	5～14	浅绿色结晶或粉末，易被氧化
	EDTA螯合铁	$C_{10}H_{12}N_2O_8FeNa \cdot 3H_2O$	26～28	黄色结晶，易溶于水，水不溶物含量低，水溶液呈酸性
锰肥	硫酸锰	$MnSO_4 \cdot H_2O$	27	粉红色晶体，易溶于水，易发生潮解
	氯化锰	$MnCl_2 \cdot 4H_2O$	13	
	螯合锰	$C_{10}H_{12}N_2O_8MnNa_2 \cdot 3H_2O$	23～24	粉红色晶体，易溶于水，中性偏酸性
锌肥	硫酸锌	$ZnSO_4 \cdot 7H_2O$	23～24	白色或浅橘红色晶体，易溶于水，在干燥环境下失去结晶水而变成白色粉末
		$ZnSO_4 \cdot H_2O$	35～50	白色流动性粉末，易溶于水，空气中易潮解
	硝酸锌	$Zn(NO_3)_2 \cdot 6H_2O$	22	无色四方结晶，易溶于水，水溶液呈酸性
	氯化锌	$ZnCl_2$	40～48	白色结晶，易溶于水，潮解性强，水溶液呈酸性
	EDTA螯合锌	$C_{10}H_{12}N_2O_8ZnNa \cdot 3H_2O$	12～14	白色结晶，极易溶于水，中性偏酸性
铜肥	硫酸铜	$CuSO_4 \cdot 5H_2O$	24～25	蓝色晶体，易溶于水，水溶液呈蓝色且酸性，在空气中久置会失去结晶水，变成白色
	氯化铜	$CuCl_2$	47	蓝色粉末，易溶于水，易潮解，水溶液呈酸性
	EDTA螯合铜	$C_{10}H_{12}N_2O_8CuNa \cdot 3H_2O$	14.5	蓝色结晶粉末，易溶于水，中性偏酸性
硼肥	硼酸	H_3BO_3	17.5	白色结晶，易溶于水，水溶液呈微酸性
	四硼酸钠	NaB_4O_7	21	白色粉末，吸湿性较强，易溶于水
	五水四硼酸钠	$NaB_4O_7 \cdot 5H_2O$	15	白色结晶粉末，易溶于水，水溶液呈碱性
	十水四硼酸钠	$NaB_4O_7 \cdot 10H_2O$	11	又名硼砂，为白色晶体粉末，在干燥条件下，易失去结晶水变成白色粉末

（续）

原料类别	原料名称	分子式	养分含量（%）	特性
钼肥	四水八硼酸钠	$Na_2B_8O_{13} \cdot 4H_2O$	21	白色粉末，易溶于冷水，高效速溶性硼酸盐
	钼酸	$H_2MoO_4 \cdot H_2O$	20～30	白色或带有黄色粉末，微溶于水，易溶于液碱、氨水或氢氧化铵溶液；无机酸，钼的含氧酸，氧化性较弱
	钼酸铵	$(NH_4)_6Mo_7O_{24} \cdot 4H_2O$	50～54	青白或黄白色晶体，易溶于水，易风化
	钼酸钠	$Na_2MoO_4 \cdot 2H_2O$	35～39	白色晶体，易溶于水，水溶液呈碱性

（石河子大学马富裕，全国农业技术推广服务中心陈广锋、沈欣、许纪元、刘晴宇，陕西省农业技术推广总站刘英，宁夏回族自治区农业技术推广总站王明国，新疆丰收马精准农业有限公司马力鑫）